科 学 史 译 丛

近代科学在中世纪的基础

其宗教、体制和思想背景

〔美〕爱德华·格兰特（Edward Grant）著

张卜天 译

Edward Grant

THE FOUNDATIONS OF MODERN SCIENCE IN THE MIDDLE AGES

Their religious, institutional, and intellectual contexts

This translation is published by arrangement with Cambridge University Press 2015

This is a Simplified-Chinese translation of the following title published by Cambridge University Press:

THE FOUNDATIONS OF MODERN SCIENCE IN THE MIDDLE AGES: Their religious, institutional, and intellectual contexts, 9781107120068

This Simplified-Chinese translation for the People's Republic of China (excluding Hong Kong, Macau and Taiwan) is published by arrangement with the Press Syndicate of the University of Cambridge, Cambridge, United Kingdom.

此版本根据剑桥大学出版社版本译出。

本书翻译受北京大学人文社会科学研究院资助

《科学史译丛》总序

现代科学的兴起堪称世界现代史上最重大的事件，对人类现代文明的塑造起着极为关键的作用，许多新观念的产生都与科学变革有着直接关系。可以说，后世建立的一切人文社会学科都蕴含着一种基本动机：要么迎合科学，要么对抗科学。在不少人眼中，科学已然成为历史的中心，是最独特、最重要的人类成就，是人类进步的唯一体现。不深入了解科学的发展，就很难看清楚人类思想发展的契机和原动力。对中国而言，现代科学的传入乃是数千年未有之大变局的中枢，它打破了中国传统学术的基本框架，彻底改变了中国思想文化的面貌，极大地冲击了中国的政治、经济、文化和社会生活，导致了中华文明全方位的重构。如今，科学作为一种新的“意识形态”和“世界观”，业已融入中国人的主流文化血脉。

科学首先是一个西方概念，脱胎于西方文明这一母体。通过科学来认识西方文明的特质、思索人类的未来，是我们这个时代的迫切需要，也是科学史研究最重要的意义。明末以降，西学东渐，西方科技著作陆续被译成汉语。20 世纪 80 年代以来，更有一批西方传统科学哲学著作陆续得到译介。然而在此过程中，一个关键环节始终阙如，那就是对西方科学之起源的深入理解和反思。应该说直到 20 世纪末，中国学者才开始有意识地在西方文明的背景下研究科学的孕育和发展过程，着手系统译介早已蔚为大观的西方科学思想史著作。时至今日，在科学史这个重要领域，中国的学术研究依然严重滞后，以致间接制约了其他相关学术领域的发展。长期以来，我们对作为西方文化组成部分的科学缺乏深入认识，对科学的看法过于简单粗陋，比如至今仍然意识不到基督教神学对现代科学的兴起产生了莫大的推动作用，误以为科学从一开始就在寻找客观“自然规律”，等等。此外，科学史在国家学科分类体系中从属于理学，也导致这门学科难以起到沟通科学与人文的作用。

有鉴于此，在整个20世纪于西学传播厥功至伟的商务印书馆决定推出《科学史译丛》，继续深化这场虽已持续数百年但还远未结束的西学东渐运动。西方科学史著作汗牛充栋，限于编者对科学史价值的理解，本译丛的著作遴选会侧重于以下几个方面：

一、将科学现象置于西方文明的大背景中，从思想史和观念史角度切入，探讨人、神和自然的关系变迁背后折射出的世界观转变以及现代世界观的形成，着力揭示科学所植根的哲学、宗教及文化等思想渊源。

二、注重科学与人类终极意义和道德价值的关系。在现代以前，对人生意义和价值的思考很少脱离对宇宙本性的理解，但后来科学领域与道德、宗教领域逐渐分离。研究这种分离过程如何发生，必将启发对当代各种问题的思考。

三、注重对科学技术和现代工业文明的反思和批判。在西方历史上，科学技术绝非只受到赞美和弘扬，对其弊端的认识和警惕其实一直贯穿西方思想发展进程始终。中国对这一深厚的批判传统仍不甚了解，它对当代中国的意义也毋庸讳言。

四、注重西方神秘学（esotericism）传统。这个鱼龙混杂的领域类似于中国的术数或玄学，包含魔法、巫术、炼金术、占星学、灵知主义、赫尔墨斯主义及其他许多内容，中国人对它十分陌生。事实上，神秘学传统可谓西方思想文化中足以与“理性”、“信仰”三足鼎立的重要传统，与科学尤其是技术传统有密切的关系。不了解神秘学传统，我们对西方科学、技术、宗教、文学、艺术等的理解就无法真正深入。

五、借西方科学史研究来促进对中国文化的理解和反思。从某种角度来说，中国的科学“思想史”研究才刚刚开始，中国“科”、“技”背后的“术”、“道”层面值得深究。在什么意义上能在中国语境下谈论和使用“科学”、“技术”、“宗教”、“自然”等一系列来自西方的概念，都是亟待界定和深思的论题。只有本着“求异存同”而非“求同存异”的精神来比较中西方的科技与文明，才能更好地认识中西方各自的特质。

在科技文明主宰一切的当代世界，人们常常悲叹人文精神的丧失。然而，口号式地呼吁人文、空洞地强调精神的重要性显得苍白无力。若非基于理解，简单地推崇或拒斥均属无益，真正需要的是深远的思考和探索。回到西方文明的母体，正本清源地揭示西方科学技术的孕育和发展过程，是中国学术研究的必由之路。愿本译丛能为此目标贡献一份力量。

张卜天

2016 年 4 月 8 日

献给印第安纳大学布卢明顿分校

科学史与科学哲学系我过去和现在的同事

目　　录

前　言

1971年,《中世纪的物理科学》(*Physical Science in the Middle Ages*)作为约翰·威利(John Wiley)科学史丛书中的一种出版,距今已经25年了。自1977年剑桥大学出版社接手这套丛书算起,时间也已经过去了19年。20世纪80年代初,出版社请我修订此书,但因各种事务缠身,这项任务只能一拖再拖。几年前,当我终于有机会做这件事时,我却发现,对此书进行修订并不明智。这期间发生了太多事情。坦率地讲,如果只是用1971年以后出现的大量新材料来扩充原书,而不改变原先的结构和总体看法,意义是不大的。近年来,关于中世纪科学和自然哲学的成就、思想背景以及中世纪科学与科学革命的关系,我的看法都发生了重大改变。 xi

从1902年到1916年,物理学家出身的法国著名史学家皮埃尔·迪昂(Pierre Duhem)撰写了关于中世纪科学的15卷著作。中世纪以来的许多抄本一直无人问津,迪昂第一次拂去了蒙在它们上面的厚厚尘土。他的发现使其作出了一个惊人断言:与尼古拉·哥白尼、伽利略·伽利莱、约翰内斯·开普勒、勒内·笛卡尔和艾萨克·牛顿的名字联系在一起的科学革命其实只是对14世纪提出的物理学和宇宙论观念的拓展和详细阐述,而这些成就主 xii

要是巴黎大学的教师[即硕士][1]们做出的。迪昂认为,中世纪的经院自然哲学家是伽利略的先驱。他的大量著作使中世纪科学成为一个正规的研究领域,并使中世纪晚期融入了科学发展的主流。就这样,他填补了希腊阿拉伯科学与17世纪欧洲近代早期科学之间的裂隙。科学史第一次被赋予了真正意义上的连续性。

在大多数科学史家甚至是许多中世纪专家看来,迪昂的说法似乎过于夸张。"中世纪科学"这一说法常常使他们感到自卑,因为在迪昂之前,它一直被许多学者当成一种"矛盾修饰法"[2]。那些敢于沿着迪昂的道路前进或另辟蹊径的中世纪专家有时会被指责为"辉格主义"(Whiggism),即他们从中世纪科学和自然哲学思想中挑选出那些貌似现代、对后来的科学发展有所预见的内容。著名科学革命史家亚历山大·柯瓦雷(Alexandre koyré)进一步颠覆了这些关于中世纪的主张,他坚持认为,即使中世纪的思想和概念与科学革命提出的观念有显著的相似性,17世纪的古典科学也绝非中世纪物理学的延续。他主张,这是一场"决定性的嬗变"(*mutation décisive*)。[3]

---

① master对应于拉丁词 *magister*,它之所以能够同时包含"硕士"和"教师"两种含义,是因为在中世纪的大学中,只有获得艺学硕士(master of arts)学位才能获得授课资格。详见本书第三章。在本书中,除专门指硕士学位外,我们一般都把 master 译为"教师"。事实上,从大学的起源来看,master更合适的译法也许是"师傅",但出于语言习惯,我们还是将它译成"教师"。——译者注

② 矛盾修饰法(oxymoron)是将两个互相矛盾的词放在同一个短语中,使之产生特殊的深刻含义的一种修辞手段。——译者注

③ 参见 Koyré's *Études Galiléennes*. 3 fascicules. *I. A l'aube de la science classique* (Paris:Hermann,1939),9。关于对这个问题的各种观点和态度的出色分析,参见 John E. Murdoch,"Pierre Duhem and the History of Late Medieval Science and Philosophy in the Latin West," in R. Imbach and A. Maierù,eds. ,*Gli studi di filosofia medievale fra otto e novecento* (Rome:Edizioni di Storia e Letteratura,1991),253—302。

诸多思想和概念所处的思想背景根本不同，或者借用托马斯·库恩在《科学革命的结构》(*The Structure of Scientific Revolutions*)中的著名说法，中世纪物理学与17世纪物理学的“常规范式”是相互“不可通约的”。中世纪的物理学和宇宙论被认为完全基于亚里士多德的自然哲学，它与17世纪出现的新科学互不相容。事实上，亚里士多德的自然哲学被视为新科学诞生的主要障碍。只有推翻它，科学革命才可能取得成功。

《中世纪的物理科学》一书就是在这种信念下写成的，即中世纪对17世纪科学革命并未做出重大贡献。的确，有些中世纪成就预见到了后来的发展，特别是在运动问题方面，但这些成就不足以使我和大多数中世纪科学史家认为，中世纪的科学和自然哲学对17世纪新科学的产生做出了任何有意义的贡献。

(单页)几年前我忽然想到，也许我们研究中世纪科学和科学革命的历史学家把中世纪的贡献解释得过于狭窄了。我们的判断标准是中世纪对某一门科学、特别是物理学可能产生了什么影响，以及它在科学方法上是否有所贡献。尽管本书将引用其中的一些内容，但这些所谓的影响或贡献的意义经常会受到质疑，因为很难证明中世纪的这些“预见性的”观念果真产生了什么直接影响。学者们大都觉得没有理由认为中世纪有什么贡献。事情至此似乎已成定论。

然而，我的态度后来发生了戏剧性的改变。几年前我问自己，如果西欧的科学一直停留在12世纪前半叶的水平，那么17世纪是否还有可能发生科学革命。也就是说，如果希腊-阿拉伯科学和自然哲学没有被大规模翻译成拉丁文，17世纪是否还可能发生科 xiii

学革命。答案似乎是显然的:不,绝无可能。[1] 倘若没有翻译,要让西欧达到希腊-阿拉伯科学的水平需要许多个世纪,这种拖延将使科学革命变得毫无可能。但翻译的确发生了,科学革命也发生了,这表明,大约从1200年到1600年发生的一些事情有助于科学革命的产生。倘若中世纪的这些促进因素没有出现在精密科学(exact science)内部,那么必定出现在别处。

尽管学者们仍然在争论,中世纪物理学和宇宙论中的特定讨论和成就(这里我特别想到了运动概念和物质理论)是否对17世纪的新科学有所贡献,而且我们后面会提到其中一些内容,但本书的主张并不依赖于这些特定影响。即使中世纪没有为科学本身的发展做出什么重要贡献,甚或全无贡献,这里的主张也可以站得住脚。然而如果中世纪并未显著影响17世纪的科学进展,那么中世纪在何种意义上对科学革命有所贡献,特别是为之奠基呢?无论这些贡献是什么,它们必定相当持久,对西欧来说也是全新的,因为它们在12世纪之前并不存在。至于这些基本要素是什么,我们将在第八章中作详细讨论。

鉴于我对中世纪科学和自然哲学看法的彻底转变,我似乎应当写一本新书来证实这些新的主张。不过,我从早先的著作中抽取了一些材料,特别是第四章("运动的物理学")。但本书的理路是完全不同的。事实上,它甚至可以看作是对先前那本书的补充。

---

① 参见我的论文"Medieval Science and Natural Philosophy," in James M. Powell, ed., *Medieval Studies, An Introduction* (Syracuse: Syracuse University Press, 1992), 369。

《中世纪的物理科学》试图给出中世纪科学关键的本质特征和贡献，同时对旧有的解释表示默许，而本书虽然没有挑战旧有的狭窄解释，却把讨论扩展到了更加广泛的背景之中。它把中世纪的主要成就置于一个广泛的社会和体制背景中，如翻译、基督教、大学等等。这种新的解释认为，中世纪在近代早期科学的产生方面发挥了重要作用，这种作用不依赖于中世纪学者对科学革命中精密 xiv 科学的转变是否有确定的贡献。

本书希望为广大读者提供相对简要的解释性说明。因此，我的脚注仅限于引文出处。我要感谢剑桥大学出版社的匿名审稿人。尽管我们对于一般历史、特别是中世纪历史的态度极为不同，但许多有益的建议和修改意见使我受益匪浅。直到今天，我仍然对完成这项困难任务的人的勤勉与奉献精神感到敬佩。

第一章　罗马帝国与基督教的前六个世纪

1　在基督教的前四个世纪，罗马帝国是一个有着庞大地域的帝国，它西起大西洋，东至波斯，北起英格兰，南至地中海南部。基督教就是在这个希腊罗马世界中诞生和传播的。基督教诞生之初，宗教动荡，经济剧变。在基督教诞生后的二百年里，它与社会各阶层的许多其他神秘宗教和教派一样，都不太引人注意。异教徒从对国教的荷马诸神和罗马诸神的传统信仰中所获得的安全感正在消退。伊希斯(Isis)、密特拉(Mithras)、西布莉(Cybele)、无敌太阳(Sol Invictus)以及诺斯替主义(Gnosticism)和基督教等新的教派正在取代传统神祇。它们不仅相互吸收教义和宗教仪式，而且都持有一些基本信念：世界是邪恶的，它最终将会消亡。人生而有罪，只有避开世俗事物，在永恒的精神领域熏陶自己，才能获得无尽的福佑。除了实践不同程度的禁欲主义，许多教派都相信有一个救世主，为使信众们死后获得永生，他甘愿赴死。当时，新柏拉图主义和新毕达哥拉斯主义等哲学学派都受到了这些流行思潮的影响。一些哲学学派扮演了宗教的角色，因为它们试图引导其追随者与上帝合一并获得救赎，甚至会为此而施展魔法。（然而，哲学学派并不适合这种竞争，因为要想判断学生是否能够理解这个世界及其统治方式,需要进行漫长的学习和训练。)数个世纪以来,人们一直对传统诸神进行非人格的崇拜,现在,人们渴望有一位世界的统治者,唯一的人格神,人可以同他建立一种亲密的个人关系。许多人开始相信,来自这个神的直接启示能够将他们转化,克服世界的恶。于是大量团体涌现出来,它们都在考虑自己独有的、排他性的救赎计划。基督教就是其中之一。 2

至于基督教如何战胜了传统诸神以及与之竞争的无数其他神秘宗教和教派,这里无法详述了。不过,基督教的传播及其对罗马世界的态度有一些特征,它们与后来的科学发展有密切关系,因此对本书至关重要。基督教扩张的一个显著特征就是传播缓慢。公元1世纪中叶,在圣保罗使异教世界特别是希腊改变宗教信仰之后,基督教才真正开始扩张到圣地[指耶路撒冷]及周边地区以外。与伊斯兰教的扩张相比,基督教的传播步伐尤为缓慢。直到公元300年,基督教才真正传播到罗马帝国全境。313年,君士坦丁大帝颁布米兰敕令,规定基督教与帝国境内的所有其他宗教在法律上完全平等。392年,狄奥多修大帝不仅关闭了异教的神庙,而且禁止异教崇拜,否则将被视为叛国。于是,直到392年或公元4世纪末,基督教才成为唯一受国家支持的宗教。过了差不多四个世纪,基督教终于取得胜利。获得这一结果用去了近四个世纪(从保罗正式开始传播基督教算起,大约过去了350年)。而随着632年穆罕默德逝世,伊斯兰教在极短时间内就扩张到了巨大的版图。不到一百年时间,伊斯兰就从阿拉伯半岛向西扩张到直布罗陀海峡,向北扩张到西班牙,向东扩张到波斯、大夏、撒马尔罕和花剌子模。伊斯兰教很大程度上是通过在前一百年内的征服来扩张的,但基督教却扩张缓慢。除了在某些时期进行过迫害，它相对而言是和平的。基督教的缓慢渗透使之能够适应周围的异教世界，早期基督徒不可能预见到它将要扮演的角色。

第一节　基督教与异教学术

基督教受其周围异教世界的影响而做出的重大调整在许多学识渊博的基督徒那里都有表现，他们的著作对后世产生了深远的影响。在尼萨的格里高利（Gregory of Nyssa）看来，基督教是"崇高的哲学"。但他和许多杰出的基督徒都认为，异教哲学同其传统和学术一样，有其存在的意义。在获得教育的过程中，基督徒开始同周围的异教徒和同国人共享许多文化传统，其中主要是通过*paideia*（体智文化教育）这种方式获得的，它"为严肃的议题提供一种来自希腊历史和文学的近乎公认的古老指导，无论是基督徒还是多神论者，是主教还是俗人，任何体面的人都无法忽视这些议题：谦恭礼让，慎重交友，克制愤怒，面对强权泰然自若、循循善诱。"①

在基督教对待异教哲学的态度方面，希腊教父们产生了巨大的影响。由于背景各异，他们对这一问题的看法不尽相同。有些人担心科学和哲学会对信仰产生潜在的颠覆效应，因而对其充满敌意。然而，大多数人谴责这些学科，却是因为他们坚信基督教是"崇高的哲学"，因而是唯一能够提供真理的体系。在许多人看来，

① Peter Brown, *Power and Persuasion in Late Antiquity: Towards a Christian Empire* (Madison: University of Wisconsin Press, 1992), 122.

科学是一些令人困惑且自相矛盾的知识。塔提安(Tatian)、尤西比乌(Eusebius)、狄奥多莱(Theodoret)和圣巴西尔(Saint Basil或Basil of Caesarea,约331—379)等教父似乎十分热衷于揭示希腊科学中愚蠢或矛盾的结论,从而将其颠覆。特奥多雷将科学比作在水面上书写。[①] 巴西尔则宣称:"希腊哲人们撰写了许多关于自然的著作,但其中没有一种说法能够保持原样,没有一种说法建立在严格的基础上,因为后起的解释总是会推翻先前的解释。因此,我们没有必要去驳斥他们的言论,它们彼此之间就可以自行诋毁。"[②]这也许是在模仿柏拉图对前苏格拉底学派的嘲讽。尼萨的格里高利等许多教父都遵循柏拉图的主张,认为科学最多只能给出或然性的知识,而非真正的真理。

公元2世纪末或3世纪上半叶,还有一些基督教护教士给出了一种非常不同的结论,那就是认为可以利用异教的希腊哲学和学术来为基督教服务。亚历山大里亚的克莱门特(Clement of Alexandria,约150—约215)及其弟子亚历山大里亚的奥利金(Origen of Alexandria,约185—约254)定下了后人所要遵循的基本理路。希腊哲学本质上非善非恶,关键要看如何为基督徒所用。尽管希腊诗人和哲学家没有从上帝那里获得直接的启示,但他们的确获得了自然理性,故而也在趋向真理。因此,哲学(以及一般

① D. S. Wallace-Hadrill, *The Greek Patristic View of Nature* (Manchester: Manchester University Press and New York: Barnes & Noble, 1968), 6.

② *Saint Basil Exegetic Homilies*, translated by Sister Agnes Clare Way, vol. 46 of *The Fathers of the Church: A New Translation* (Washington, D. C.: Catholic University of America Press, 1963), 5.

的世俗学问)能够为源于启示的基督教智慧做准备,可以将哲学和科学作为“神学的婢女”,即作为理解《圣经》的辅助手段进行研究。4 1世纪初,亚历山大里亚的犹太人斐洛(Philo Judaeus,? —约40)已经提出这种看法,科学研究被认为是在为关注《圣经》和神学的更高学科做准备。4世纪下半叶,圣巴西尔在给学生写的一篇短论《如何对希腊文献的研究善加利用》(*On How to Make Good Use of the Study of Greek Literature*)中强化了婢女观念。然而,巴西尔和许多早期基督徒一样都很矛盾。他既警告一些伟大的希腊著作会招致危险,同时也认识到,基督徒可以通过熟悉异教著作而获益,并引用了各种希腊著作。后来,文艺复兴时期的基督教人文主义者认为巴西尔的著作激励了基督徒去研究异教希腊文献。列奥纳多·布鲁尼(Leonardo Bruni,1370—1444)将巴西尔的著作译成了拉丁文,因为他认为这证明他本人将普卢塔克(Plutarch)和柏拉图的著作由希腊文翻译成拉丁文是有正当理由的。

将希腊学术视为婢女的观念被广泛接受,并成为基督教对待世俗学问的标准态度。基督徒愿意在一定限度内接受异教学术是一项重大决定。他们也许注意到,德尔图良(Tertullian,约150—约225)曾尖锐地问道:“雅典与耶路撒冷有何相干?学园与教会之间有何和谐?”随着基督教在4世纪末的大获全胜,教会本可以反对一般的希腊异教学术,特别是希腊哲学,因为后者之中包含着大量令人无法接受的甚至是冒犯性的内容。他们本可以借口异教学术会危及教会和教义而对其进行镇压,但他们并没有这样做。为什么?

也许答案要在基督教的缓慢传播中寻找。基督教创立四个世纪后，基督徒们已经学会了如何忍受希腊异教学术，并让它为我所用。拉丁语和希腊语的异教文学和哲学深深地渗透在他们的教育中。无数皈依基督教的人（最著名的就是圣奥古斯丁）都曾浸淫异教学术，这已经成为他们社会和文化背景的一部分。虽然基督徒认为异教文化和学术在某些方面不可接受，但并未视之为毒瘤，需要从基督教的身体上切除。

婢女理论显然是对完全抛弃和完全接受传统异教学术的一种折中。通过谨慎地接触世俗学问，基督徒能够利用希腊哲学，特别是形而上学来更好地理解和诠释《圣经》，解决由三位一体学说等深奥教义所导致的困难。此外，日常生活也要求使用天文学、数学等世俗科学。基督徒意识到，他们不可能无视希腊学术的存在。但许多人也对异教的希腊科学和哲学保持警惕，因为它们包含着与基督教学说相抵触的思想和观念：比如希腊人认为世界是永恒的，没有开端；斯多亚派哲学家和占星学家主张世界可以作决定论的解释，认为世界由行星和恒星的形态结构所严格决定。和稍早的圣巴西尔一样，在拉丁中世纪发挥着极大影响的圣奥古斯丁（354—430）也表现出两种态度。他既提倡对自由技艺（liberal arts）进行研究，包括七种自由技艺（liberal arts）［后简称“七艺”］中传统的四艺（*quadrivium*）——几何、算术、天文、音乐，同时也怀疑天文学往往会把天文学家引向占星学的决定论，而这是他强烈反对的。奥古斯丁对待世俗学问的矛盾情绪反映在他于426年即去世前四年写的《再思录》（*Retractions*）中，他对自己曾经强调研究七艺表示遗憾，并认为理论科学和机械技艺对基督徒和神学毫无用处。

第二节　创世六日文献：基督徒对《创世记》中创世内容的评注

尽管基督徒认为科学可以充当婢女，但他们主要关注的却并非科学本身。然而，他们需要更好地理解《圣经》，需要说明《创世记》中的创世内容，因此基督徒需要学习一些有关自然哲学和科学的知识。斐洛留下了第一份关于《创世记》中创世内容的评注。遵循着他所确立的模式，圣巴西尔、安布罗斯（Ambrose，约339—397）、奥古斯丁等著名教父写出了一批评注，对中世纪产生了重大影响。

巴西尔用希腊文写作，他的评注以九篇布道的形式写成，最初是在教会给听众做的讲座。在这部名著中，巴西尔赞美了上帝的荣耀和权能，希望在基督徒心中灌注一种强烈的道德目标感。为此，他求助于作为上帝作品的自然。这时，他发现有必要提供有关世界基本构造的少量科学知识。例如，在解释“起初，上帝创造天地”时，巴西尔不得不考虑这样一些话题：创世是同时发生的还是在时间中发生的，天是否先于地被创造，天界的本性，天穹的含义，天穹上下的水的含义，云、水汽以及四种元素，世界的位置和形状，地上植物的产生，行星和恒星的受造，爬行动物、飞鸟和海洋生物的受造，等等。于是巴西尔面临这样一个问题：地球如何能够在世界中心静止不动？是什么东西支撑着它？巴西尔考虑了若干可能的回答（也许是在引用亚里士多德）：地球处在气上、水上或某个重物之上。然后，他一一做出反驳，比如说，倘若有一个重物支撑着地球,那就必须问是什么支撑着这个重物,如此等等。最后巴西尔得出结论说,地球没有理由运动,因为它处于万物的中心。[1] 只要有机会,他就会强调上帝对自然的非凡设计。

巴西尔经常将他所描述的自然现象和设计、特别是动植物的行为与道德联系起来。正如他所说:“万物均蒙神恩所造,无物缺乏应有的关照。倘若仔细观察动物,即发现造物主既未画蛇添足,亦未遗漏任何必需。”[2]他从鱼的洄游、章鱼的秘密活动、象鼻的功用、狗追踪野兽的行为以及食用和非食用植物的并存中汲取教益。万事万物都在自然中扮演着预先指定的角色,甚至有毒的植物也是如此,因为正如巴西尔所说:“任何植物都有价值和用处。它或可为某种动物提供食物,或可在医学上帮助我们减轻病痛。”[3]这样,巴西尔就回答了为什么上帝会创造能够置人于死地的有毒植物。

巴西尔的思想在东西罗马帝国都极有影响。在西罗马帝国,希腊知识渊博的圣安布罗斯在其拉丁文的创世六日(hexaemeral)著作中就利用了巴西尔的布道,他帮助把巴西尔的思想介绍到了拉丁语界。(巴西尔的著作在公元5世纪被译成拉丁文,在中世纪直接为人所知。)然而,对《创世记》中的创世内容做了最为卓越、最有影响力的早期拉丁评注的人是奥古斯丁。他的评注不仅比巴西尔和安布罗斯的更长(他很熟悉安布罗斯的评注),而且也更有哲

---

① *Saint Basil Exegetic Homilies*, translated by Sister Agnes Clare Way, vol. 46 of *The Fathers of the Church*: *A New Translation* (Washington, D. C.: Catholic University of America Press, 1963), 17.

② Ibid., 144.

③ Ibid., 72.

理和见地。它对中世纪晚期,特别是对学习神学的学生产生了重大影响,因为他们必须写出关于彼得·伦巴第(Peter Lombard)《箴言四书》(*Sentences*)的评注,而《箴言四书》的第二卷就是关于创世的,我们后面还会谈到它。

巴西尔也影响了东部的希腊学者,特别是公元6世纪的基督教亚里士多德评注家约翰·菲洛波诺斯(John Philoponus,约490—570)。菲洛波诺斯的创世六日著作远比巴西尔的复杂。在捍卫《创世记》中的《摩西五经》、反对希腊人对物理世界的传统异教描述的过程中,斐洛波诺斯认为有必要讨论大量科学主张和论证。他的著作在16世纪终于传入西欧,产生了重要影响。

尽管这些早期基督教学者认为科学和自然研究服从于宗教需要,但和巴西尔一样,他们也经常显示出对自然的兴趣,这种兴趣超越了通常赋予自然研究的单纯的婢女地位。到了中世纪晚期,从神学家对待自然哲学的态度可以明显看出,诉诸婢女理论最后差不多成了套话。

第三节 基督教与希腊罗马文化

希腊罗马文化和学术虽然有时会受到质疑,但并不会被当作敌人,其潜在的用途早已被认识到。事实上,基督教对待国家的态度或许也不经意地为它提供了支持。由于相信天国即将来临,早期的基督徒相对而言不太关注周围的世界。他们一般都会履行对国家的义务,只要这些义务不违反他们的宗教准则。这方面最好的例证就是耶稣对法利赛人的回答。法利赛人问耶稣,他们是否应当给罗马皇帝缴税。他们想用这个问题来陷害耶稣，因为耶稣会面临一种两难：如果说不缴税，他就犯了叛国罪；如果说缴税，他就得罪了犹太民族主义者。耶稣的回答极为重要，他敦促他们“恺撒的物当归给恺撒，神的物当归给神”(《马太福音》22:21)。因此，耶稣的确承认国家，并含蓄地促请其追随者要做好公民。

尽管随着罗马天主教会的权力越来越集中，各位教皇都试图统治欧洲的各个国家，但基督徒从一开始就认识到，国家是与教会迥异的。之所以如此，是因为他们相信神职人员必定比世俗统治者更接近上帝。在致东罗马帝国皇帝阿那斯塔修斯(Anastasius)的一封信中，教皇格拉修斯(Gelasius，492—496)宣称：“这个世界主要由两种东西来统治：教皇的神圣权威和王权。其中神职人员要重要得多，因为即使是众人的国王，也必须在神的审判中作出解释。”[1]后来罗马教皇之所以会自命不凡，就是基于这种观念。教皇声称自己的地位要高于皇帝和国王，比如英诺森三世(1198—1216)宣称：“耶稣基督已经安排了一位统治者作为他的全权代表来管理一切，由于天地万物乃至地狱中的事物都臣服于基督，因此所有人都应当遵从基督的代理者，存在着一群羊和一位牧羊人。”他还说：“神权(*sacerdotium*)是太阳，王权(*regnum*)是月亮。国王们统治着各自的王国，彼得则统治着整个地球。神权来自神的创造，王权则来自人的狡诈。”[2]

8

① From Williston Walker, *A History of the Christian Church* (New York: Scribner's, 1949), 135.

② James Westfall Thompson and Edgar Nathaniel Johnson, *An Introduction to Medieval Europe, 300—1500* (New York: W. W. Norton & Co., 1937), 645—646.

无论是神圣罗马帝国的皇帝还是某个欧洲国王，世俗权力在反击时总会援引基督的那句话，即恺撒的物当归给恺撒或国家，神的物当归给神；或者基督作为王坐在大卫王的宝座上，而不是作为高级神职人员坐在亚伦的宝座上；或者基督最终将作为王而不是神职人员来统治人类。[①]

从5世纪到中世纪晚期，罗马教皇与无数世俗统治者之间关于地位孰高孰低的斗争一直在进行。13世纪初，当教皇英诺森三世在位时，教皇的权力达到了顶峰，此后便衰落了，这很大程度上是因为世俗统治者已经变得富有和大权在握，他们不会再受制于罗马。

然而，这里重要的并不是这两种相互竞争的力量在某一时期谁占统治地位，而是双方都承认彼此的独立性，仿佛是两把剑每每指向对方。不过，即使在教会宣称自己的地位高于国家时，它也从没有想过要把主教和神父任命为世俗统治者，以确立神权政治。基督教是在罗马国家传统中孕育产生的，《圣经》中也没有明确支持神权政治国家，这些都有力地束缚了教皇肆无忌惮的野心，特别是，它使得强迫接受一个神权政治国家变得不大可能。在中世纪，尽管教会和国家并不像今天的美国和西欧那样截然分离，而是经常相互影响，甚至公然干涉对方的事务，但它们却是独立的实体。教皇格拉修斯的那句话——“这个世界主要由两种东西来统治：教皇的神圣权威和王权”——表明了这种分离。

① John L. LaMonte, *The World of the Middle Ages: A Reorientation of Medieval History* (New York: Appleton-Century-Crofts, 1949), 255.

为什么早期基督教与希腊科学和哲学的关系以及基督教会与世俗国家的关系会与科学史有关？我们将会看到，这是因为教会与国家的分离以及基督教对希腊科学和哲学的调节适应，都促进了中世纪晚期对自然哲学广泛而深入的研究。正是由于自然哲学在中世纪晚期独特的大学系统中产生，16、17 世纪才可能出现科学的革命性发展。通过将西欧的发展与当时的两大文明——伊斯兰文明和拜占庭帝国的文明相比较，我们或许可以更好地理解这一点。它们之间有着显著不同，这些我们将在最后一章中讨论。 9

第四节　科学和自然哲学在基督教前六个世纪的状况

要想了解公元 7 世纪初的科学状况，对改变罗马帝国的重要事件做一概述是至关重要的。在它的前两个世纪里，从奥古斯都登基到马库斯·奥勒留(Marcus Aurelius)逝世，罗马人控制着一个庞大的帝国，它主要使用两种语言。毫不奇怪，在西部，罗马人成功推行了一种根本的罗马文化，拉丁语是其共同的交流手段，包含了意大利、高卢、西班牙、英格兰和北非等区域的多种母语。在东部，它在相当程度上与亚历山大大帝远征所留下的希腊化世界一致(即希腊、小亚细亚、叙利亚、波斯、巴勒斯坦和埃及)，希腊语是其通用语言。从戴克里先(Diocletian，284—305)皇帝开始，罗马帝国在行政上分裂为东西两部分，这在很大程度上反映了希腊语地区和拉丁语地区在语言上的分裂。戴克里先让他的伙伴马克西米安(Maximianus)统治西部，他本人则统治东部，并重新定都于尼科美底亚(Nicomedia)。330年,君士坦丁大帝在东部的一个古老的希腊殖民地——拜占庭的位置建立了新的都城君士坦丁堡,“拜占庭”这个名字后来成为帝国的代名词。从394年到395年,狄奥多修(Theodosius)大帝作为唯一的皇帝重新统一了帝国。然而,从他395年逝世起,帝国又开始由东西两个独立的、自封的皇帝进行统治。西部的皇帝谱系于476年罗慕路斯·奥古斯图卢斯(Romulus Augustulus)被废黜时终止。但即使476年之后日耳曼国家在西罗马帝国活动,罗马帝国仍被视为完好无损,日耳曼统治者经常通过使用或接受“领事”(consul)的荣誉头衔而认可帝国的存在。800年12月25日,查理曼大帝(Charlemagne)被教皇利奥三世加冕为“罗马皇帝”,西欧神圣罗马帝国的漫长历史开始了。查理曼大帝加冕时,西欧早已不是罗马帝国的实际组成部分。然而在东方,从君士坦丁大帝建立君士坦丁堡开始,一直到1453年被土耳其人攻陷,罗马皇帝在一千多年的时间里一直统治着。最终,罗马帝国还是陷落了。

尽管拉丁语是罗马人的语言,罗马军事力量曾经建立了一个大帝国,但罗马帝国的学术语言却是希腊语,在这个意义上乃是雅典人征服了罗马。怀有思想抱负的讲拉丁语的罗马人(人数并不是很多)通常会学习希腊语,有些人还会到希腊接受教育。

罗马帝国的科学情况怎么样?尽管政治纷争频仍,战乱不断,神秘宗教派别林立,谈玄论怪之风盛行,但古代世界的一些最伟大的科学著作是正在这一时期写成的(都是希腊语,在东罗马帝国)。其中有些著作对中世纪后来的科学发展产生了深刻的影响,一直到文艺复兴时期。

公元1世纪涌现出了亚历山大里亚的希罗（Hero of Alexandria）关于气体力学、力学、光学和数学的重要著作，尼科马库斯（Nicomachus）关于毕达哥拉斯算术的著作，特奥多修（Theodosius）和梅内劳斯（Menelaus）关于球面几何的著作（梅内劳斯的《球面几何学》[*Spherics*]对于球面三角和三角学特别重要）。天文学和医学的伟大著作出现于公元2世纪。克劳狄乌斯·托勒密（Claudius Ptolemy）写出了《天文学大成》（*Mathematical Syntaxis*），阿拉伯人称之为《至大论》（*Almagest*），这是16世纪哥白尼时代之前天文学史上最伟大的著作。托勒密的科学天才不仅限于天文学，他还写出了光学、地理学、球极投影等方面的专业著作，甚至还写出了最伟大的占星学著作——《占星四书》（*Tetrabiblos*，拉丁语名为*Quadripartitum*，即"四部分的著作"）。在医学和生物科学方面，盖伦（Galen of Pergamum，约129—约200）写出了大约150部著作（既有理论的也有实践的），直到16、17世纪，它们一直都是医学理论研究的基础。3世纪的丢番图（Diophantus）以及后来的帕普斯（Pappus）也对数学做出了重要贡献，丢番图的成就是在代数方面，帕普斯则不仅为古希腊伟大的数学著作写了评注，而且在其《数学汇编》（*Mathematical Collection*）中显示出高度的原创性和理解力。

古代晚期的希腊世界也对自然哲学贡献甚大，这很大程度上是通过为亚里士多德的著作写评注。由于亚里士多德的自然哲学在本书中扮演着核心角色，而古代晚期关于亚里士多德著作的希腊评注对于随后的科学史发展特别重要，因此下一章将对希腊晚期的评注家作简要评述。

11 基督教前六个世纪的成就代表了希腊科学和自然哲学发展和前进的典型样式。脆弱的希腊科学一直是少数天资聪慧的学者在若干领域刻苦钻研的产物,只要思想环境适宜,或至少不是明显不利,它就能自行发展和保存自己。虽然柏拉图、亚里士多德、希波克拉底(Hippocrates)、欧多克斯(Eudoxus)、欧几里得、阿基米德、阿波罗尼奥斯(Appollonius of Perga)、希帕克斯(Hipparchus)、特奥弗拉斯特(Theophrastus)、希罗菲勒斯(Herophilus)和埃拉西斯特拉图斯(Erasistratus)的著作确立了最高水平的成就,但在罗马帝国处于最佳状态的传统希腊科学也只是延续了古典希腊和希腊化世界在物理科学和生物学方面已有的进步。

然而,和我们今天一样,古代也有一批有教养的人,他们对物理世界感兴趣,但不愿面对或没有能力面对那些极为理论和抽象的令人生畏的科学论著。为了满足这群人的需要,科普作家对精密科学和自然哲学的结论作了简化,给出了悦乎心意的结论,并将其编入一些手册(manuals)。早在希腊化时期,希腊作家就开始了这样的普及过程。毫不奇怪,这些著作中充斥着自相矛盾的信息。敏锐的读者倘若发现不一致之处,只能自行调和它们。

对建立手册传统做出贡献的希腊人有:博学多才的昔兰尼的埃拉托色尼(Eratosthenes of Cyrene,约前 275—前 194),他为手册传统提供了许多地理知识;马洛斯的克拉底(Crates of Mallos,活跃于前 160);特别是波塞多尼奥斯(Posidonius,约前 135—前 51),他的大量著作没有留存下来,但他关于气象学、地理学、天文学以及其他科学的观点被吸收到后来的手册中,成为手册传统中永恒的遗产。还有一些希腊人按照波塞多尼奥斯的方式写作,如盖米诺斯(Geminus,约前70);克莱奥梅蒂斯(Cleomedes,1世纪或2世纪),他写了天文学和宇宙论著作《论天体的循环运动》(*On the Cyclic Motions of the Celestial Bodies*);还有士麦那的西翁(Theon of Smyrna,2世纪上半叶),他的著作《有助于理解柏拉图的数学知识手册》(*Manual of Mathematical Knowledge Useful for an Understanding of Plato*)像柏拉图的《蒂迈欧篇》(*Timaeus*)那样讨论了整个宇宙,它依靠的是天文学和宇宙论以及毕达哥拉斯的算术和数学。

从希腊化时期到中世纪早期,关于柏拉图《蒂迈欧篇》的评注构成了手册传统的重要内容。由于《蒂迈欧篇》这部科学著作不仅讨论宇宙,而且讨论人的生物学地位,因此,它自然成为手册传统的理想工具,可以将物理学和生物学主题恰当地包括进来。

公元前2世纪到1世纪,在征服希腊以后,罗马人开始接触希腊文化。这时希腊的手册传统已经确立,那些手册需要经过巧妙加工,以投合罗马文化的口味。因为罗马人虽然敬畏于希腊的思想成就,但对抽象的科学理论却没有什么兴趣。一些有教养的罗马人可以直接参照希腊手册来了解希腊的科学成果,但大多数罗马人只能通过拉丁译本或纲要来获取知识。不久,拉丁作家们便开始编纂他们自己的科学手册了。 12

拉丁百科全书传统实际上发端于公元前1世纪的瓦罗(Marcus Terrentius Varro,前116—前27),它最重要的两个早期代表人物是塞涅卡(Seneca,?—68)和老普林尼(Pliny the Elder,23/24—79)。在《自然问题》(*Natural Questions*)中,塞涅卡仿照亚里士多德的《气象学》讨论了地理和气象现象,如虹、晕、雷、闪电等等。他大量引用了亚里士多德、波塞多尼奥斯、特奥弗拉斯特以及其他希腊文献。由于塞涅卡常常从自然现象中汲取教益，他的书备受基督徒欢迎。他对地球尺寸的估计还传到了中世纪，这个值很小，以至于哥伦布等人认为，海洋并不辽阔，轻易便可穿渡。塞涅卡对科学和知识的进步表示乐观，他预言，持续研究将会揭示自然的奥秘。

普林尼 37 卷的《博物志》(*Natural History*)[①]是一部卷帙浩繁、内容详尽的剪刀加浆糊式的汇编。据他本人估计，他翻阅了大约 100 位作者写的 2000 卷著作。在第一卷中，普林尼给出了各个主题的详细纲要，并一一列出了后面 36 卷各卷用到的权威人物。他对前辈的确很敬重，总共列出了 473 位作者，其中大约 100 位是原始资料的作者，另一些或者是间接得知的，或者是用到了他们的零星资料；第二卷讨论宇宙的结构；第三卷到第六卷讨论区域地理学；第七卷讨论人的繁衍、生命和死亡；第八卷到第三十二卷讨论动物学和植物学，包括传说中的动物以及动植物的药用价值；第三十三卷到第三十七卷讨论矿物学。普林尼是一位不知疲倦的编纂者，他强调了自然现象中奇异古怪的部分。虽然他的著作中充斥着混乱、误解和前后矛盾，但最薄弱的部分还是他对希腊理论科学所做的贸然解释，普林尼在这方面懂得很少。

13

普林尼的著作固然杂乱无章，经常前后不一，但这至少还源于他的勤奋以及对原始资料的毕恭毕敬。其后继者中极少有人拥有他那种出色的能力。虽然普林尼指明了他的许多资料来源(即使

① 又译“《自然志》”。——译者注

不是大部分)，但即使他不这样做，他也不会被认为不道德。剽窃并不被看作一种思想犯罪。把我们现代的剽窃标准强加于古代和中世纪是不适当的，那时将别人论著中的段落摘出来纳入到自己的著作中去，并不被认为应当受到谴责，通常也不会受到责难。普林尼在古代和中世纪早期的继承者们在编纂过程中，经常从他人的著作中摘录内容而不指明出处。生活于公元3、4世纪的索利努斯(Solinus)编纂的百科全书著作《奇事录》(*Collection of Remarkable Facts*)最突出的事实是，它的大部分内容都是来自普林尼，而索利努斯的著作又被后人彻底抄袭，以至于今天的学者经常无法确定后来的某种观点到底是出自普林尼还是索利努斯。百科全书作者将现成的手册看作一间公共资料库，为达目的可以对其进行摘录、修饰和重新编排，而最终成果却被炫耀为直接源自原始材料的博学论著。柏拉图、亚里士多德、阿基米德、欧几里得、特奥弗拉斯特等人的科学著作和观点在手册中被反复引用，就好像编纂者熟知这些内容一样。当然，这些百科全书家对这些伟大的科学作者并无直接的了解，而只是重复着(并且每每会曲解)早期编纂者对前人的重复和曲解。

从公元4世纪到8世纪，百科全书家们撰写了一系列拉丁文著作，它们将对中世纪特别是1200年以前产生重要影响。在这些人中，最重要的是卡尔西迪乌斯(Chalcidius，活跃于4世纪)、马克罗比乌斯(Macrobius，活跃于5世纪初)、马提亚努斯·卡佩拉(Martianus Capella，活跃于约公元410—439年)、波埃修(Ancius Manlius Severinus Boethius，约480—524)、卡西奥多鲁斯(Cassiodorus，约488—575)、塞维利亚的伊西多尔(Isidore of Seville，约560—636)和可敬的比德(Venerable Bede,约673—735)等人。卡尔西迪乌斯将柏拉图《蒂迈欧篇》的大部分内容译成了拉丁文,并作了一篇评注,其中的天文学内容源自前面提到的西翁的《有助于理解柏拉图的数学知识手册》。马克罗比乌斯是新柏拉图主义者,他将百科全书学问融入了一篇关于西塞罗的《斯基皮奥之梦》(*Dream of Scipio*)[①]——它实际上是西塞罗《共和国》(*Republic*)的第六卷——的评注中。卡佩拉则写出了甚为流行的《菲劳罗嘉与墨丘利的联姻》(*Marriage of Philology and Mercury*)[②],其中用绚丽华美的文体论述了七艺,是古典学术和智慧的苍白写照。

14　波埃修是最杰出的拉丁百科全书家之一,也是一个非凡的人,因为他懂得希腊语,尽管我们并不知道他到底有多精通。波埃修写了关于"四艺"的著作(他引入这一术语可能是为了指七艺中的四门数学学科),其中只有关于音乐和毕达哥拉斯算术的著作保留了下来,后者是对尼科马库斯希腊文的《算术导论》(*Introduction to Arithmetic*)的灵活翻译。波埃修还翻译了一些亚里士多德的逻辑著作,也许还有欧几里得的《几何原本》,以及阿基米德的一些业已遗失的著作。他对他翻译的一些哲学著作所写的评注,以及在狱中等待被处决时写的最著名的著作《哲学的慰藉》(*On the*

---

① 旧译《西庇阿之梦》。——译者注

② 此书拉丁全名为 *Satyricon* 或 *De Nuptiis Philologiae et Mercurii et de septem Artibus liberalibus libri novem*,共九卷,是一部词藻华丽的说教性寓言著作,讲的是墨丘利(Mercury)与博学的贞女菲劳罗嘉(Philologia)在阿波罗神的安排下结婚。菲劳罗嘉代表着学术、学识,墨丘利则代表着理智追求或有益的追求,即对学术的追求(一说代表"雄辩术"[eloquence])。在婚礼上,七位伴娘分别代表七艺介绍了每种技艺的内容。这部著作在中世纪地位很高,被广泛用作教科书。——译者注

Consolation of Philosophy)非常有影响。卡西奥多鲁斯在其《圣俗学识指导》(*Institutiones Divinarum et Saecularium Litterarum*)[①]中包括了论述七艺的章节,并审慎地引证了权威观点。伊西多尔写了《论事物的本性》(*On the Nature of Things*),还编纂了一部大部头的百科全书——《词源》(*Etymologies*),在其中他讨论了七艺、医学、动物学、机械技艺、冶金术等主题。最后是可敬的比德(Venerable Bede,约673—735),他也许是拉丁百科全书家中最有才智的人。除了一部传统的百科全书《论事物的本性》(*On the Nature of Things*)外,比德还写了《论时间的划分》(*On the Division of Time*)和《论时间的推算》(*On the Reckoning of Time*)这两部关于历法计算的著作,它们讨论了年代学、天文学、历法计算、复活节表、潮汐等问题。尽管他从前辈特别是伊西多尔那里借用了大量内容,但比德天才地为其贫乏的遗产补充了内容。例如,他提出了"港口设置"的概念,并记录说,在海岸的某个特定位置,潮汐大约在同一时间重现,尽管发生的时间各地不同。

第五节　七种自由技艺

我们已经数次提到七种自由技艺或七艺,这里有必要对其进

① 本书标题英文旧译"Introduction to Divine and Human Readings",不太符合拉丁原文。新近出版的英译本将其译为"Institutions of Divine and Secular Learning",比较忠于字面。不过拉丁文"institutiones"的意思是"指导"、"教导",相当于"instruction",而不是现代英文的"institution"或"introduction",所以我们这里译为"指导"。——译者注

行更详细地描述。七艺包括言辞(verbal)学科和数学学科。言辞学科被称为“三艺”(*trivium*),包括文法、修辞和逻辑(或辩证法),数学学科则被称为“四艺”(*quadrivium*),包括算术、几何、天文和音乐。所有这些学科都来自公元前4、5世纪的古典希腊,那时它们首先被认为是适合教给自由的年轻人的自由技艺。不过,学科的数目各不相同,直到拉丁百科全书家时代才有了“七”这个权威的数字,“三艺”和“四艺”这些术语也是拉丁百科全书家们生造出来的。他们将七艺打造成为中世纪晚期的形式。马提亚努斯·卡佩拉的《菲劳罗嘉与墨丘利的联姻》也许是决定七艺的最典型的拉丁著作。这本书的背景是墨丘利和菲劳罗嘉的婚姻,七位伴娘分别代表七艺中的每一种技艺,并各自对其进行描述。圣奥古斯丁、波埃修、卡西奥多鲁斯和伊西多尔等人也写了关于七艺的著作。强调将七艺纳入基督教教育的是卡西奥多鲁斯。到了7世纪末,七艺被认为是正规教育的基础。

如果说科学有某种核心的话,那么它必定在四艺之中。事实上,正是拉丁百科全书家赋予了组成四艺的四门数学学科(算术、几何、天文和音乐)以最终的精简形式。在讨论四艺的各种著述中,最为流行和最具代表性的是伊西多尔的长篇著作《词源》。正如标题所暗示的,伊西多尔往往关注关键术语的词源,相信通过了解术语的来源可以帮助我们洞悉它所代表的事物的本质和结构。

伊西多尔提请人们注意,算术对于正确理解《圣经》的奥秘十分重要。至于算术本身,他凭借的主要是卡西奥多鲁斯的说法,而后者的材料又是从波埃修对尼科马库斯的《算术导论》的长篇翻译中摘引出来的。伊西多尔把数分为奇数和偶数,又在每一种类型中继续进行区分。他阐述了毕达哥拉斯派的各种定义，包括盈数、亏数、完全数（即一个数的因子之和分别大于、小于和等于这个数），以及离散数、连续数、线数、面数、环数、球数和立方数等等。除此之外，如果再加上尼科马库斯区分的五种比的定义，实际上就构成了伊西多尔算术的全部内容。面对着一堆相互没有关联的笨拙定义以及少量琐碎的例子，伊西多尔算术部分的读者可能会觉得没有什么用处。只要对比一下欧几里得的《几何原本》中的算术内容（第七卷到第九卷），就可以看出算术已经衰落到何种程度。

关于几何，伊西多尔能说的就更少。他先是有些奇怪地区分了平面形（plane figure）、数值大小（numerical magnitude）、有理大小（rational magnitude）和立体形（solid figure），然后又列出了“点”、“线”、“圆”、“立方体”、“圆锥”、“球”、“四边形”等定义。这里我们看到，“立方体”被定义为“一个包含长、宽、高的固有的立体形”，这一定义也适用于任何其他立体形（欧几里得将“立方体”定义为“由六个相等的正方形围成的立体形”）。“四边形”则被定义为“由四条直线组成的平面上的正方形”，这等于将所有四边形都等同于正方形！[1]

16

伊西多尔四艺中最长的部分是天文学（和几何部分一样，音乐部分也是由一系列简短的定义组成的）。伊西多尔用一种不专太业的描述方式讨论了天文学与占星学的区别，以及宇宙、太阳、月亮、行星、恒星和彗星的大致位形。我们得知，太阳由火构成，比地

---

[1] From the translation by Ernest Brehaut, *An Encyclopedist of the Dark Ages* (New York: Columbia University Press, 1912), 133，稍有改动。

球和月亮大;地球比月亮大;太阳除了每天的运转还有自己的运动,在不同的位置落下;月亮光是从太阳那里获得的,当地球的影子介于它和太阳之间时,就会发生月食;行星有自己的运动;恒星在天空中固定不动,被一个天球带着旋转,但诸恒星与地球的距离各异,因为人们观察到的恒星亮度各不相同。伊西多尔认为,一些较远较小的恒星实际上要比我们观察到的亮星大,它们看上去小只是因为距离太远。伊西多尔大概不知道,要想容纳他所描述的那些大小和距离不一的恒星,需要有一个极厚的透明天球 。伊西多尔的天文学讨论虽然大都是一些粗略的初级内容,但已经代表着他在四艺方面最出色的工作。

至于四艺科学实际上被讲授到何种程度,我们并不清楚,估计也只能是匆匆忙忙、浮光掠影地过一下。尽管波埃修写出了关于算术和音乐的著作,也许还有天文学和几何学方面的著作,但能够掌握并传授这四门学科的人寥寥无几。不过,七艺在 11、12 世纪的主教座堂学校(cathedral school)里是教育的核心内容,对它们的研究在 12 世纪得到加强,那时新的思想宝藏也从伊斯兰世界进入欧洲。随着大学在 12 世纪末和 13 世纪的兴起以及对新学术的吸收,自由技艺被极大地拓展了。具有讽刺意味的是,它们不再作为七艺,而是作为许多课程中独立的学科被讲授。事实上,大学这时关注的重心是自然哲学和神学,自由技艺如果说还存在的话,也只是一些预备性的课程。

中世纪早期对科学和自然哲学的了解大都来自拉丁百科全书家。他们的信息主要是从希腊和拉丁手册传统中获得的。尽管经常无法理解所读到的材料,但他们会把这些内容摘引到自己的著作中或进行改述。百科全书家们的著作固然有许多缺陷，但其作用至关重要。没有他们的贡献，即使是那些关于世界的贫乏知识也不可能存在。 17

百科全书家为古代晚期和中世纪早期的社会提供了所谓的"通俗"科学。今天我们也有通俗科学，质量良莠不齐。当今社会与西罗马之间的一个关键区别是，我们的通俗科学所基于的实验和理论科学在古代晚期和中世纪早期的罗马科学那里是不存在的。西罗马的通俗科学所包含的内容几乎就等同于整个科学。它体现在由百科全书家们所描述的四艺学科中，我们应当感谢他们努力保存了古代科学的残余。但无可否认，科学的黑暗时代已经降临欧洲。

第二章　新的开端：12、13世纪的大翻译时代

18

公元3世纪末，罗马帝国开始分裂，东部讲希腊语，西部讲拉丁语，这对思想生活以及科学和自然哲学的发展产生了重大影响。随着时间的推移，西罗马帝国对希腊语的了解越来越少。由于希腊语曾经是科学的语言，这意味着那些只会讲拉丁语的人再也无法弄懂希腊科学了。要想让讲拉丁语的西部能够了解希腊科学，就必须把希腊科学著作翻译成拉丁文。然而，被译成拉丁文的著作寥寥无几。除了卡尔西迪乌斯和波埃修翻译了希波克拉底的少量医书以及其他零星著作，几乎没有什么重要的希腊科学著作被译成拉丁文。9、10世纪时，阿拉伯人把大量希腊科学著作翻译成阿拉伯文，并对这份遗产添砖加瓦，讲希腊语的拜占庭帝国也仍然在阅读和研究希腊科学，而西方只能看到第一章中介绍的那些拉丁百科全书家的粗陋的科学。到了公元500年，懂得希腊语的人已经很少，了解精密科学的人就更少。除了一些影响不大或完全不为人知的零星翻译，人们并没有为这种起支配作用的百科全书传统增加什么内容。在西欧人认真地从邻近的文明和文化中寻求新的知识之前，他们必须首先被唤醒，激发出对科学和自然的新兴趣。

大约从4世纪到9世纪，即罗马帝国晚期和中世纪早期，因皇

帝继位而引发的民众冲突导致帝国分裂为东西两部分，贸易衰退和沉重的赋税使经济出现恶化，日耳曼人和凯尔特人大量移民和侵入以前由罗马统治的区域，这些因素都导致西欧的多数城市中心严重衰落。教育和学术也随之在相当程度上退化为在欧洲农村地区发展起来的大大小小的修院。然而，各个城镇的主教们仍然 19 需要教育他们的神职人员，为此，一些主教在自己的管辖范围内建立了学校。8世纪末，查理曼大帝（768年到814年在位）要求所有大教堂和修院都要建立学校来教育神职人员。这是一项艰巨的任务，因为9、10世纪时，斯堪的纳维亚人和其他入侵者不断给欧洲大陆的大部分地区带来灾难。

到了11世纪，蛮族的入侵终于结束（斯堪的纳维亚人是最后一次入侵），一个新的欧洲正在出现，新的体制、技术和思想开始发展。农业的显著进步可以养活更多人口，贸易的繁荣使城市生活开始焕发活力。11、12世纪时，巴黎、奥尔良、托莱多、夏特尔、科隆等许多欧洲城市中的主教座堂学校成为吸引学生和授课教师的思想中心。未来的神职人员在这些学校学习教会的语言——拉丁语，学习足够的算术，用罗马数字进行计算，解决历法问题（无论是世俗的还是宗教的），还要学习七艺的初级知识，甚至是古典拉丁文学，这使他们领略到一种更为宽广的文化史。从10世纪到12世纪，一些伟大的授课教师出现了，他们吸引了欧洲各地的学生，并培养了其他授课教师。其中最著名的有：后来成为教皇西尔维斯特二世（999—1003）的奥里亚克的热尔贝（Gerbert of Aurillac，约946—1003）、拉昂的阿达尔贝隆（Adalberon of Laon）、欧塞尔的约翰（John of Auxerre）、夏特尔的蒂埃里（Thierry of Chartres）、夏特尔的富尔贝(Fulbert of Chartres)、彼得·阿贝拉尔(Peter Abelard)、孔什的威廉(William of Conches)、阿拉斯的克拉伦博尔德(Clarenbald of Arras)以及索尔兹伯里的约翰(John of Salisbury)。

热尔贝是早期最著名的主教座堂学校教师之一,他利用同西班牙北部教会接触的机会获取了少量阿拉伯著作的拉丁文译本,由此他学会了使用算盘和星盘,并写了一部关于算盘(或许也是关于星盘)的著作。他的工作完全属于拉丁传统。然而,热尔贝并不是一个原创性的思想家,他后来的影响主要是基于他作为科学教师的才能。从 972 年到 989 年,他在兰斯的主教座堂学校讲授七艺,强调学习初步的数学和天文学知识,甚至在教学中使用了视觉辅助设备。在那样一个思想贫乏的时代,热尔贝理应获得伟大教师的殊荣。他不仅说明了如何用一个球体来代表天,还亲手制作了一个模型。热尔贝的球体模拟了星辰的运动,用固定在球面上的线来勾勒星辰的位形。他的学生们深受热尔贝的天才和奉献精神的感染,以极大的热情继续和拓展他的教学工作,强调科学是自由技艺不可或缺的一部分。在 11、12 世纪取代修院学校而成为学术中心的主教座堂学校大都是热尔贝的学生创建或复兴的。热尔贝最著名的学生是拉昂的阿达尔贝隆、欧塞尔的约翰以及夏特尔的富尔贝。

尽管缺乏有条理、吸引人的科学文本,主教座堂学校的环境还是激发了对世俗科学学科的思想兴趣。1025 年前后,科隆学校的拉吉姆博尔特(Ragimbold of Cologne)和列日学校的拉道夫(Radolf of Liège)通了八封信讨论数学问题,便是这种兴趣的明证。拉道夫先是提出几个数学问题,对它们的回答不仅在两位通信者之间交流,而且还被提交给评委(他们是这场科学竞赛的仲裁者)。拉吉姆博尔特和拉道夫对几何只有一知半解，由于对希腊数学和阿拉伯数学的无知，他们只能依赖于罗马百科全书手册中零星的几何学知识以及波埃修的真假参半的著作。两人对几何证明都没有任何概念。此外，他们对三角形外角和内角含义的讨论也混乱不堪。拉道夫请拉吉姆博尔特计算面积为给定正方形面积二倍的正方形的边长，这个问题源自波埃修对亚里士多德《范畴篇》的评注。两人都知道大正方形的边长是小正方形的对角线(见图1)，但他们都没有认识到，两个三角形的边长之比不可能是17/12(拉吉姆博尔特给出的结果)或7/5(拉道夫给出的结果)这样的整数比，因为这两条边是不可公度的，它们的比只能是一个无理数(这里是 $2^{1/2}$)。虽然这场竞赛的数学水平很低，但重要的是，这样一种竞赛毕竟发生了。它的出现表明对科学问题的兴趣正在增长，而这在一百年前几乎是不可能的。

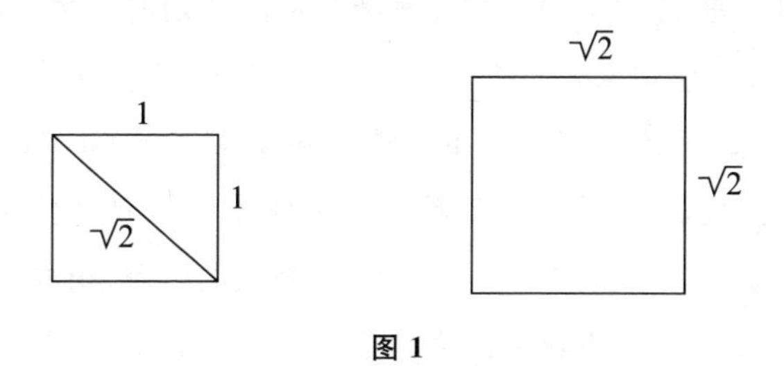

图1

第一节　12世纪的教育与学术

拉吉姆博尔特和拉道夫在11世纪对数学的积极态度一个世纪之后在自然哲学中找到了对应。较之拉吉姆博尔特和拉道夫所看到的数学文献，柏拉图的《蒂迈欧篇》（以及关于它的几篇评注）和拉丁百科全书家的文学遗产为思考自然哲学提供了更为丰富的文献。然而，对于12世纪的思想变化来说，科学水平并非决定性因素。对待传统权威和自然本身的态度发生了明显转变。无论这 21 些转变有什么社会原因（它们是下一章讨论的大学的一部分背景），上帝是万事万物的直接原因这一观念造就了对世界的一种解释，认为自然对象可以直接发生相互作用。上帝赋予自然以产生事物的力量和能力，自然成了一种自行运作的东西。自然或宇宙就这样被对象化了，它被看成一个受规律支配的、井然有序的、自给自足的和谐整体，可以由人的理智来探究。世界在概念上从一种无法预言的、偶然的东西变成了一台平稳运转的机器，或12世纪常说的 *machina*。“自然的日常进程”(common course of nature)这一概念被发展出来，主张自然按照规则惯常运作。只有神的干预才能中止自然的日常活动，这种干预有时被解释为神的计划的一部分，而人对此一无所知。思想保守的神学家们认为，这种对自然运作的新的兴趣非常危险。圣维克多的阿布萨隆(Absalom of Saint-Victor)是旧秩序的典型代表，他将这一切斥责为无休止地探究“地球的组成、元素的性质、星体的方位、动物的本性、狂风的肆虐、植物和根茎的生长过程”。[①] 孔什的威廉代表大多数与他有类似想法的同事这样驳斥思想保守的人：

① Translated in M. D. Chenu, *Nature, Man, and Society in the Twelfth Century: Essays on New Theological Perspectives in the Latin West*, selected, edited, and translated by Jerome Taylor and Lester K. Little (Chicago: University of Chicago Press, 1968; originally published in French in 1957), 10.

> 他们对自然的力量一无所知，还希望有人陪他们一起无知，他们不想让人研究任何东西；他们想让我们像农民一样盲信，不去追问事物背后的理由……但我们说，任何事物背后的理由都应当去寻求……如果他们得知有人在作此探究，便会大呼小叫此人是异端，他们更信靠自己的僧袍而不是智慧。[①]

威廉坚持认为，上帝的权能通过指派次级原因（secondary causes）而得到增强，它不仅使自然能够运作，而且还通过自然产生了人。[②] 那些充满新的探究精神的人认为信徒有义务去发现自然规律。通过研究自然或宇宙，可以促进我们对上帝创世的理解。22 然而，在这一崇高的任务中，起指导作用的是哲学而不是《圣经》。只有当自然原因无法找到时，才能援引上帝作为原因来解释。在基督教的历史上，理性的力量得到了前所未有的颂扬。对自然中次级原因的寻求强调了自然秩序及其合乎规律的运作。世俗学问获得了声望，有些人认为它构成了对神学和圣经解释的挑战。一个新的时代已经呼之欲出，对自然的探究在其中扮演着重要角色，孔什的威廉、欧坦的奥诺留（Honorius of Autun）、伯纳德·西尔维斯特（Bernard Silvester）、巴斯的阿德拉德（Adelard of Bath）、夏特尔的蒂埃里以及阿拉斯的克拉伦博尔德的著作便是明证。

对待自然的新态度源出于旧的拉丁学术内部。它在很大程度

---

① Translated in Chenu, Ibid., 11. 这段话出自威廉的 *Philosophy of the World* (*Philosophia mundi*)。

② Chenu, Ibid., n. 20.

上是基于拉丁百科全书家的著作、柏拉图的《蒂迈欧篇》(部分译成了拉丁文)以及对它的各种评注、埃留根纳(John Scotus Eriugena,约 810—约 877)的《论自然的区分》(*De divisione naturae*)、少量传统的拉丁文学作品,以及 10、11 世纪的其他拉丁著作。如果有足够的时间,并且较少受到阻碍,那么 12 世纪的学者或许能够造就一种重要的科学与自然哲学的长期传统。但科学和自然哲学已经开始从伊斯兰大量涌入,一直在旧的学术背景中演进的初生的理性科学不久就会融入这一滚滚洪流之中。

第二节 将阿拉伯文献和希腊文献译成拉丁文

对自然及其运作的重新关切激起了人们对古希腊著作的强烈兴趣,而其中许多只有阿拉伯语译本。因此,所谓的希腊遗产必须考虑到许多伊斯兰作者的贡献,这群人中不仅有穆斯林,而且也有基督徒和犹太人,他们都使用阿拉伯语。这些科学家、自然哲学家和医学家的著作基本不为 12 世纪的欧洲学者所知。所有这些用希腊语和阿拉伯语写成的文献就是通常所说的希腊-阿拉伯(或希腊-伊斯兰)遗产。对希腊—阿拉伯学术的渴望源于对古代学术和智慧的一种近乎崇拜的敬重,12 世纪的学者们认识到,他们的前辈做出了重大贡献。如果他们试图对知识范围进行拓展,那只是因为(正如夏特尔的贝尔纳[Bernard of Chartres]所说),他们有幸站在了古代学术巨人的肩膀上。这种感受数百年来被人一再重复,甚至出现在艾萨克·牛顿的一封信中。但这些巨人的著作或

23

者难以获得，或者只知道只言片语。用希腊文或阿拉伯文写成的这些著作在西方几乎不为人知，对它们的记载唤起了西方学者的好奇心和欲望，也强化了一种思想的匮乏感。为了补救这种严重的匮乏，西方世界的学者们力争获得过去的科学遗产。他们开始将阿拉伯文和希腊文的著作翻译成拉丁文，正如他们经常在前言中告诉我们的，他们希望把这些东方的珍宝呈现给西方，从而减轻在众多领域"拉丁人的贫乏"（*Latinorum penuria*）。他们的翻译构成了西方科学史和自然哲学史上的真正转折。

早在10世纪中叶，将阿拉伯文译成拉丁文的工作就已经在西班牙北部比利牛斯山脉山脚下的里波尔的圣玛丽亚修道院（Monastery of Santa Maria de Ripoll）展开了。这些译著主要涉及几何学和天文仪器，热尔贝也许知道它们。11世纪时，赖谢瑙的赫尔曼（Hermann of Reichenau，1013—1054）已经对阿拉伯星盘有所了解，非洲人康斯坦丁（Constantine the African，活跃于1065—1085）则将希腊和阿拉伯人的医学著作由阿拉伯文译成了拉丁文。我们对非洲人康斯坦丁了解甚少，只知道他与南意大利萨勒诺的医学中心有联系。然而，使西方科学思想发生革命、并决定其数百年进程的大翻译运动直到12、13世纪才出现。从1125年到1200年出现了一次真正的拉丁翻译高潮，它使相当数量的希腊和阿拉伯科学重见天日，13世纪还会出现更多的译本。自大量希腊科学于9世纪和10世纪初被译成阿拉伯文以来，科学史上再没有什么事件能与之相比。

大翻译时代紧随11世纪穆斯林在西班牙的溃退以及在西西里的惨败。随着基督徒1085年攻陷托莱多，1091年夺取西西里，重要的阿拉伯学术中心由重振活力的西欧所占据。这里阿拉伯文书籍比比皆是，思想匮乏的欧洲人渴望用西欧通用的学术语言拉丁语来重现这些内容。来自欧洲各地的学者（无论是基督徒、犹太人还是穆斯林）与土生土长的西班牙人携手并进，将专业科学和自然哲学从阿拉伯文译成了几乎从未涉足这些内容的拉丁文。一些著名翻译家的鼎鼎大名足以显示这项伟业颇具国际性，比如蒂沃利的普拉托（Plato of Tivoli）、克雷莫纳的杰拉德（Gerard of Cremona）、巴斯的阿德拉德、切斯特的罗伯特（Robert of Chester）、卡林西亚的赫尔曼（Hermann of Carinthia）、多明戈·贡迪萨尔沃（Dominicus Gundissalinus）、彼得·阿方索（Peter Alfonso）、萨瓦索达（Savasorda）、塞维利亚的约翰（John of Seville）等等。到了13世纪初还有英格兰人阿尔弗雷德（Alfred Sareshel 或 Alfred the Englishman）、苏格兰人迈克尔（Michael Scot）和德国人赫尔曼（Hermann the German）。

24

在西班牙的翻译中心中，托莱多是最重要的。在那里以及别的地方，翻译以各种方式进行着。如果译者熟悉阿拉伯语，他就直接进行翻译；否则，他可以和一个阿拉伯人或犹太人合作。有时还有这样的情况，如果他懂西班牙语，他可以雇一个人将阿拉伯文译成西班牙文，他本人再将西班牙文译成拉丁文。要把一部希腊文原著译成拉丁文，有时可能要辗转多种语言，比如从希腊语到叙利亚语到西班牙语再到拉丁语，或者从阿拉伯语到希伯来语再到拉丁语。经过多次转译，最终的拉丁文译本中不可避免会存在一些曲解，但总体结果还是很令人满意的，特别是亚里士多德的著作。

12、13世纪的翻译主要是科学和哲学著作，人文学科以及纯文学的作品几乎没有涉及。选择什么著作翻译经常是很偶然的，是否容易得到以及是否简短往往是决定性因素。真正重要的著作有时会被忽视，而次要的价值不高的著作却可能会被翻译出来，并得到深入细致的研究。由于译者分散于各地，彼此之间很少接触，所以经常会有重复劳动的现象发生。不过，尽管有这样那样的困难，总的成就还是令人振奋的。事实上，仅克雷莫纳的杰拉德（？—1187）一人的翻译成果就足以彻底改变西方科学的进程。为了颂扬这位最伟大的西方翻译家，确保后人能够认识到他的恩惠，而不把他的成就归于他人，杰拉德忠诚的学生们为杰拉德翻译的盖伦的《医技》（*Tegni*）附加了一篇传略。由此我们得知，在把他所能得到的一切吸收到拉丁世界之后，杰拉德又去托莱多找到了托勒密的《天文学大成》，那时这本著作还没有拉丁译本。"在那里[托莱多]，他看到任何一个学科都有丰富的阿拉伯文著作，他对拉丁人在这些方面的贫乏痛心疾首，于是便为了翻译而学习了阿拉伯语。"我们被告知，"直到生命的最后一刻"，杰拉德"仍然在把他所认为的许多学科中最优秀的著作尽可能准确和明晰地传播到拉丁世界中（就好像是传给他心爱的后嗣）"。[①] 杰拉德不仅翻译了《天文学大成》，还翻译了至少70部其他著作。其中有亚里士多德的基本著作（《物理学》、《论天和世界》、《论生灭》和《气象学》[一至三卷]），还有亚里士多德的《后分析篇》，这是讨论科学方法的重要著作。杰拉德还翻译了大量数学著作，包括欧几里得的《几何原本》、花拉子米（al-Khwarizmi）的《代数》以及《三兄弟几何学》（*The* 25

① Translated by Michael McVaugh in Edward Grant, *A Source Book in Medieval Science* (Cambridge, Mass.: Harvard University Press, 1974), 35.

Geometry of the Three Brothers)等等,其中后者包含了阿基米德重要的数学技巧,对后世影响很大。除了其他天文学、占星学、炼金术和静力学著作,杰拉德还翻译了大量医学论著,包括盖伦的许多著作、阿维森纳(Avicenna)的《医典》(*Canon of Medicine*)以及拉齐(al-Razi 或 Rhazes,? —925)的《医学大全》(*Liber Continens* 或 *Comprehensive Book*)。这些著作构成了中世纪医学研究的核心。

还有一些重要的著作是直接从希腊文译成拉丁文的。这些工作大都在意大利和西西里完成,那里从未与讲希腊语的拜占庭帝国中断接触。12 世纪时,南意大利和西西里的诺曼统治者利用与拜占庭帝国接触的机会来搜集希腊神学、科学和哲学文本。在西西里,柏拉图的《美诺篇》和《斐多篇》被亨里克斯·亚里斯提卜(Henricus Aristippus)翻译出来,此外还有托勒密的《天文学大成》、欧几里得的《光学》、《反射光学》(*Catoptrics*)和《已知量》(*Data*),以及一些亚里士多德的著作。也有从阿拉伯文到拉丁文的翻译。酋长尤金(Eugene the Emir)能讲三种语言(阿拉伯语、希腊语和拉丁语),他将托勒密的《光学》从阿拉伯文译成了拉丁文。在北意大利也有从希腊文到拉丁文的直接翻译,威尼斯的詹姆斯(James of Venice)、比萨的伯贡蒂奥(Burgundio of Pisa)和贝加莫的摩西(Moses of Bergamo)便是当时的参与者。然而,如果说克雷莫纳的杰拉德是把阿拉伯文译成拉丁文的最杰出的翻译家,那么佛莱芒的多明我会修士穆尔贝克的威廉(William of Moerbeke,约 1215—约 1286)便是把希腊文译成拉丁文的最伟大的翻译家。穆尔贝克的朋友托马斯·阿奎那曾向他抱怨说,由阿拉伯文译过来的亚里士多德著作不够完备。受此激励，穆尔贝克从希腊抄本译出了除《前分析篇》和《后分析篇》之外的几乎所有亚里士多德著作。此外，他还译出了古代晚期的一些最重要的希腊评注家——比如阿弗洛狄西亚的亚历山大（Alexander of Aphrodisias，活跃于198—209）、菲洛波诺斯、辛普里丘（Simplicius，约500—533后）、特米斯修斯（Themistius，活跃于340s—384/385）等等——关于亚里士多德著作的评注。1269年，他翻译了阿基米德的几乎全部著作以及一些重要的希腊评注。文艺复兴时期的翻译家并未指明地利用了这些译本，1503年在威尼斯首版的阿基米德著作就使用了穆尔贝克的拉丁文译本，从而无意中颂扬了穆尔贝克。穆尔贝克总共翻译了神学、科学和哲学方面的至少49部著作。

翻译方法大相径庭。有时译者仅限于传达著作的含义。然而在更多的情况下，译者既试图把握著作的实质，同时也想保留语词的含义。为此，最常见的做法就是词对词的翻译（*verbum de verbo*），这种方法对于希腊文的翻译要比阿拉伯文的翻译好使得多，因为希腊语在结构上与拉丁语类似，而阿拉伯语则不然。中世纪的学者很清楚这一点，只要可能，他们都倾向于从希腊文进行翻译。中世纪的翻译家不太注重文体，他们采取了一种更加值得称颂的做法——忠实于原文。 26

第三节　亚里士多德著作的翻译

由于中世纪西欧对于亚里士多德自然哲学的解释和理解在本

书中占很大比重,这里有必要谈谈他的著作是通过什么方式被译成拉丁文的。关于亚里士多德著作的译本,直接译自希腊文的远多于译自阿拉伯文的。仅就亚里士多德的五部"自然学著作"(natural books,即主要关注自然哲学的著作)——《物理学》、《论天》、《论生灭》、《气象学》和《论灵魂》而言,译自希腊原文的现存抄本数量要远远多于译自阿拉伯文的抄本数量。《物理学》现存 371 部译自希腊文的抄本,134 部译自阿拉伯文的抄本;《论天》有 190 部译自希腊文,173 部译自阿拉伯文,这里的数目最为接近;《论生灭》有 308 部译自希腊文,48 部译自阿拉伯文;《气象学》有 175 部译自希腊文,113 部译自阿拉伯文;《论灵魂》有 423 部译自希腊文,118 部译自阿拉伯文。五部著作中只有一部差异较小。至于其他著作,两种来源的数量差异同样很显著。希腊抄本只要能够获得,总是会成为首选。不仅阿拉伯语的结构与拉丁语有根本不同,而且一些阿拉伯文版本源自更早的叙利亚语译本,因此距离希腊原文又远了一层,对这些阿拉伯文本的词对词的翻译有可能导致严重曲解。而由于拉丁语和希腊语在结构上很相近,因此可作字面上词对词的翻译,同时又明白易懂。

从希腊文翻译亚里士多德著作的译者主要有:6 世纪初的波埃修;12 世纪的威尼斯的詹姆斯、亨里克斯・亚里斯提卜以及几乎不为人知的约安内斯(Ioannes);13 世纪的罗伯特・格罗斯泰斯特(Robert Grosseteste)和穆尔贝克的威廉,后者无疑是将希腊文译成拉丁文的最伟大的翻译家。将亚里士多德的著作从阿拉伯文译成拉丁文的翻译家主要有:12 世纪的克雷莫纳的杰拉德,他翻译了亚里士多德大多数自然学著作;13 世纪的苏格兰人迈克尔，他翻译了亚里士多德的生物学著作《论动物》（*De animalibus*）。

根据学者的研究，现存的亚里士多德著作的拉丁文抄本大约有两千部。鉴于这些抄本是经历了严酷的岁月才留存下来的，我们似乎有理由认为，数以千计的抄本业已亡佚。现存的拉丁文抄本足以证明，亚里士多德对中世纪和文艺复兴的思想生活有着普遍而深入的影响。也许除了古代晚期伟大的希腊医学家盖伦，再没有哪位希腊或伊斯兰科学家留下过与此相当的抄本遗产。

27

在结束对翻译的讨论之前，也许可以设想一下，这种持久的大翻译运动是否可能早些发生，比如在10世纪或11世纪。在这些时代，进行大规模翻译的条件似乎还没有成熟。直到10世纪，阿拉伯人才把希腊的科学和自然哲学全部翻译成阿拉伯文。而且，这些翻译都是在伊斯兰东部特别是巴格达完成的，其中大部分文本也许直到11世纪才到达西班牙、西西里和南意大利的阿拉伯人手中。那时，基督徒正在积极光复西班牙和西西里，直到1085年占领托莱多，11世纪末诺曼人征服南意大利和西西里，大翻译运动才有了适宜的条件。早在11世纪，非洲人康斯坦丁就已经在意大利的萨勒诺将一些医学著作由阿拉伯文译成拉丁文。然而，大规模的翻译要等到12世纪的西班牙才会发生，特别是1140年到1160年之间。因此，翻译不大可能在12世纪之前发生，因为文本还得不到，在西班牙和西西里，基督徒和穆斯林的激烈冲突直到11世纪末才有所缓和。只有到那时或不久以后，基督徒才可能深入西班牙腹地，直接接触到大量阿拉伯科学文献，从而为大翻译运动营造更加稳定的条件。

第四节　亚里士多德自然哲学的传播和吸收

亚里士多德的著作被译成拉丁文,以及随后对这些著作的传播和吸收改变了西欧的思想生活。但亚里士多德的影响并不仅依赖于他本人的著作。为了评价亚里士多德的巨大影响,我们必须考虑古代晚期的希腊人以及 9 世纪到 12 世纪的阿拉伯人对其著作的评注。虽然亚里士多德的原作决定了中世纪的世界观,但许多被误归于他的著作也影响了中世纪对其观点的判断。除此之外还必须考虑这样一些译自阿拉伯文的拉丁文译本,它们并非亚里士多德所写,但却包含了亚里士多德的自然哲学,特别是医学和占星学思想。拉丁中世纪的自然哲学家继承了所有这些亚里士多德派的思想和解释。利用这些资源,中世纪学者对亚里士多德的著作作了评注,并撰写了主要体现亚里士多德思想的专门论著。所有这些文献——遗产及其补充——便构成了我们今天所说的"亚里士多德主义"。这一在中世纪从未使用过的术语极好地刻画了从 12 世纪到 15 世纪(严格意义上的中世纪)甚至到 17 世纪末欧洲思想生活的主要内容。

28

1. 希腊评注家的贡献

通过对亚里士多德著作的评注,古代晚期的希腊世界对自然哲学做出了重要贡献。从公元 200 年到 600 年,希腊评注家留下了大量论著,现存的希腊语文本大约有 1500 页,即所谓的《关于亚里士多德的希腊评注》(*Commentaria in Aristotelem Graeca*)。在给亚里士多德作注的人当中，有一些是亚里士多德主义者，还有一些则是新柏拉图主义者，他们都对亚里士多德持批判态度。在这一群体中，对伊斯兰和拉丁科学及哲学影响较大的有：阿弗洛狄西亚的亚历山大、特米斯修斯、辛普里丘和菲洛波诺斯，其中菲洛波诺斯既是基督徒又是新柏拉图主义者。亚历山大和特米斯修斯很大程度上是通过阿威罗伊的亚里士多德评注影响了拉丁中世纪的自然哲学，阿威罗伊是著名的穆斯林评注家，经常引用他们的著作。辛普里丘关于亚里士多德《论天》的评注(穆尔贝克的威廉于13 世纪将其译成拉丁文)包含了宇宙论和物理学的重要思想。尽管在 16 世纪以前，菲洛波诺斯的著作大都不为拉丁西方所知，但他的一些思想仍然通过各种渠道而为人知晓，比如穆尔贝克的威廉曾经节译过他的亚里士多德《论灵魂》评注，辛普里丘在亚里士多德《论天》评注中对他进行过攻击，阿威罗伊的亚里士多德评注中偶尔引用过他的思想。菲洛波诺斯在科学史上之所以重要，是因为他批判了亚里士多德的物理学和宇宙论观念。在阿拉伯和中世纪拉丁物理学中扮演重要角色的冲力(Impetus)理论或被注入的力(impressed force)的学说，最终正是源于菲洛波诺斯关于亚里士多德《物理学》的评注。他还驳斥了亚里士多德的说法，认为有限运动在虚空中是可能的，从某一高度落下的两个重量不等的物体将会几乎同时碰到地面。在关于《创世记》的评注(*De opificio mundi*)中，他反对亚里士多德的世界永恒观念，并坚持天地物质是同一的，而不像亚里士多德所说的那样截然不同。近年来，希腊晚期的评注家受到了更多重视，也许事实

29

最终将会表明，他们对中世纪和近代早期科学史的贡献要大于我们的预想。

2. 伊斯兰评注家的贡献

公元9、10世纪，亚里士多德的著作被从希腊文（甚或叙利亚文）译成阿拉伯文。不久伊斯兰学者就对它们进行了研究，并作了评注。对西方产生影响的关于亚里士多德著作和思想的伊斯兰评注及讨论主要写于1200年以前。由于一些受新柏拉图主义影响的关于亚里士多德的希腊文评注被译成了阿拉伯文，新柏拉图主义观念往往会渗透到关于亚里士多德的伊斯兰评注中。在用阿拉伯文研究亚里士多德并有著作译成拉丁文的穆斯林中，最重要的是：肯迪（al-Kindi，约801—约866）、法拉比（al-Farabi，约870—950）、阿维森纳（Avicenna，Ibn Sina，980—1037）、加扎利（Algazali或al-Ghazali，1058—1111）和阿威罗伊（Averroes，Ibn Rushd，1126—1198）。其中阿维森纳、加扎利和阿威罗伊对西方亚里士多德主义自然哲学影响最大。对欧洲学术最有影响的伊斯兰犹太学者则是用阿拉伯文写作的摩西·迈蒙尼德（Moses Maimonides，1135—1204）。

在长篇著作《治疗之书》（*Kitab al Shifa*，*The Book of Healing* [*of Ignorance*]）中，阿维森纳对亚里士多德自然哲学的诸多方面进行了评注。这是一部由多明戈·贡迪萨尔沃和阿文达乌德（Avendauth或Abraham ibn Daud）在12世纪翻译出来的哲学百科全书，它的第二部分讨论的是物理学，在不完整的拉丁文译本中这部分内容被称为*Sufficientia*，由八个部分组成。中世纪哲学家能够读到的部分是阿维森纳关于天、生灭、元素、流星、动物和灵魂的观念。在中世纪大学的医学院中，他的伟大医学著作《医典》的重要性也许超过了盖伦的著作。

加扎利之所以对西方产生了重要影响，并不是由于他本人的观点和解释。加扎利曾对法拉比和阿维森纳的哲学观点写过一篇纲要，随后又严厉批评了他们的观点。然而，只有前者被译成了拉丁文。于是，法拉比和阿维森纳的观点经常被归之于加扎利。他对哲学的批评——《哲学家的语无伦次》(*The Incoherence of the Philosophers*)没有被翻译过来，它在西方是通过被译成拉丁语的阿威罗伊的《语无伦次的语无伦次》(*The Incoherence of the Incoherence*)中对它的批评而为人所知的。

30

在所有伊斯兰学者中，阿威罗伊最深地影响了拉丁西方对亚里士多德的看法。有著名学者指出："如果有一个对应于入籍过程的文献移植过程的话，那么阿威罗伊的著作与其说属于写作它们所使用的语言，不如说属于它们被译成的并对世界哲学的进程产生影响的语言。"①历史的一大讽刺是，阿威罗伊的阿拉伯文著作实际上被伊斯兰国家讲阿拉伯语的人忽视了，但他的许多著作却通过拉丁文翻译而在基督教世界产生了巨大影响。

迄今为止已经确认的阿威罗伊关于亚里士多德著作的阿拉伯文评注大约有38篇。之所以有这么多，是因为阿威罗伊对任何一部亚里士多德的著作至少会写两篇(通常是三篇)不同类型的评注。例如对亚里士多德的《物理学》，他写了一篇短评或纲要、一篇

---

① Harry A. Wolfson, "Revised Plan for the Publication of a *Corpus Commentariorum Averrois in Aristotelem*," *Speculum* (1963): 88.

中评或对文本的解释以及一篇长评，这是按顺序对整个文本进行的详细讨论。这三种方式也被运用于对亚里士多德《论天》和《形而上学》的处理中。对于亚里士多德的有些著作，比如《论生灭》和《气象学》，他只写了中评和长评。在38篇阿拉伯文评注中，有15篇是13世纪上半叶（由苏格兰人迈克尔等人）由阿拉伯文译成拉丁文的，19篇是16世纪由希伯来文译成拉丁文的（阿威罗伊的评注在犹太亚里士多德传统中要比在拉丁传统中更有影响）。阿威罗伊在评注中试图把新柏拉图主义解释从亚里士多德的思想中清除掉，在他看来，这些解释歪曲了亚里士多德的原意。他确信，亚里士多德已经掌握了人用证明方法所能掌握的关于世界的全部真理。

3. 伪亚里士多德著作

大约从亚里士多德去世后两代人开始，就有人将伪造的著作托名于这位哲学家了。这一过程始于两部希腊文著作——《论颜色》（*De coloribus*）和《机械学》（*Mechanica*），后来又出现了其他一些伪托的希腊文著作。但这还仅仅是开始。对于亚里士多德的著作被译成的每一种语言，都不断有伪托著作出现，包括叙利亚语、31 阿拉伯语、拉丁语、希伯来语、亚美尼亚语以及欧洲的一些本国语。伪托著作大都集中在伪科学领域，特别是炼金术、占星学、手相术和相面术。天文学领域也有一些。有许多伪托著作是从阿拉伯文译成拉丁文的。在拉丁世界，它们大都独立于亚里士多德的原作流传。这些书似乎吸引了大学之外的各种社会群体，而在大学，除了少数特例，它们基本没有产生什么影响，很少在自然哲学著作中被引用。属于例外的有：《原因之书》（*Liber de causis*，由克雷莫纳的杰拉德译出)，它以普罗克洛斯(Proclus)的《神学原本》(*Elements of Theology*)为基础，在神学家中特别有影响，大阿尔伯特(Albertus Magnus)和阿奎那都写过关于它的评注；《论元素属性的原因》(*De causis proprietatibus elementorum*)，它出现在亚里士多德自然学著作的无数抄本中，对 13、14 世纪产生了巨大影响；最后是《秘密的秘密》(*Secretum secretorum*)，尽管它对于自然哲学不像前两部著作那样重要，但却包含了大量格言，似乎囊括了据说是亚里士多德传授给古代统治者的智慧。在所有这些伪托亚里士多德的著作中，《秘密的秘密》最为流行，现存手抄本至少有 600 部，其中有大约 20 部随同亚里士多德的一部或几部原作一起流传。

第五节　对翻译的接受

亚里士多德的文本很难读，如果译本并不明晰，有时会因模糊不清而受到指责。于是，人们纷纷把阿维森纳和阿威罗伊的评注作为指南来解读亚里士多德的艰深文本。

甚至在大翻译运动之前，亚里士多德就开始对西方思想产生影响，这很大程度上要归功于阿布·马沙尔(Abu Ma'shar，787—886)的阿拉伯文占星学著作《占星学导论》(*Great Introduction to Astrology*)①的两个拉丁译本，一个是 1133 年，另一个是 1140 年。

① 这里英文原文为"*Introduction to Astronomy*"，我就此询问了格兰特教授，他说他的英译根据的是此著作拉丁文第一版中使用的拉丁名，但"*Great Introduction to Astrology*"更忠实于阿拉伯文标题，因此我在这里将英文标题改为了"*Great Introduction to Astrology*"。——译者注

《占星学导论》是一部占星学著作，包含了亚里士多德自然学著作中的大量思想和概念。许多12世纪的学者都是通过阿布·马沙尔的著作第一次接触到亚里士多德学说的。但这些点滴的亚里士多德思想不久汇入了对其著作的翻译洪流。尽管12世纪出现了亚里士多德著作的新译本，但现存抄本很少来自那一时期，这显示亚里士多德的著作对12世纪的直接影响并不大。然而到了13世纪中叶，这种状况发生了戏剧性的改变，那时出现了亚里士多德著作的大量抄本。亚里士多德的影响到那时已经变得显著起来，而且会与日俱增。他的影响的一个重要方面表现在那些关于其著作的拉丁评注，这个话题将会在后面讨论。 32

实际上，所有从希腊文或阿拉伯文译成拉丁文的古希腊著作此前都不为基督教的西欧所知。这一大批异教科学和自然哲学是如何被接受的呢？基督徒又是如何回应这些他们完全不熟悉，而且对信仰有潜在威胁的文献呢？尽管西欧从未见过这些著作，但与异教文献打交道的经历却并不新鲜。基督徒很早以前就曾为了适应它们而做出调整。几乎从基督教传播到圣地耶路撒冷之外的那一刻起，他们就开始面对异教思想。不仅讲希腊语的东罗马帝国熟悉它，西部的拉丁学者，如圣奥古斯丁、圣安布罗斯和拉丁百科全书家，也都熟悉异教思想。由于有基督教对待异教文献的以前这些经历，12、13世纪对希腊—阿拉伯科学的拉丁翻译也许会被西欧的基督徒视为异教思想更大规模的涌入。尽管第二波异教思想的科学和自然哲学导致信仰与理性发生了一些摩擦，但基督教的自然哲学家（其中有许多是神学家）还是愉快地接受了它们。以亚里士多德的逻辑和自然哲学为中心的新学术成为新兴大学的课程内容，这是中世纪最为持久的体制遗产之一。我们现在就来谈一谈。

第三章　中世纪的大学

现在我们有必要探谈中世纪大学的结构和运作，因为大学对于西方科学的发展至关重要。12 世纪时，随着西欧在社会思想生活方面都发生了改变，大学也应运而生。

到了 11 世纪，欧洲不再像 7、8 世纪那样高度封建化。11 世纪末 12 世纪初，政治状况得到极大改善，这在很大程度上要归功于法语区的封建领主带给诺曼底、英格兰、意大利、西西里、西班牙和葡萄牙的一段相对稳定的统治时期。到了 11 世纪末，随着基督徒再次征服西班牙，欧洲又重新焕发出活力。

在安全得到保障之后，欧洲的经济开始复苏，社会各个部门的生活水准都在提升。这起因于显著的农业进步，特别是这一时期产生的重犁使用了马而不是公牛。之所以有这种变革，是因为马掌和轭的出现使马成为远比公牛更加有效的农用工具。同样重要的是，双田轮作制被三田轮作制所取代，这也使得食品生产能够大规模增加。增加的食品供给使人口大量增长，而这又使得城镇的扩张成为可能。事实上，由于人口增加，很有必要建设数百个新的城镇。欧洲人开始迁移到蛮荒之地，或者像日耳曼人渡过易北河时那样，把斯拉夫人往东驱赶。低地国家的人甚至开始围海造田。欧洲人的四处迁移产生了大量移民。居住在新城镇中的自由人大多是从前的农奴，他们涌入城镇，希望生活得更好。

34 到了12世纪末，欧洲的商业和制造业水平大概比罗马帝国的巅峰时期还要高。从9世纪到10世纪，欧洲发生了改变。货币经济开始产生。

统治方式很快也发生了变化。世俗和教会统治者与城镇之间的斗争正在展开。生活在城市的人越来越寻求自治，力图免除世袭贵族强行征收的赋税。社群和与之相伴随的公民权概念也已发展出来。欧洲城市趁机与教皇、国王、皇帝或亲王为伍，以巩固力量，保护权利。

就这样，城市成了欧洲大陆经济、政治、宗教和文化生活中的一股强大力量。既然是城市造就了欧洲大学，也许有人认为大学产生于前面描述的这些力量，但这是不正确的。城市仅仅是大学产生的必要条件，而非充分条件。城市化也许为大学的发展和繁荣提供了重要母体，但很难说是它保证了这个过程得以发生。从古埃及和美索不达米亚最早的社会开始，人类经历了无数城市文明的兴衰，但没有一种城市文明产生过欧洲大学那样的东西。事实上，要使一种文明在思想上达到很高的成就，很难说大学是必不可少的。要想保存记录，维持文化传统，增进社会知识和智慧，某种文明只需确保一些人能够读书和写作，有足够多的人能够执行必要的任务，以某种方式将文字记录保存下来并且代代相传。正如伊斯兰和中国的文明所充分证明的那样，满足了这些标准的社会可以达到很高的思想高度。

尽管拉丁西方的科学和自然哲学是从希腊人和阿拉伯人那里获得的，但大学却是一种独立的发明。它源于西方在12世纪的特殊状况。随着城市中心的商业贸易越来越繁荣，那些从事同一行当或手艺的人很自然（即使不是必然）会结成行会或社团以寻求庇护。中世纪的律师往往称这些组织为 *universitas*，即“全体”或“整体”，指这种行会代表着相关行当或手艺所有合法的实践者。

教师（masters）和学生构成了 12 世纪社会的一个重要组成部分。他们在西欧的各个大教堂建立了重要的学校，特别是在巴黎、夏特尔和奥尔良。学生和教师经常在不同学校间游走，学生希望找到合适的教师，教师则试图吸引足够的学生为其提供适当的报酬。在教书学习的城市中，教师和学生大都是异乡人，因此没有权利和特权，而只能独自打拼。由于不是城市、国家和教会当局的对手，他们必须就教学条件与之讨价还价。 35

巴黎等地的师生们看到了联合起来的好处，便以行当或手艺的“联合体”（*universitas*）为模式建立自己的组织。到了 12 世纪末，实际上已经有了被称为“联合体”的教师组织、学生组织，或教师与学生的组织（例如，*universitas magistrorum* 或“教师联合体”；*universitas scholarium* 或“学生联合体”；*universitas magistrorum et scholarium* 或“教师与学生联合体”）。结果，*universitas* 这个词本身就可以指一个教育机构。尽管在高等学术教育机构采用 *universitas* 这个词之前，许多行会和社团就已经使用了它，但是将这个词永远保留下去的却是前者，这也许是因为它们比所有其他组织更为长久。

由于大学本身的重要性，这里有必要对 *universitas* 一词作进一步解释。从一开始，它就被用来指一个合法的自治联合体。于是，与医学院或神学院一样，艺学院（faculty of arts）也是一个“联合体”(*universitas*)。艺学院、医学院等等的教师和学生形成了他们自己的合法团体或“联合体”。许多学生社团也被看作“联合体”,特别是在意大利。

最初被用来包括所有这些个别“联合体”或社团的术语是“总学”(*studium generale*),它在13世纪中叶得到广泛应用。每一位教师和学生都不仅是他本人所属大学或社团的成员,而且也是“总学”的成员。如果学校由一两个学院或组织来管理,那么一般并不称它为“总学”。这个词通常用来指巴黎、牛津和博洛尼亚等惯常意义上的非常著名的大学,或指大到包含四个传统学院(艺学院、神学院、法学院和医学院)中至少三个的学校。一所学校被称为“总学”的好处主要是,它能够使其毕业生自动获得这样一种宝贵的权利:“在各地教学的许可[或权利]”(*ius ubique docendi*)。然而实际上,使毕业生们在各地教学的权利生效的更多是一所“总学”的声望。

36 显然,“总学”就等价于我们现代的“大学”。或许在中世纪末,“大学”取代了“总学”,成为我们今天意义上的一直沿用的那个术语。

作为社团组织,各种中世纪的行会、协会获得了重要的垄断特权。大学也不例外,教会和世俗当局对之加以特殊对待,试图鼓励其发展。每一个学院都有权就其内部事务作出裁定,从而有权判断其教师和学生成员是否合格。由学院和学生组成的大学有权就许多问题与控制管理权和宗教权的当地部门进行协商。还有一些特权涉及个人地位。大学的成员有一些关键的权利,其中最重要的就是教士地位。虽然大多数教师和学生既未被授予圣职,也没有参加修会，但教士地位赋予了他们神职人员的权利。倘若攻击正在游学的学生或教师，那就等于是在攻击祭司，这被认为是严重的罪行。教士地位也使得遭市政当局逮捕的学生可以要求在教会法庭上审判，后者往往要比城市法庭更宽容。它还规定学生和教师可以从教会那里获得薪俸，而且在常规的大学活动中就可享用。除了这些个人的特权，还有一项重要的团体权利允许大学在认为自己的权利受到侵犯时可以暂停授课，甚至是离开各自的城市。这是一种重要的经济武器，可以用来对抗大学所在的城市。这些特权使得大学成为一种强大的机构，对中世纪的社会产生了极大的影响。

到了 1200 年，大学在博洛尼亚、巴黎和牛津依次繁荣起来。尽管在 13 世纪以前，能够表明大学起源及早期发展的材料非常稀少，但大学的产生是与新的知识在 12 世纪被译成拉丁文密不可分的。事实上，大学是西欧对大量新知识进行组织、吸收和扩张的体制手段，正是通过这种工具，西欧为一代代人确立和传播了共同的思想遗产。巴黎大学、牛津大学和博洛尼亚大学等最早的大学都颇具国际规模，是中世纪最著名的大学。（巴黎大学和牛津大学被誉为哲学和科学的中心；博洛尼亚大学的法学院和医学院也同样著名。）到了 1500 年，又有 70 多所大学建立起来。北欧的大学以巴黎大学为模式，而南欧的大学则以博洛尼亚大学为样板。从 1200 年到 1500 年，三个世纪的文化思想史所确立的大学模式一直持续到今天。　37

虽然这里无法详述中世纪大学的结构和运作过程，但对其组织机构进行一些说明是有益的。中世纪大学本质上是由教师和学生组成的社团，最多分为四个学院（主要是艺学院、法学院、医学院和神学院），学生们可以在任何一个学院注册，攻读学士或硕士学位。要想进入更高级别的法学院、医学院或神学院学习，通常必须先获得艺学硕士学位。于是，在艺学院教书的艺学教师同时也可能是攻读神学、医学或法学的本科或硕士学位的学生。巴黎大学和博洛尼亚大学为中世纪后来成立的大学提供了两种不同的组织模式。我们这里只讨论巴黎大学（尽管博洛尼亚大学也很重要，但它与自然哲学关系较小）。

巴黎大学是“教师大学”，这是因为艺学教师是整个大学的支配力量。巴黎的艺学教师控制着课程、考试、新教师的准入以及艺学学士学位和硕士学位的颁发。艺学院（而且只有艺学院）的学生和教师被按照地域分成了四个“同乡会”（nations）——法、皮卡德（Picard）、诺曼（Norman）、英（或英—德，包括来自中欧和北欧的学生）。更高的医学院、法学院和神学院的艺学教师们即使后来成为教授，也仍然完全属于自己的同乡会。每一个同乡会都由一个学监领导，这些同乡会实际掌管着大学，因为大学校长是由他们选举产生的。

以现代标准来看，中世纪大学的注册人数很少。像巴黎、牛津、博洛尼亚和图卢兹这样的大学学生人数大约在500到1000之间，每年大约有500个学生进入巴黎大学。由于每个学生平均的学习时段大约为两年，所以同一时间在巴黎大学学习的学生总数会超过1000人，大概在1200人。然而在中世纪，注册学生的数量似乎一直在增加。长期来看，这一数目还是很惊人的。学者们估计，从1350年到1500年间，全欧洲在大学注册的学生大约有75

万人。学生人数的不断增加也反映出同一时期大学数目的增长，那时新成立了40多所大学。到了中世纪末，几乎每一个主要的欧洲国家都有一所或由教皇创立、或由世俗统治者创立的大学。回想起来，在欧洲中世纪所产生的机构中，最为长久的非大学莫属。 38

第一节　学生与教师

中世纪大学的学生大都不到两年就离开了，而没有获得学士学位，获得学位的学生比例相对来说是很小的。成功完成学业所需的时间越长，获得学位的学生比例就越小。学士学位要求学习三至四年，艺学硕士学位则需要再加一至两年，总数达到四至五年，有时甚至会达到七至八年。艺学硕士学位是进入更高级别的法学院、医学院或神学院的前提，其中每一个都要求继续学习若干年。因此，成功获得更高学院学位的学生数目只占学生总数的很小一部分，也许比现代大学中获得博士学位的人数还要少。如果学生能够进入大学，哪怕只是很短一段时间，即使没有获得学位，他也会被社会另眼相看，因为这被认为有利于学生的事业。

在中世纪，并不存在类似于现代的小学、高中、学院或大学这样截然区分的教育机构体系。因此，进入大学并不要求事先进入一所“较低层次”的学校。事实上，甚至读写拉丁语的能力都可能不是必需的。由于不需要什么前提条件，进入一所中世纪大学相对来说比较简单。然而，入学必须履行两项要求。

首先是正式注册，这是大学校长的职责。为了获得注册，入校生(年龄通常在十四五岁)必须缴纳费用并宣誓。誓言因大学不同而各异,但通常会包括忠于校长,促进大学的福利和正义,不会对他所遭受的任何不公进行报复,等等。反过来,校长承认学生进入了学校共同体,因而在必要时会保护他。宣誓仪式本身虽然重要,39 但在很大程度上只是一种形式。

不过,第二项必须履行的要求就不是这样了,它要求每一名入校生都依附于一位教师。依附于同一位教师的学生组成一个自然群体。他们的学术命运受制于教师的裁决,相应地,教师需要引导学生融入大学共同体和大学生活。他还要为学生准备考试,判断他们是否满足各项考试要求。或许教师还会为他的学生制订一项学习计划,在三四年的时间里,他们参加教师的课程,也许还要听他所建议的由其他教师开设的课程。学生对教师的选择也许是基于个人标准,这可能会涉及地理、家庭关系、友谊等考虑。在整个大学正式的甚至是令人生畏的体制中,教师—学生群体允许形成一些更加私人化的关系。

第二节　艺学院的教学

教学是中世纪大学里最重要的活动,但教师本人相对来说并不重要。虽然有些教师很出名,但他们的名气很少取决于教学。教师们仅仅被视为可以互换的零部件。这种情况至少是两个因素导致的。中世纪大学的课程在各地差不多都一样,而且大都每年重复开设。由于中世纪大学的艺学院中并没有各个领域的专家,所以选修课并不是课程的一部分。每一位艺学教师都应当能够讲授任何一门正规的自然哲学课程(也许还有四艺中的科目)。因此在这个意义上,教师是可以互换的。

第二个因素强化了第一个因素,它涉及教学的方法与技巧。大学教育主要集中于"授课"(*lectio*)与"论辩"(*disputatio*)。授课有"常规"(ordinary)和"非常规"(extraordinary 或 cursory)两种基本类型。[①] 常规授课是教学计划的核心,通常由主管教师在上午进行。其重要性表现在,在常规授课的过程中不允许进行其他授课和活动。而非常规授课则通常在常规授课之后的下午进行,或者在没有安排常规授课的日子进行。非常规授课比常规授课更具灵活性,也更不正式,学生和教师都可以来讲,通常包括对标准文本的问题进行概述或评论。 40

常规授课旨在讲解正式课程所要求的文本。对于中世纪大学的课堂上实际发生的事情,现代学者谈论不多,这也许是因为教师和学生对其课堂经历没有做什么描述。不过对学生来说,课堂授课大概意味着只是在那里被动地听讲,也许再做一些笔记。极少数持有所讨论文本副本的学生则可能什么笔记都不做,只是把课从头到尾听下来。

授课主要是教师的职责,他们在讲解时有相当的灵活性。在一两个小时的授课过程中,艺学教师会指定一段文本,比如亚里士多德的《物理学》或《论天》。13 世纪时,一些讲解文本的技巧被发

---

① 在英文原文中,extraordinary 和 cursory 被分别列为第二种和第三种授课类型。经询问格兰特教授本人,他承认这两种其实是一个意思,应当合为一种。所以这里的译文与英文原文稍有出入。——译者注

展出来。教师先是朗读正式文本,并对需要解释的术语和表述给出注解。稍后,教师就开始概述文本,给出解释性的观点和批判性的评注,将两者结合在一起。阿维森纳的翻译过来的著作便是这种方法的典范。大阿尔伯特对亚里士多德著作的评注即为这种阿维森纳技巧的一个突出例子。

进行常规授课的另一种方法是将文本与评注分开。这时教师或评注者并不只是逐节解释文本,而是有可能加入其他评注者以及他本人的观点。阿威罗伊对亚里士多德著作的大量评注便是这种类型,这也许是13世纪经院评注的典型样式。13、14世纪的一些经院学者,如托马斯·阿奎那、沃尔特·伯利(Walter Burley)和尼古拉·奥雷姆(Nicole Oresme)等人,遵循的就是阿威罗伊的做法。

到了13世纪末,另一种文本分析方法出现了,它注定会使其他一切方法黯然失色。在如何处理必读文本方面,中世纪的教师有很大的自由度,因此在授课临近结束时,有些人开始集中考察文本中的一些特殊主题和问题。渐渐地,教师们开始缩减直接的、按部就班的评述,而是代之以对特殊问题的讨论。最终,对这些特殊问题或"疑问"(*questiones*)的思考完全取代了评注。然而,"疑问"的意义超出了课堂,因为许多教师的授课会被写下来"出版"。出版应当被理解为这样一个过程:大学书店的抄写员制作出教师授课的"师本"(master copies),随后再由师本制作出一些复本,供学生和教师租用或购买。一部著作就这样留传开了。由此产生了最重要的一类经院文献——"疑问"文献。这类文献几乎与"经院方法"一词同义,因为正如我们将会看到的,它采用了经院论辩

(scholastic disputation)这种基本形式。

经院论辩是大学教育至关重要的部分,学生是其主要参与者。尽管在中世纪的授课过程中,学生们可能只是被动的听众,但论辩却使他们有机会学以致用。与授课类似,论辩也分为常规和非常规两种。常规论辩(*disputatio ordinaria*)与常规授课具有同样高的地位。教师定期举行论辩,通常一周一次,并要求其学生参加。其他教师也可以参加同行的常规论辩。问题由主管教师提出,他也许希望比在常规授课时更加仔细地考察这个问题。出席常规论辩的其他教师和学生分为正反两方。但"裁定"(determine)这个问题的是主管教师,他将各种不同的论证综合成一种,作为对这个问题的最终回答。

在这种练习中,学生们学习如何处理有争议的问题,从而为自己将来任教获得宝贵经验。在头两年的学习中,学生通常只是默默观看。到了第三年和第四年,他们需要回应问题并作答。基于这种经验,如果所有必需的前提条件均已满足,那么成功的学生答辩者就可以对一场论辩作出"裁定",即基于所有先前的肯定和否定论证,给出一个问题的最终回答。随着"裁定"(*determinatio*)的成功完成,这位学生便成为艺学学士。

希望继续学习以获得艺学硕士学位的艺学学士必须在研究生阶段至少再学习两年。除了出席自然哲学的授课之外,他们通常还要就教师所指定的文本进行下午的授课,这些文本有时是关于逻辑,更多则是关于亚里士多德论自然的著作。学士还要参加教师和学生所进行的论辩。如果教师对学生在这部分课程中的表现感到满意,那么教师会推荐他的学生被准许"获得学位"(incept),

即进入一个最终被授予艺学硕士学位的两阶段过程。在第一阶段，学士最后一次作为教师的答辩者参加一场论辩。在第二阶段，学士获得硕士学位证书，并发表短暂的就职演说，之后他将主持并裁定两个论辩问题。

42

获得学位要求这位未来的新教师必须发誓：他至少在艺学院教学两年，进行常规授课，主持每周的论辩。然而除了"常规论辩"，教师有时还要进行"自由论辩"（*disputatio de quolibet*）。自由论辩始于 13 世纪的神学院，14 世纪延伸至艺学院，即教师每年举行一两次公开论辩，通常在降临节和四旬斋进行。由于是公开论辩，任何人都可以参加，学生和教师自不例外，那些虽与大学没有什么关系、但想看到一场可自由参加并发表意见的非同寻常的思想争论的人，或者在论辩期间不想外出的人，都可以参加。

自由论辩由一位教师主持。整个论辩通常要持续至少两天，听众们会提出许多问题。任何问题都可以提，无论多么富有争议。有些问题在神学和政治上极具破坏性，提问者希望用它们来为难主管教师。但许多问题（即使不是大部分）都是关于自然哲学的问题。在论辩的第一天可能会提出三四十个问题。所有听众都有权参与，他们既可以提出问题，也可以回答问题，对许多问题的试探性解答会被提出。由于问题很多很杂，经常没有关联，教师不必按照提问的顺序来思考它们。然而，在第二天出场之前，他必须以一种可行的顺序将其组织起来，届时他将按照他所安排的顺序"裁定"（即最终解决）每个问题，以证明其能力。自由论辩为大学共同体提供了一种情感的宣泄途径，它可以使人的情绪在刻板的常规论辩和授课形式之余有所释放。

第三节　艺学院的课程

我们已经谈了学生在中世纪大学获得学位的过程以及教师的教学方法。现在我们来看看教师们教了些什么，学生们又应当学习什么。

43

我们在第一章中看到，在希腊-阿拉伯科学和自然哲学被引进之前，中世纪的“艺学”教育以七艺为基础。随着亚里士多德的著作和希腊-阿拉伯科学在12世纪末和13世纪的引入，传统七艺不再占据首要地位，而是成为通向哲学或(更确切地说是)自然哲学的门径，或可说，成了它的婢女。新的学术改变了自由技艺。旧的四艺中有三门学科——算术、几何和天文——被希腊-阿拉伯科学大大丰富了。七艺中的三艺也被拓展了，特别是逻辑或辩证法领域。在七艺中，逻辑首先受到新学术特别是亚里士多德“新逻辑”的影响，“新逻辑”包括一些直到12世纪才为西方所知的亚里士多德著作：《前分析篇》(*Prior Analytics*)、《后分析篇》(*Posterior Analytics*)、《论题篇》(*Topics*)和《辩谬篇》(*Sophistical Refutations*)。在七艺中，逻辑在新的课程中扮演了最重要的角色，这很大程度上是因为逻辑被视为一种分析工具，适用于一切领域。亚里士多德称自己的逻辑著作为《工具论》(*Organon*)，便是赋予逻辑以这种角色。然而，除了传统三艺中的逻辑，自由技艺中的四艺学科也将淡出，取而代之的则是成为主角的亚里士多德哲学。亚里士多德的哲学被分成三部分，统称“三种哲学”，即自然哲学、道德哲学和形而上学。中世纪大学的课程本质上由逻辑、四艺学科和三种哲学组成，其中自然哲学无疑是最重要的。

1. 逻辑

逻辑是一门专门学科，它发展出了一套术语来解决一些语言和推理问题。它关注词项的属性、词项的语境对其意义的影响以及命题之间的关系。在中世纪逻辑的发展史上，有大量问题需要发明新的术语和技巧来解决。这些术语显示了中世纪逻辑的丰富性以及逻辑学家们所提出的无数概念和技巧。然而到了16世纪，人们几乎已经不再了解中世纪逻辑以及它那些复杂的术语。随着人文主义在15世纪特别是16世纪的兴起，人文主义作家对所谓陈腐和粗鄙的中世纪逻辑进行了抨击。面对这些严厉的批评，主要建立在亚里士多德《论题篇》基础上的传统术语和表达很难招架得住。为这样一个有着各种复杂术语的学科辩护已经很困难，这[44]些术语包括："指代"(supposition)、"意谓"(signification)、"单义"(univocation)、"多义"(equivocation)、"联结"(copulation)、"称呼"(appellation)、"扩张"(ampliation)、"限制"(restriction)、"实的"(categorematic)、"虚的"(syncategorematic)、"推论"(consequences)、"义务"(obligations)、"需说明命题"(exponibilia)、"诡辩"(sophismata)和"不可解命题"(insolubilia)等等。到了16世纪，人文主义教育强调语言的风格和内容，而不是形式。此外，中世纪逻辑的表达形式似乎主要是纯文字的，它需要发展一种符号代数那样的形式方法来表示各种可能的逻辑关系，这项工作自15世纪以来一直在进行。

虽然中世纪逻辑通常被用于假想的练习和问题，但经院学者有时会把他们的形式逻辑知识应用到自然哲学问题中，并合理地假设读者能够理解它在讨论中的作用。

2. 四艺

对于中世纪大学的学生来说，四艺是理论科学和精密科学的来源。不过，它与中世纪早期修院学校和主教座堂学校课程中的四艺已经截然不同。中世纪晚期的大学对精密科学的强调程度各不相同。自 13 世纪以来，精密科学就是牛津课程不可或缺的一部分，但在巴黎等地，对精密科学的强调却要少得多。在巴黎，数学以及其他四艺科学很少是常规课程的一部分。例如在 13 世纪的巴黎，数学通常并不被讲授，在 14 世纪也只是偶尔讲授。对精密科学有兴趣的教师可以私下里为感兴趣的学生开课。

中世纪可以看到大量算术、几何、天文和音乐著作，其中许多都是从阿拉伯文或希腊文译过来的，只有少量文本是大学课程所要求的。不过，精密科学的著作大都可以获得进行研究。事实上，许多著作都是由在中世纪的大学中受训的学者们撰写的，他们在那里第一次了解了科学。在四艺科学中，算术和音乐与中世纪早期还有些相似，几何和天文却实际上成了新的科学。中世纪早期学者波埃修提供了算术和音乐的基础著作——《算术》(*Arithmetica*)和《音乐》(*Musica*)，但 13、14 世纪学者撰写的论著使这些学科大大超越了波埃修的水平。尽管波埃修的《音乐》以及圣奥古斯丁的《论音乐》(*De Musica*)是艺学课程中音乐教育的标准教科书，但 14 世纪的约翰内斯·德·穆里斯(Johannes de Muris)、菲

45

利普·德·维特里(Philippe de Vitry)和纪尧姆·德·马肖(Guillaume de Machaut)撰写了新的重要论著,他们在发明音乐记号方面贡献良多。至于算术,欧几里得《几何原本》中讨论数论的七至九卷,以及内莫尔的约达努斯(Jordanus de Nemore,活跃于约1220)十卷本的《算术》(*Arithmetica*)补充了波埃修的理论著作,其中约达努斯的《算术》包含了四百多个命题,成为中世纪理论算术的标准来源。

几何学是精密科学课程的支柱,欧几里得的《几何原本》是其基本教科书,这本书在中世纪早期还几乎不为人知。在中世纪拉丁文的《几何原本》中,有十三卷是原作,两卷是伪作,通常只要求前六卷。和算术一样,几何也有实践或应用的一面。在中世纪,它最重要的应用领域是天文学。最著名、最重要的天文学著作是托勒密的《天文学大成》,它是这门学科专业知识的基础。

尽管出现在课表中,但《天文学大成》过于专门,用作教科书并不合适,人们需要一些更为简单的著作。有两部13世纪的著作力图满足这一需要。其中最著名和最流行的是萨克罗伯斯科的约翰(John of Sacrobosco)的《天球论》(*Tractatus de sphaera*),其中有四章简要地考察了有限球形宇宙的各个部分。据称第四卷关注的是行星运动,但对这一主题的讨论十分贫乏,有位不知名的天文学教师便写了《行星理论》(*Theorica planetarum*)一书来弥补这一缺憾。这部著作向一代代的学生介绍了行星天文学的基本定义和原理,提供了宇宙的基本构架。在一种更为实用的层面,学生们也要学习如何推算教历的各种节日。为此,计算著作一般被归入*compotus*这个类型名,其中最流行的也许是萨克罗伯斯科的约翰和罗伯特·格罗斯泰斯特所写的著作。此外，几何学还被用来确定天文仪器四分仪（quadrant）的使用（例如英格兰人罗伯特[Robertus Anglicus]的《论四分仪》[*Treatise on the Quadrant*]），也被用在与内莫尔的约达努斯相联系的论重量或静力学的著作中，以及与托勒密、阿尔哈曾（Alhazen 或 Ibn al-Haytham）、约翰·佩卡姆（John Pecham）等人相联系的透视学或光学著作中。

单从大学课表来看，精密科学的重要性并不显著。这些课程表大都没有留存下来，而且总是很简略。精密科学的意义可以从大学教师的态度中推断出来。几何学的价值不仅在于能够实际应用于测量，甚至不仅在于能够促进哲学理解。罗吉尔·培根（Roger Bacon）和黑尔斯的亚历山大（Alexander of Hales）赞美几何学能够用作工具来理解神学真理。他们认为，几何学对于正确理解《圣经》中大量段落的本义至关重要，比如关于诺亚方舟和所罗门神殿的内容。只有借助几何学来解释其本义，才可能把握更高的精神含义。罗伯特·格罗斯泰斯特在其《论线、角和形》（*On Lines, Angles, and Figures*）一书中主张，几何学也是正确理解自然哲学所必需的。没有几何学，由线、角和形所构成的宇宙就不可能被恰当解释；事实上，光的行为也就不可能得到恰当解释，因为光就像大多数物理效应一样，在自然中按照几何方式增加和传播。 46

对算术的评价也是如此。事实上，算术往往被列为数学科学之首。14世纪的奥雷姆在其《天的运动的可公度性或不可公度性》（*Commensurability or Incommensurability of the Celestial Motions*）一书中，讨论了应该如何看待算术，以及算术与几何的关系。他设想几何与算术之间展开了一场争论，算术是数学科学之首，也是一切有理比(rational ratios)的来源，因而是天的运动的可公度性和天球和谐的原因。对未来的预测需要依靠精密的天文表，而天文表是否精确又依赖于算术数。几何则反驳说，几何比算术更具支配性，因为几何同时包含了有理比和无理比。至于所谓由算术的理性带给世界的美妙和谐，几何反驳说，世界的丰富多样只有将有理比和无理比结合起来才能产生，而这只有几何才能做到。

之所以如此强调几何与算术，是因为无论是洞悉自然的运作，还是描述世界中的各种运动和作用，几何和算术都被认为至关重要。那些认为中世纪自然哲学家和神学家敌视数学的看法是站不住脚的。

包括占星学在内的天文学，也经常被看作理解宇宙的至关重要的工具。天文学能够预言未来，但无法决定未来。罗吉尔·培根认为，天文学对于教会、国家、农民、炼金术士和医学家是不可或缺的；罗伯特·格罗斯泰斯特也认为，天文学对于炼金术、植物学等许多科学极为重要。音乐也被赋予了很高的地位，它被认为对医学有益，因为医生可以把音乐当作一种整体疗法来提高健康。培根还强调，音乐可以在战争中唤起激情，在沉寂中抚慰灵魂。由于《圣经》中多次提到音乐表现力和乐器，智慧的神学家想必会尽可能多地学习音乐。

47

3. 三种哲学

尽管七艺的内容在中世纪得到扩充，甚至发生了转变，但七艺仍然代表着传统的教育形式。随着亚里士多德哲学著作的引入，新的学术进入了13世纪的大学，它将构成艺学硕士学位的主要要求。以亚里士多德的著作为基础，人们区分了三大哲学领域：道德哲学（或伦理学）、形而上学和自然哲学。道德哲学的主要教科书是亚里士多德的《尼各马可伦理学》（*Nicomachean Ethics*），形而上学的教科书显然是亚里士多德的《形而上学》（*Metaphysics*）。在三种哲学中，亚里士多德的自然哲学是最重要的，它构成了大学教育的核心。亚里士多德的"自然学著作"是自然哲学研究的教科书，包括他的《物理学》和《论灵魂》（这也许是两部最重要的自然哲学著作），以及《论天》、《论生灭》、《气象学》和《自然诸短篇》（*Parva naturalia*）。亚里士多德的生物学著作虽然通常并不是授课的主题，而且很少是指定的教科书，但也属于中世纪自然哲学的文献。在中世纪，自然哲学不仅是道德哲学的基础，而且几乎处处与形而上学相关联，甚至神学、医学和（少数情况下的）音乐也非常依赖它。由于自然哲学的极端重要性，本书将主要考察自然哲学以及它所关注的问题和解决问题的方法为何最终对近代早期科学的发展具有无可估量的价值。

第四节　更高级别的神学院和医学院

由于更高级别的神学院和医学院都大量使用自然哲学，我这里也要谈谈它们的情况。尽管进入神学院通常并不要求艺学硕士学位，但在这里学习的人大都拥有这一学位，或者在艺学方面接受过充分训练，特别是在逻辑和自然哲学方面。正如我们在第五章中将会看到的，许多神学家视逻辑和自然哲学为阐明神学问题的重要工具，即使教会经常抱怨说（甚至到16世纪也是如此），神学 48

家们为了自己和神学的利益而过分沉溺在这些世俗学科中。

要想获得神学硕士(或博士)学位,拥有足够自然哲学背景的学生需要开始一段漫长的学习过程,为期10年至16年不等。学生在获得学位时,往往已经35岁左右了,在那个平均寿命也许不到50岁的时代,这已经算是很大的年龄。学习神学的学生需要认真研读两部基本教科书:《圣经》和彼得·伦巴第的《箴言四书》。在漫长的学习过程中,学生在前五至七年要听关于这两部基本教科书的授课,之后便成为"圣经学士"(*baccalarius biblicus*),并就《圣经》的某些章节进行两年左右的授课。过了这一阶段的人需要就《箴言四书》进行大约两年的授课,并因此而被称为"箴言学士"(*baccalarius Sententiarii*)。完成这些授课之后,候选人在接下来的四年里便成为"成形学士"(*baccalarius formatus*)。在此期间,他需要参加神学教师的许多活动,比如布道和主持自由论辩。在多年的学习和训练之后,学士终于完成了各项要求,可以获准讲授神学并获得神学硕士学位。

在大学的各个学科中,医学与艺学的联系要比神学更加紧密。在为医学研究和实践做准备的过程中,占星学和自然哲学发挥着重要作用。在医学院学习的学生大都拥有艺学硕士学位,或者有足够的艺学背景。那些被认为精通艺学的人的学习年限可以缩短。医学学位的学习时间不尽相同,一般为6至8年。和其他学院一样,学生们通过参加针对某些指定文本的授课、论辩、口试而获得医学学位。

由于许多获得艺学学位的人都去行医了,因此即使教科书主要是理论性的,医学课程还是以实践为导向。学生夏天需要在学校或医疗过程中协助医生，获得实践经验。从 14 世纪开始，他们也需要参加可能定期进行的解剖。

中世纪的医学文献浩如烟海，只有少数挑选出来的文本才能用作授课的根据。一些从阿拉伯文译过来的著作是基本文献，包括伟大的希腊医学家盖伦的许多著作，以及一些穆斯林医学家的著作，其中最著名的是阿维森纳的《医典》、拉齐的《医学大全》和阿威罗伊的《医学通则》(*Colliget*)。 49

第五节　大学的社会角色与思想角色

神学院、医学院和法学院的目标很明显。它们都是专业学院，神学院是为了培养神学家，医学院是培养医生，法学院则是为了培养律师。在这些学院中研究的文本也是为其目标服务的。但艺学院的目的是什么呢？艺学学士和硕士听上述那些课程是为了获得什么呢？一种以逻辑、精密科学和自然哲学为基础的教育的价值何在呢？

艺学课程和艺学学位最明显的目标就是为欧洲的艺学院培养新教师。当然，有些艺学硕士正是以做教师为生的。事实上，获得学位的新硕士必须至少授课两年。但那些并不打算以教学为生的硕士又如何呢？只拥有艺学学士学位或只接受了一两年艺学教育的学生前途怎么样？接受过几年艺学教育，熟悉逻辑、四艺和三种哲学的人是否有就业机会？对于这些人来说，在宫廷、王府、教会、社区或市政机构工作也许是最好的选择。即使短暂地上过大学，也意味着有能力用拉丁语进行写作，至少是对算术计算有初步了解，这些技能对未来的官员是很重要的。在很多情况下，学生们也许能够用他们以前所受的教育为将来的雇主贡献良多。毕竟，他们曾经接触过关于生活和物理世界的诸多观念，这在他们的时代很受重视。

然而初看起来，这些艺学课程似乎远离中世纪社会的运作过程，与之毫不相干。为什么理论性如此之强、缺少实践性的课程也许会更有益于社会需求？为什么中世纪大学没有将建筑学、军事科学、冶金学、农学等一些源自机械技艺（*artes mechanicae*）的重要实践科目包括在内？虽然大学肯定艺学课程的内在价值，也承认它们是进入更高级别的医学院、神学院和法学院学习的预备课程，但整个社会如何看待这些艺学课程（基于逻辑、几门精密科学的点滴知识以及亚里士多德哲学和自然哲学的大量内容），就比较难说了。

事实上，中世纪大学的艺学课程之所以被发展起来，并不是为了满足社会的实践需要。它源自 12、13 世纪的翻译活动所带来的希腊-阿拉伯思想遗产。这份遗产由一批理论著作组成，它们需要就其本身的价值进行研究，而不是出于实用或赚钱的目的。以亚里士多德为代表并被波埃修等人加强的古代传统非常强调对学术的爱，强调为知识本身而获得知识。为了赚钱或实用而学习是为它所不齿的。中世纪社会的教师和学生对此都表示赞同，这也相应地决定了中世纪大学的特点。

然而，观者眼中出实用。古代和中世纪所强调的那种理论学术（参见第七章）也许被认为非常有用。这种学术可以帮助我们认识世界的运作方式，并进而洞悉影响人之生存的永恒因素。许多人认为这种认识要比其他种类的认识更有价值，因而非常实用。

无论他们的最终态度是什么，中世纪学者认为了解宇宙的结构和运作很重要，而这正是艺学教育所关注的内容。

随着大学为教会和国家所接受，整个社会开始接受大学艺学的学术理想，这一理想被认为对个人有很大价值，但对社会的世俗活动并没有什么直接价值。这种状态持续了几百年，艺学课程在中世纪并未显著扩充，直到文艺复兴才开始出现变化。但即使在那时，课程的扩充也只是将一些人文主义科目包括进来，比如中世纪所缺少的历史和诗歌，而不是实用科目。事实上，为知识本身而获得知识这种古代和中世纪的学术理想在很大程度上依然没有改变。

即便中世纪大学的艺学科目没有为社会提供实际利益，它们也为科学和科学观的发展奠定了坚实基础。这是因为大学有着非同寻常的结构和传统，它是中世纪为西方文明做出的独特的体制 51 性贡献。其非凡成就甚至渗透到阿拉伯世界中。“我们现在进一步听说，”伟大的伊斯兰历史学家伊本·赫勒敦（Ibn Khaldun，1332—1406）宣称，

> 哲学科学在罗马的土地上沿着与欧洲基督教国家毗邻的北岸急遽兴盛起来。据说那里的人对它们再次进行了研究，并且在课堂上讲授。关于这些内容，现有的系统性讲解据说很全面，懂得它们的人数众多，研究它们的学者也很多。①

① Ibn Khaldun, *The Muqaddimah: An Introduction to History*, translated from the Arabic by Franz Rosenthal, 3 vols. (Princeton: Princeton University Press, 1958; corrected, 1967), 3:117—118.

中世纪大学与古希腊人、罗马人和阿拉伯人所熟知的任何机构都极为不同,但任何一所现代大学的师生对它并不陌生。毕竟,现代大学直接源于中世纪的大学。

第六节 中世纪的抄本文化

在 15 世纪中叶印刷术产生之前,中世纪的科学和自然哲学著作只能凭借手抄本来保存。由于需要有抄写员由一个范本制作若干个副本,或者记录一次授课,各种难以确定的情况和不确定因素是不可避免的。中世纪的拉丁文本所遭受的并不只是抄写时的普通改动,如画蛇添足或遗漏,因为中世纪的抄写员们发展出来一套精致的缩写系统,既可以加快抄写速度,也可以省纸,这些缩写经常为解释文本增加不确定因素,无论是对于希望读它的人还是希望复制它的人都是这样。解读中世纪抄本所遇到的困难从两个基本方面影响了现代人对中世纪科学的理解。

第一个方面涉及在学生和学者对某部著作数百年的屡次抄写和阅读过程中,它是否还保持完整。由于在传播过程中任何一个环节都可能出现抄写错误,各个副本可能极不相同,读者们几乎不可避免会曲解作者写某些段落的意图。对手写本和手抄本的依赖意味着同一著作在巴黎、牛津和维也纳的版本可能非常不同。比如在天文学和数学的文本中,有些版本可能会添加若干重要图表,而其他版本则可能会将其部分略去或部分加入。即使图表被包括进去,抄写错误也可能会降低它的效用或使之失效。对于纯文字本,抄写员或许会遗漏或添加一些词。中世纪著作的许多现存抄本并非出自专业抄写员，而是学生们为了自己使用而抄写的。这些抄本又常被传给其他学生，这又会带来更多的错误和改动。除了这些难以解决的情况，是否易读也是一个问题。抄写者的笔迹往往难以辨认，经常完全无法理解。

大学的出版商或书商把为大学员工提供可靠的文本看作自己的职责。他们经常可以直接从作者那里获得著作的原稿，然后再由原稿制作出若干副本。书商有权将文本的全部或一部分内容借给学生，后者付费后便可以抄写它供自己使用。显然，学生的抄本在质量上参差不齐。许多抄本随后被传给其他学生作进一步抄写。事实上，在文本传播过程中的每一个环节都会有错误加进来。也许只有《圣经》抄本是唯一的例外，因为它的抄写会受到认真监督。

第二个方面涉及阅读或编辑中世纪著作的现代学者所受到的限制。大多数学者也许会从相关著作的若干现存手稿开始。这些经历了时代沧桑的抄本质量决定了我们能在多大程度上理解这部著作。在多数情况下，即使在现代学者编完这部著作之后，我们对它的理解仍然可能存在着重要的脱节之处。

显然，一部中世纪著作的原稿与源自它的所有抄本之间的差别是相当大的。我们可以看到在中世纪研究科学有多么困难。对比较忠实的希腊-阿拉伯基本著作的拉丁译本的保存本身就是一项艰巨的任务。此外还有被多次抄写的大量中世纪科学文本、评注和疑问。不幸的是，并非所有文本都有抄本。许多著作就这样亡佚了。在中世纪，知识的消失和保存都是可能的。单单是维持现状，或者是复原遭到损毁的文本就需要巨大的努力。虽然我们无法衡量单纯由于依赖抄本而给中世纪科学和自然哲学带来的损害，但这种损害想必是巨大的。

53　15世纪中叶印刷术的引入极大地改变了这种状况。随着印刷书籍的出现，一般知识，特别是专门信息可以以一种在抄本时代无法设想的速度和准确性得到传播。科学是印刷术的受益者。科学著作的相同抄本可以在短时间内传遍欧洲。然而，印刷术到底在科学革命产生过程中扮演了什么角色，这个问题迄今尚无定论。我们必须追问，假如在没有印刷术的时代旧的抄写体制得到改进，它所提供的科学著作的大量抄本满足了欧洲的思想需要，那么情况会怎么样？皇宫、王府、市内和大学的那些不断扩充的图书馆会为欧洲学者提供机会，以使科学和学术持续发展吗？好在这些问题在本书中并不需要回答。在谷腾堡印刷术将欧洲从抄本文化改造成印刷文化之前很久，对于近代早期科学的基础贡献就已经形成了。

尽管手稿的复制和传播在中世纪遇到了严重问题，但我们不能就此下结论说问题无法克服。尽管有方才描述的那些障碍，但在通常情况下，中世纪学者所看到的科学和自然哲学的手写本的质量已经足以使他们理解相关内容，做出重要的学术贡献。这份遗产的核心便是深深植根于中世纪大学的亚里士多德的自然哲学，我们现在就来略作描述。

第四章　中世纪对亚里士多德的继承

亚里士多德的自然学著作构成了大学自然哲学的基础，中世纪学者对宇宙结构和运作方式的理解必须追溯到这些书。通过运用假设、得到证明的原理和看上去自明的原理，亚里士多德为这个貌似混乱的世界赋予了强烈的秩序感和条理性。亚里士多德在中世纪的弟子，即中世纪晚期的自然哲学家们，最终将把亚里士多德的原理拓展到这位哲学大师从未考虑过的许多现象和问题。 54

亚里士多德确信，世界是永恒的，既没有开端也没有终结。他认为，与世界是永恒的相比，假设宇宙有开端和终结会带来更多问题。与其需要对无限倒推的因果序列的开端作出解释，不如假设世界是永恒的。在古希腊人看来，物质似乎不可能有开端，因为即使追溯到了某种所谓的原始物质，也不可避免要追问它又是从哪里来的，如此没有穷尽。然而如果没有开端，世界就不可能是创造出来的。于是，亚里士多德关于世界永恒的思想就使他与犹太教、基督教和伊斯兰教等一神论宗教对立起来。13 世纪的西欧神学家们认为，在涉及自然哲学和神学的所有问题中，世界是否永恒的问题对信仰威胁最大，也最难解决。（参见第五章）

如果说亚里士多德关于世界永恒的主张令人生疑，那么他坚持世界独一无二却与三大宗教的圣典完全一致。他认为我们的世界是一个巨大而有限的球体，在它之外一无所有。所有物质都包含在我们的世界之中。由于没有物体，世界之外不可能存在“位置(*τόπος*, *locus*, place)[①]、虚空或时间”，因为“位置”、“虚空”和“时间”都需要依靠物体的存在才能定义。在亚里士多德看来，物体严55格意义上的位置总是直接包围它并与之直接接触的另一个物体的内表面。于是根据定义，位置之中必须有物体存在。既然世界之外不存在物体，就不可能存在位置(关于对位置的更多讨论，参见本章后面的内容)。类似地，虚空是其中可能存在但实际不存在物体的东西。因此，如果不可能存在物体，那么虚空就是不可能的。最后，时间是对运动的量度。如果没有物体就不可能有运动，因此也就没有时间。亚里士多德的结论是，万物皆处宇宙之内，宇宙之外一无所有。这里的“一无所有”不能理解为虚空，而应理解为存在的彻底缺乏(total privation of being)。

关于这个永恒的物理世界，亚里士多德最重要的主张也许是将它分成两个截然不同的区域——从地心至月亮天球的地界，以及从月亮天球至恒星的天界。观察和经验明显表明，地界是不断变化的，而天界并不发生变化。根据古代的天文观测记录，亚里士多德确信人们从未在天界看到过变化(《论天》1. 3. 270b. 13—17)，并由此推断，天界不发生变化，也不可能发生变化。为了更好地理解亚里士多德的世界，我们不妨先来描述变化的地界，然后再来理解不变的天界。

---

① 在亚里士多德这里，“*τόπος*”更恰当的译法应为“处所”，但出于语言习惯(比如与“位置运动”相统一)，以及与后来这个词含义的改变相统一，我们这里仍然译为“位置”。——译者注

第一节　不断变化的地界

亚里士多德的自然哲学主要是为了解释地界的变化原理，中世纪对世界何以成为这样的解释便是来自这些原理。虽然我们生活的这个世界没有开端，但亚里士多德还是设想了物质的发展过程，解释了物质是如何分化成四种基本元素——土、水、气、火的，这四种元素构成了所有地界物体的基本组分。一切物体背后的基础是原初质料（prime matter），它虽然实在，却没有独立的存在性。亚里士多德只是推断出了它的实在性，因为有必要假设存在着某种基质（substratum），使得性质和形式能够存在于其中并生成可感物质。原初质料本身并没有属性，而总是与规定它的、存在于它之内的性质相联系。

什么样的属性或性质能够使原初质料升至一个较高的存在层次（比如说元素的层次）呢？在排除了若干可能性之后，亚里士多德提出了两对相反或对立的性质：热和冷，干和湿。虽然原初质料中不能同时存在两种对立的性质，但却可以存在两种非对立的性质，从而产生元素。如果冷和干存在于原初质料中，那么就会产生土元素；如果冷和湿存在于原初质料中，那么就会产生水；相应地，热和湿产生气；热和干产生火，这样就导出了四种元素。然而，实际的地界物体并非单纯的元素，而是由两种以上的元素构成的复合体，在中世纪通常称为“混合”（mixed）物。

56

在亚里士多德的自然哲学或物理学中，任何物体都是质料与形式的复合，形式存在于质料之中，质料便是那种基质。形式规定了物体的本质特征，也就是说，形式就是使物体是其所是的那些属性。由质料和形式构成的所有存在物的集合便是地界。每一个物体都各属其类，并拥有这个种类的属性和特征，即形式。如果未受阻碍，它将依照这些属性而行动。在亚里士多德的世界中，物体都会按照自己的自然能力而行动。这样，他便为次级原因留出了余地，即物体可以对其他物体发生作用，在其他物体中产生结果。亚里士多德认为，每一种结果都是由四种原因同时发生作用而引起的，这四种原因分别是：质料因，即某物所由以构成的东西；形式因，即加诸某物的基本结构；动力因，即某一作用的动因；目的因，即从事这一活动的目的。产生石头的原因不仅使石头有了重量，而且，如果石头未受阻碍，这种重性还将赋予它沿直线自然落向地心的能力。类似地，产生火的动因赋予火以轻性，因此只要不受到阻碍，火就能够自然上升。

亚里士多德还把由四因产生的变化的可能类型分为四种：(1)实体变化，即质料中的某一种形式取代了另一种形式，如火把木头烧成灰；(2)质的变化，如叶子在同样的质料中颜色由绿变黄；(3)量的变化，如物体在保持同一性的同时增大或减小；(4)位置变化，即物体从一个位置运动到另一个位置。

在这四种变化中，需要解释一下第一种和第四种。实体变化是最基本的变化形式，包括生(generation)和灭(corruption)。在亚里士多德看来，每一种实体变化都蕴含着某物通过他物的消亡而产生。事物的这种生灭是一切地界变化的基础。它出现在一切由质料和形式构成的实体中，包括地界的一切事物。形式或性质潜在地可以被其对立形式所替代。此时，一种实体就变成了另一

57

种实体。例如,当火中的热被与之对立的冷所取代时,那么原初性质为热和干的火就变成了原初性质为干和冷的土。当一种形式在质料中实现时,就称与之对立的形式处于缺乏状态,但具有取代它的潜在能力。最终,每一种潜在的形式或性质必须实际变成它所能变成的东西,否则这种形式将仍然未被实现,自然创造它就是徒劳的。当两种对立形式中的某一种在质料中实现时,它的对立形式就处于缺乏状态,因为两种对立形式无法共存于同一物体之中。实际上,所有变化都涉及拥有两种对立形式或性质中的一种,而排除另一种。

四种变化中的最后一种是位置变化,它代表着我们对运动的通常理解,即一个物体从一个位置移动到另一个位置。亚里士多德的位置学说可以从两方面来看。就其最宽泛的意义而言,它涉及月下世界的结构;就其最狭窄、最严格的意义而言,它涉及单个物体的特定位置。广义的位置实际上就是自然位置:亚里士多德认为月下世界是有结构的,可以分成四个同心区域,每个区域都是某种元素的自然位置,如果不受阻碍,该种元素就会自然地朝它运动。最外层的同心环是火的自然位置,位于月亮天球的凹面下方;下一个同心环是气的自然位置,如果气位于这一区域下方,便会朝它上升,如果由于某种原因气处于火的区域,便会下降;气之下是水的同心环;再往下就是我们的地球,球心也是宇宙的几何中心。

地球是圆的,这是亚里士多德宇宙体系的一个基本真理。亚里士多德指出,月食期间月球表面的曲线便是地球是圆形的证据,并正确地推断这是由于地球的影子落在了太阳和月球之间。他还注意到,一个人在地球表面移动位置时,会看到不同的星辰位形,这暗示地球的表面为球形。此外,物体都是沿着会聚于地心的非平行线落到地球表面,这也表明地球是圆的。如果地界的所有物体都是这样下落,那么它们将围绕宇宙的中心自然聚成一个球。亚里士多德的论证十分合理,球形地球被欣然接受。

58

那么,个别物体的位置又如何呢?亚里士多德的位置学说基于这样一个基本信念:世界为物质所充满,虚空不可能存在。于是,月下区域个别物体的位置均由包围它的物质所组成;或如亚里士多德所说,物体的位置是"与被包围者相接触的包围者的边界"。[1] 这一边界,或者说包围者的内表面,必须是不动的。在亚里士多德位置学说的发展史上,这一限制条件导致了严重的问题。经常会发生这样的情况:当接触条件满足时,不动性条件却满足不了,反之亦然。然而,当一个物体满足这些严格条件时,它被认为处于其"固有位置"(proper place),即处于它自身所占据的位置。包含多个物体的位置被称为"共有位置"(common place)。由于亚里士多德假定任何物体都在某个地方,因此必然处于一个位置,他不可避免要面临这样一个问题:包围世界的最外层天球本身是否处于一个位置,这等于问世界本身是否处于一个位置。亚里士多德确信世界之外无物存在,既然没有物体(因此也就没有物体的表面)能够包围我们的世界,那么也就没有东西能够充当它的位置。颇有悖论意味的是,尽管世界中的任何物体都处于一个位置,

① Aristotle, *Physics* 4. 4. 212a. 5—7, translated by R. P. Hardie and R. K. Gaye in *The Complete Works of Aristotle*, the revised Oxford translation edited by Jonathan Barnes (Princeton: Princeton University Press, 1984).

但最外层的天球或世界本身却并不直接处于一个位置。亚里士多德显然对其位置学说的这一推论感到不安。也许是担心被认为前后不一，他提出最外层天球凭借其各个部分而间接处于一个位置，因为“天球上的一个部分包含另一个部分”。[①] 许多亚里士多德的评注者并不认可这种为最外层天球寻找位置的含糊其词。那些支持亚里士多德的人不得不为了捍卫他而提出各种古怪的解释，比如阿威罗伊说，最外层天球乃是偶然（*per accidens*）处于一个位置，因为它的中心——地球——本质上（*per se*）处于一个位置。托马斯·阿奎那认为：“说最外层天球[只是]因为中心处于一个位置就偶然处于一个位置，这是荒谬的。”[②]一个包围者如何可能因其所包围的事物而处于一个位置呢？

亚里士多德物理学中的运动

物体从一个位置移到另一个位置的运动是亚里士多德经常考虑的问题，尽管他现存的著作中没有就这个问题作全面系统的讨论。以下内容散见于他的《物理学》和《论天》等著作。 59

月下世界没有虚空，它为物质所充满。运动，或有时所谓的位置运动，是指从这种充满物质的空间中的一个位置移到另一个位置。亚里士多德区分了两种类型的运动：自然运动和受迫运动（或

① Aristotle, *Physics* 4. 4. 212b. 12—14.

② My translation from Thomas Aquinas's commentary on Aristotle's *Physics*. The translation was made from *S. Thomae Aquinatis In octo libros De physico auditu sive Physicorum Aristotelis commentaria*, new edition by Angeli-M. Pirotta (Naples: D'Auria Pontificius, 1953), 203 (bk. 4, lecture 7, par. 917).

非自然运动),这种区分也许源于大量观察。自然运动与受迫运动的区分,以及与此相联系的一连串概念、论证和物理假设,构成了亚里士多德月下世界物理学的核心内容。

(1)月下物体的自然运动

亚里士多德的自然运动概念依赖于土、水、气、火四种元素(它们是构成所有地界物体的物质基础)所表现出的明显属性。当石头等物体从高处下落时,我们看到它朝地心作直线运动;而像火和烟这样的东西则似乎总是离开地心,朝着月亮天球直线上升。根据经验,自然落向地心的物体总比那些上升的物体重。亚里士多德由此断言:重物在不受阻碍时总是沿直线朝地心下落,于是,地心(更确切地说,是宇宙的几何中心)是所有重物的自然位置。相反,轻物朝月亮天球自然地直线上升,那里被认为是它们的自然位置。亚里士多德认为,所有这些上上下下的自然运动都是加速运动。

这些一般原则也适用于四种元素。一个主要由土构成的物体只要高于其自然位置(无论这一位置是在水中、气中还是在气之上的火的区域),都被看作绝对的重,因为如果不受阻碍,它定会朝地心下落。火被看成绝对的轻,只要不受阻碍,它都将朝着气之上、月亮天球之下的自然位置上升。为了强调火的这种绝对轻,亚里士多德称"[火的]量越大,物体就越轻,上升就越快",这是"一个明显事实"。[①] 由此,亚里士多德似乎把绝对轻与重量概念分离开来,重量概念在这一语境下是无法理解的。至于水和气,亚里士多

① Aristotle, *On the Heavens* 4. 2. 308b. 19—20, translated by J. L. Stocks in *The Complete Works of Aristotle*.

德认为它们是居间元素，只拥有相对的重和相对的轻。当水在土之内低于它的自然位置时，就会自然上升，若在气或火之中高于其自然位置，就会自然下落。气处在火的自然位置就会下落，处在土或水的自然位置就会上升。

60

至此，我们已经描述了四种元素理想化的自然行为。但在现实世界中，这些元素并非以自然的原始状态存在，物体实际上都是由四种元素以不同比例构成的复合物。一些物体之所以会朝地心自然下落，是因为起主导作用的元素是重的（物体越重，下降就越快）；而另一些物体之所以会自然上升，是因为它们由一种轻的元素所支配（轻盈的或炽热的物体中所含的气或火的量越多，上升就越快）。

在亚里士多德对地界或月下世界结构的解释中，有三组对立起着重要作用：

月亮天球的凹面	宇宙的几何中心（或地心）
上	下
绝对轻	绝对重（土）

在亚里士多德对物体运动的散见各处的解释中，这些对立实际上充当着约束条件。左边一栏告诉我们，一个绝对轻的物体（火）会朝月亮天球沿直线自然上升；右边一栏则表明，一个绝对重的物体会朝地心沿直线自然下落。虽然亚里士多德知道土的密度比气和水更大，但他大概不愿用密度来解释石头在气或水中的下落。石头下落仅仅因为它绝对重。火之所以上升到接近月亮天球

表面的自然位置,并不是因为它的密度没有土、水、气大,而是因为它绝对轻。事实上,火在其自然位置甚至没有重量,因此,即使将它下方的气移去,火也不会下落或向下运动。现在想来,亚里士多德引入绝对重和绝对轻的概念,很难说促进了物理学的发展,尽管亚里士多德认为这是对柏拉图和原子论者的重大改进,后者认为所有物体都有重量,重量是一个相对概念。面对这两种可能性,亚里士多德选择了被证明对历史最无益的一种。然而,他这样做是因为他的体系严重依赖于各种绝对对立,他希望避开柏拉图和原子论者的那些相对主义比较。

61 为了对自然运动(以及非自然运动或受迫运动)提供一种因果解释,亚里士多德援引了有果必有因这条普遍原理,并认为任何能够运动的有生命或无生命的事物都是被其他某种运动或静止的东西所推动的。[①] (关于这一原理,中世纪有一种简洁的说法:"凡运动者皆为他者所推动。")推动者总是区别于运动者。尽管自然运动似乎不需要作因果解释,因为它们是"自然的",但亚里士多德还是指定了一种特殊动因(在中世纪被称为"产生者"[*generans*])作为未受阻碍的自然运动的最初原因。这一动因,或者说"产生者",正是最初使物体开始运动的东西。例如,火产生火(如点燃木头时),并为新的火赋予了火的一切属性,其中之一便是未受阻碍时自发自然上升的能力。类似地,产生石头的任何自然动因都会赋

---

① 在 *Physics*, bk. 8, ch. 6 (259a. 29—31)中,亚里士多德宣称:"在我们的论证中,我们确立了这样一个事实,那就是任何运动的东西都是被某物所推动的,推动者或者是不动的,或者在运动之中。" Translated by R. P. Hardie and R. K. Gaye in *The Complete Works of Aristotle*.

予石头一切本质属性，包括不处于自然位置时落向地球的自然倾向。

虽然亚里士多德把产生者看成自然运动的一种遥远的动因，但在讨论物体的下落和上升时，就好像重量是其自然下落的直接原因，轻性是其自然上升的直接原因。他的结论是，在所有其他情况等同时，速度与自然运动物体的重量成正比，与它受到的阻碍成反比（由它所穿过的介质的密度来量度）；运动时间与介质的阻碍或密度成正比，与它自身的重量成反比。例如，要使物体的速度加倍，既可以（在保持介质不变时）加倍物体的重量，也可以（在保持物体重量不变时）减半介质的密度；类似地，要使运动时间加倍，既可以（在保持物体重量不变时）加倍介质的密度，也可以（在保持介质不变时）减半物体的重量。尽管亚里士多德认识到，未受阻碍的重物在接近自然位置时一直做加速运动，但他总把自然运动当成匀速来讨论。

（2）受迫运动或非自然运动

物体不处于自然位置时，就会作受迫运动或非自然运动，比如石头被竖直向上或沿水平抛到空中，或者火朝着地球下落，从而远离其自然位置。类似地，气被移出其自然位置朝着地球下落，或者朝着火的自然位置上升，也都是受迫运动。亚里士多德提出了一系列特定的规则，并用它们描述了将推动力施于起反抗作用的物体（resisting body）会推出什么结果。尽管这些规则是用推动力、物体的反抗、运动距离和时间，而不是直接用速度来表述的，62 但速度概念更便于我们概括。在受迫运动中，物体的速度与它自身的阻力（未被定义）成反比，与推动力或施加的力成正比。

用符号表示即 $V \propto F/R$，其中 V 是速度，F 是推动力，R 是总阻力，大致包括起反抗作用的物体以及运动发生于其中的外部介质。要使速度 V 加倍，既可保持 F 恒定而减半阻力 R，也可保持 R 恒定而加倍 F。要使 V 减半，既可保持 R 恒定而减半 F，也可保持 F 恒定而加倍 R。

受迫运动需要一种与自然运动截然不同的因果解释。初始的推动者或者说产生运动的动因很容易辨别，因为它必须直接与运动物体相接触。人向上投掷石头，或者沿路推车，便是这些受迫运动的推动者或推动力。然而，使得物体在脱离初始推动者之后仍然能够继续运动下去的力量来源却远非一目了然。例如，石头在与投掷石头的孩子的手脱离接触之后为何还能继续向前运动呢？亚里士多德认为，是外在的介质——在石头运动的情形中是空气——引起了持续运动。他说，初始的推动者不仅使石头开始运动，同时也发动了空气。显然，被发动起来的空气的第一部分或第一单元推着石头，同时又发动了临近的第二单元空气，从而使石头又往前运动了一些。第二单元空气又依次发动了第三单元空气，以此类推。随着过程的继续，各单元空气的推动力相继减弱，直至到达一个空气单元，它只能发动下一单元的空气，但却无法传递给它推动物体继续前进的力量。这时，石头开始自然下落。根据这种机制，亚里士多德把介质既当作推动力又当作阻力。他不仅认为，作为推动力的介质必须一直与它所推动的物体相接触，而且确信，同一种介质必须充当该物体运动的制动器，否则就会出现无穷大的速度或瞬时运动，而这是不可能的。亚里士多德认为，运动阻力显然随着介质密度的增大而增大，随着介质的稀薄而减小。既然介质的无限稀薄会导致速度成比例地无限增加，亚里士多德得出结论说，倘若介质完全消失，留下一个虚空，那么运动便会是瞬时的(或者按照他的说法，超出任何比)。 63

无穷大速度的荒谬性只是促使亚里士多德拒斥虚空存在的若干论证之一。他相信，在世界中运作的基本原理在虚空中将变得毫无用处。出于若干理由，运动将是不可能的。虚空的同质性意味着，它的各个部分必定彼此等同。由于同质的空间中不可能存在处处有别的自然位置，所以物体没有理由沿这个方向而不沿另一个方向运动。自然运动和受迫运动都将成为不可能，因为被亚里士多德视为对受迫运动不可或缺的外在介质在这里是没有的。如果虚空是无限的，而且运动果真发生了，那么运动或者不会停止(既然虚空中没有其他物体和自然位置，什么会使在虚空中运动的物体停下来呢?)，或者由于没有外部阻力而是瞬时的。在亚里士多德反对虚空的其余论证中，有一条值得注意：在虚空中，不同重量的物体必定会以相同的速度下落(亚里士多德认为这是荒谬的)，因为它们的下落速度应当与各自的重量直接成正比，但后一关系只适用于被物质充满的空间，在那里重物要比轻物更容易穿透物质介质。而在介质不存在的情况下，亚里士多德看不出一个物体有什么理由会比另一个物体更快地运动。由此他断言，世界必定处处为物质所充满。

第二节　不变不朽的天界

亚里士多德设想，位于火的区域的凸面之外的世界与方才描述的地界截然不同。他认为天界远远优越于地界,并为其指定了各种属性,以强调这些深刻差别。如果不断变化是地界的基本特征,那么缺少变化就是天界的特征。亚里士多德认为,历史记录从未表明天上发生过什么变化,这更增强了他的这种信念。由于月下世界的四种元素一直在不断变化,它们显然不适合不变的天界。在《论天》(第一卷的第二章和第三章)中,亚里士多德将月下世界四种元素(土、水、气、火)的直线自然运动与天界的自然运动相对照,因为行星和恒星似乎作着规则的圆周运动。直线是有限的、不完整的,而圆则是封闭的、完整的,这种对比使亚里士多德确信,圆必定天然优越于直线。既然单纯由某种元素构成的物体做直线(向上和向下)的自然运动,亚里士多德断言,天体表观的圆周运动必定与一种不同类型的纯元素相联系,那就是第五元素——以太(ether)。

64

就好像是要强调以太特殊的重要性,亚里士多德往往称其为"第一物体"(first body)。它的主要属性几乎与地界那些元素完全相反。地界元素的自然运动是直线运动,以太的自然运动则是圆周运动。圆周运动之所以优越,是因为圆本身是完整的,而直线则不是。四种元素以及由它们构成的物体流变不息,天界的以太则不发生实体变化、质的变化和量的变化。实体变化是不可能的,因为亚里士多德认为,导致地界变化的冷热、湿干、疏密等对立性质在天界完全不存在,因此在那里不起任何作用。由于不承认天界有对立性质,亚里士多德否认天界存在着轻和重这对相反性质,由此他断言,天界的以太既非轻,也非重。地界的轻和重与向上和向下的直线运动相联系:重物自然下落时接近地球，轻物自然上升时远离地球。由于在天界不存在轻重，亚里士多德推论说，直线运动不可能在天界发生。于是，不仅从观察上讲天界的运动是圆周运动，而且由以太本身的性质也可以推定，天界显然不可能存在直线运动。

由于行星和恒星绕天旋转，亚里士多德推论说，位置变化是天界唯一可能发生的变化。天体通过匀速圆周运动绕天旋转而不断改变着位置。这种匀速圆周运动是天界的自然运动，就像直线上升和下降是地界的自然运动一样。然而，虽然上升和下降是地界相反的运动，但圆周运动却没有相反者。亚里士多德的结论是，对于由缺少相反性质的天界以太构成的天体来说，缺少相反运动的圆周运动是自然的。由于没有相反者，在地界观察到的变化在天界的以太那里不可能发生。天体必须永远以自然的匀速圆周运动绕天旋转。尽管会改变位置，但由于没有相反者，它们不会改变[与地球的]距离。亚里士多德于是认为，天体既不会接近地球，也不会远离地球。 65

亚里士多德一方面将变化与物质联系起来，同时又否认天界的变化，这是否意味着天界缺乏物质？天界的以太是否无论是什么，都不能认为是物质？在这个重要问题上，亚里士多德并没有给出定论，中世纪的自然哲学家们只得去揣度他的意思。支持天界存在物质和不存在物质的人都有。

无论是否被看作物质，天界的以太还引出了其他问题。由于以太是从月球延伸至恒星的一种完美的东西，亚里士多德似乎认为以太是同质的，其所有部分都相同。本来，看看天空是可以打消这一观念的。至少，天界是由可见的天体及其周围空荡荡的天空构成的,这很难说暗示了同质性。如果天体和空荡荡的天空都是由同一种以太构成的,那么它们为什么看起来不同?为什么行星和恒星可见,而其余的天空却实际上不可见?如果诸行星都是由同一种以太构成的,它们为什么看起来彼此不同?它们的属性为何会发生变化?对于这些问题,亚里士多德没有给出回答,也许是因为他从未想过这些问题。当那些希腊、阿拉伯和拉丁评注家想到这些问题时,他们只得自行设计回答。对于那些穷其一生探究亚里士多德文本含义的人来说,这是他们的共同命运。

不过,关于空荡荡的天空的本性,亚里士多德很清楚:那是一些层层相套的不可见的透明以太天球,每一个天球都在规则而均匀地旋转着。天体——行星和恒星——嵌在这些天球中,由它们带着旋转。亚里士多德的同心天球宇宙论体系基于欧多克斯和卡里普斯(Callippus of Cyzicus)于公元前 4 世纪提出的同心天球数学体系。在后者的体系中,有四个天球被用来解释土星在天上的位置。其中一个解释了土星的周日运动,另一个解释它沿黄道的固有运动,还有两个解释它沿黄道表观的逆行运动。亚里士多德将卡里普斯的数学天球变成了一个与天界同界 66 限的实在的地心物理天球体系。为了防止把土星的黄道运动和逆行运动传递给其下方紧邻的木星,亚里士多德为木星添加了三个“消转”(unrolling 或 counteracting)天球,以抵消土星四个天球中三个的运动,只有代表周日运动的那个天球除外(由于所有行星都要参与周日运动,每颗行星都为此被指定了一个天球,这表明周日运动是可以传递到每一套行星天球的)。正如迪克斯

(D. R. Dicks)所解释的：

> 相应于土星的四个天球A、B、C、D，在D内(距离地球最近的天球，其赤道上携带着行星)放置了一个消转天球D′，以与D相同的速度围绕相同的极点沿反方向旋转，于是D和D′的运动最终彼此抵消，D上任何一点看起来都将只依照C的运动来运行。在D′内又放置了第二个消转天球C′，C′之于C的功能就相当于D′之于D的功能；在C′内又放置了第三个消转天球B′，B′也类似地抵消了B的运动。其净效应是，这套天球中只有代表周日旋转的最外层天球的运动被保留下来，从而木星(接下来的一颗行星)天球现在可以自行旋转，就好像土星的那些天球并不存在一样。同样，木星的消转天球又为火星天球清除了障碍，以此类推(对于每一颗行星来说，消转天球的数目都比原初的天球数目少一个)，直到与地球最近的最后一颗行星月球，根据亚里士多德的说法，它不再需要消转天球。①

我们看到，亚里士多德为土星指定了七个天球，而不是卡里普斯所要求的四个。类似地，他认为有必要为除月球之外的所有行星都添加消转天球。就这样，亚里士多德把包含33个假想的数学天球的卡里普斯体系发展成为包含55个物理天球的体系。

---

① D. R. Dicks, *Early Greek Astronomy to Aristotle* (Ithaca, N. Y.: Cornell University Press, 1970), 200—201.

于是就产生了一个重要问题:携带着行星和恒星的天球何以能够做匀速圆周运动?亚里士多德给出了两种相互冲突的回答。在其宇宙论著作《论天》中,他诉诸一条内在的运动原理,即以太是一种"单纯的东西,这种构造使之天然能够依其本性而做圆周运动"(2.1.284a.14—15)。但在《物理学》和《形而上学》中,亚里士多德又提出外在的精神推动者或理智是引起天球旋转运动的动因。他认为,每一个物理天球都有其自身的非物质的推动者,这种推动者尽管自身完全不动,却能够推动天球绕地球做无休止的匀速圆周运动。这些"不动的"推动者在世界中是非常独特的,因为它们自身不运动,却能够引起运动。所有运动的潜无穷的因果链在不动的推动者这里终止,不动的推动者乃是一切运动的最终来源。尽管亚里士多德谈到了55个不动的推动者,但他的神的概念主要体现在与恒星天球(即世界最外层的圆周)联系在一起的不动的推动者。在亚里士多德看来,这个最遥远的不动的推动者就是"原动者"(prime mover),它是同类推动者中的第一个,地位十分特殊。不过,作为天的推动者,它与所有其他不动的推动者(或通常所说的理智)所起的作用别无二致。

67

一个非物质的不动的推动者如何可能使物理天球运动呢?亚里士多德的回答是:"它通过被爱而引起运动"(《形而上学》,12.7.1072b.3—4)。亚里士多德没有解释他说这句话的确切含义。推动者与被推动的事物是如何关联的?他那谜一样的说法使后来许多天才的评注家费尽了心思,不仅如此,把爱看成宇宙动力这一引人入胜的思想似乎也激发了诗人的想象。在《神曲》(*Divine Comedy*)的最后一行,但丁谈到了"推动太阳和其他星辰的爱"

(*l'amor che move il sole e l'altre stelle*)①。一首无名的法国歌曲唱道:"爱啊,爱使世界运转。"(*L'amour, l'amour fait tourner le monde*)②如果说类似的英语在中世纪或文艺复兴时期没有出现,那么它最终出现在吉尔伯特(William Schwenk Gilbert, 1836—1911)和沙利文(Arthur Sullivan, 1842—1900)的轻歌剧《约兰特》(*Iolanthe*[又名《贵族与仙女》])中,其中也称:"使世界运转的是爱。"③尽管无法确定亚里士多德是否是这些诗情的最终来源,但他肯定是最主要的候选者之一(如果不是唯一一个的话)。

由于认为天界的以太是一种神圣而不朽的东西,地界的不断变化来源于物质的生灭,亚里士多德确信,不变的天界会对不断变化的地界产生巨大影响。较为高贵和完美的事物理应影响不够高贵和完美的事物。这也是传统占星学信念的基础。直到17世纪末宇宙观被彻底改变,自然哲学家一直在思考天对地的各种影响。但对于天的运动的原因,亚里士多德却语焉不详。尽管亚里士多德相信地界物体受制于天,但他还是认为地界物体凭借自身就能产生结果,而不只是被动地依赖于天界。作为由质料和形式构成

① Dante, *The Divine Comedy*, Paradiso, Canto XXXIII, translated by Laurence Binyon in *The Portable Dante*, edited by Paolo Milano (New York: Penguin Books, 1947), 544. 在给这一行作注释时,Charles S. Singleton 指出:"最后一行诗句带有亚里士多德不动的推动者的意象,天球因渴望他而转动,被对他的渴望所推动。"参见 Dante Alighieri, *The Divine Comedy*, translated, with a commentary, by Charles S. Singleton, 3 vols. (Princeton: Princeton University Press, 1970—1975), 3: 590。

② Quoted from John Bartlett, *Familiar Quotations*, 16th edition, edited by Justin Kaplan (Boston: Little, Brown and Co., 1992), 786.

③ Ibid., 530.

的东西，地界物体拥有自身的本性，能够产生结果。重物落向地心 68 并非凭借天的力量，而是因为它的本性使之能够在不受阻碍时如此下落。每一种有生命和无生命的东西都有典型的特征和属性，使同一种类的个体能够依照这些属性活动。

天的活动以及天界影响地界的典型无疑是太阳，它的影响显然可以感知。太阳沿黄道的周年运行产生了四季，四季又引起了各种生灭。人的产生也依赖于太阳，正如亚里士多德有名言说："人生于人，也生于太阳。"[①]除了月亮，没有证据表明其他行星的活动会影响地界，但亚里士多德认为，它们也影响了地界的变化。不过，他没有解释除太阳以外的天体的活动如何与地界物体的独立本性相关联。后来的评注家仍然需要自己设法解决。

我们已经描述了亚里士多德关于物理世界的许多重要思想和概念。它们不仅塑造了中世纪关于地界变化方式的看法，而且也解释了为什么天界不发生这些变化。这些观念构成了中世纪自然哲学的核心，其中一些还将有助于经院学者进入新的思想领域。亚里士多德的思想不仅为中世纪自然哲学提供了基本框架，而且还提供了大量实质内容。但仍有一些问题亚里士多德没有给出什么指导，他或者不知道这些话题，或者对此无可奉告。有时他语焉不详，意思含混，评注者只能自行解决问题。另一些时候，他的解释被认为不够准确，需要用新的解释来替代。在少数情况下，他的解释需要在很大程度上进行修正，这或者是基于经验（比如他的同

① Aristotle, *Physics* 2. 2. 194b. 13—14, translated by R. P. Hardie and R. K. Gaye in *The Complete Works of Aristotle*.

心天球体系),或者是基于基督教神学(比如世界的永恒性)。然而,亚里士多德的大多数观点仍被认为是理解自然及其作品的最好的、最可靠的向导。在中世纪学者眼中,他是名副其实的"哲学大师"(the Philosopher)。在对亚里士多德《论天》的评注中,阿威罗伊给予了亚里士多德至高的赞誉,称他为

> 标尺和榜样,自然将他设计出来,乃是为了彰显人最终的完美……亚里士多德的教导是至高的真理,因为他的思想是人类思想的最终表达。有人说得不错,神把他创造出来馈赠给我们,使我们能够知道所有应当知道的东西。赞美上帝,他使这个人比所有其他人更完美,使之几乎达于人可能获得的最高尊严。①

69

中世纪哲学史家戴维·诺尔斯(David Knowles)毫不夸张地说,这是"一位大哲学家可能给予另一位大哲学家的至高颂扬"。② 事实上,阿威罗伊认为亚里士多德是不会错的,因为在一千多年的时间里,在他的著作中从未发现过错误。③

在拉丁西方,亚里士多德也倍受赞扬。但丁把亚里士多德称

---

① Translated in David Knowles, *The Evolution of Medieval Thought* (Baltimore: Helicon Press, 1962), 200.

② Ibid.

③ Etienne Gilson, *History of Christian Philosophy in the Middle Ages* (London: Sheed and Ward), 642, n. 17. 关于对亚里士多德的一种非常不同的态度,参见我在第七章对大阿尔伯特的讨论。

为“一切有识之士的老师”[①]，这代表了许多人的看法。阿奎那认为亚里士多德已经达到了人的思想不借助基督教信仰所能达到的最高水平。我们可能会猜想，既然有如此虔敬的态度，中世纪学者也许会尽可能地固守这位大师的观点。但事实上，他们往往会离经叛道。在第六章，我将讨论亚里士多德的中世纪弟子和崇拜者对其自然哲学的改造和拓展，甚至当他们坚持其基本原理，忠于其整体精神时也是如此。不过在此之前，我先来谈一谈亚里士多德的自然哲学在13世纪如何被大规模引入欧洲。

① Dante, *Inferno* I.

第五章　亚里士多德学术的接受和影响以及教会和神学家的回应

教会教义与亚里士多德自然学著作的思想存在着严重冲突。70 在教会和神学家看来，13世纪被引入拉丁世界的亚里士多德著作有潜在的威胁。尽管冲突不一定会发生，但没过多久还是降临了。受打击最大的似乎是巴黎大学，它不仅拥有中世纪晚期最著名的神学院，而且还有最大、最出色的艺学院之一。然而，这些冲突不应模糊一个重要事实，那就是翻译过来的亚里士多德著作受到热烈欢迎，而且广受艺学教师和神学家的尊崇。事实上，亚里士多德的哲学被热情地接受了，反对它的力量纵然百般努力，却也奈何不得。

第一节　1277年大谴责

反对亚里士多德的斗争主要集中在巴黎大学及其周边。1210年，亚里士多德自然哲学著作的拉丁文本出现后不久，桑斯(Sens)地方宗教会议规定，在巴黎禁止以任何形式阅读亚里士多德的自然哲学著作以及所有相关评注，否则将被开除教籍。1215年，巴黎当地又重申了这一禁令，特别是针对巴黎大学。1231年4月13日，修改后的禁令获教皇格里高利九世批准，他在著名的教皇通谕

《知识之父》(*Parens scientiarum*,由于别的原因,它往往被称为“巴黎大学大宪章”)中要求清除亚里士多德著作中的谬误,并为此于4月23日指定了一个三人委员会。由于一些至今不明的原因,该委员会从未提交过报告,也从未删节亚里士多德的著作。1245年,教皇英诺森四世又将这一禁令拓展到图卢兹大学,而就在几年前(1229年),图卢兹大学还邀请教师和学生到那里公开研究在巴黎被禁的亚里士多德著作。巴黎针对亚里士多德自然哲学的禁令大约维持了40年,最晚至1255年。(在巴黎,似乎只能公开讲授亚里士多德的伦理学和逻辑学著作;尽管被明令禁止,但仍然可能有人私下里阅读亚里士多德的物理学和哲学著作。)1255年,巴黎大学使用的教科书包括了当时所有的亚里士多德著作。巴黎学者受到的严格限制终于解除,他们现在拥有与牛津学者同样的特权,在巴黎禁令生效的很长一段时间里,牛津学者一直享有对亚里士多德的所有著作进行研究和评注的权利。

71

13世纪六七十年代,第二轮斗争在巴黎展开。受圣波纳文图拉(Bonaventure,John of Fidanza,1221—1274)启发,保守神学家试图对亚里士多德的哲学加以限制,因为它是新的异教学术和阿拉伯学术的核心。单纯禁止阅读亚里士多德的著作早已无法奏效。保守神学家在处理这个问题时并未禁止阅读亚里士多德的著作,而是试图对他们认为危险和有冒犯性的思想进行谴责。然而,虽然传统神学家针对世俗哲学的危险屡屡发出警告,但显然效力不大,于是他们便向巴黎主教唐皮耶(Etienne Tempier)求助。1270年,唐皮耶谴责了源于亚里士多德学说或阿威罗伊评注的13个条目。1272年,巴黎大学的艺学教师被迫宣誓不再对神学问题进行思考。倘若某个神学问题无法回避，他需要再次宣誓在坚持信仰的前提下解决这个问题。罗马的吉莱斯（Giles of Rome）在1270年到1274年间所著的《哲学家的谬误》（*Errors of the Philosophers*）一书集中体现了这种冲突的激烈程度。吉莱斯在书中搜集了亚里士多德、阿威罗伊、阿维森纳、加扎利、肯迪、迈蒙尼德等非基督教哲学家著作中的一系列错误。这些对抗行动没能平息这场骚动，1277年，教皇约翰二十一世指示时任巴黎主教的唐皮耶进行调查。在神学顾问的建议下，唐皮耶在3月的三周之内宣布对219个命题进行谴责。

神学权威所谴责的这些条目是匆匆写就的，缺乏秩序和一致性，但其中许多都与科学和自然哲学有关。不过，对某一条目进行谴责并不意味着该条目在自然哲学上有争议。权威们或许夸大了它的重要性，或许只是觉察到公开讨论它会有潜在的危险。事实上，一些被谴责的条目也许根本没有见诸文字，而只是在公开论辩或私人交谈中出现过。此外，加入某一条目甚至会更加突出它的重要性。1277年受谴责的219个命题大都与亚里士多德的自然哲学直接相关，因此，要讨论亚里士多德学术的接受过程，就不能不谈这些命题受到的谴责。 72

然而，在转到这些特定议题之前，有必要先谈一下13世纪艺学院与神学院之间激烈的学科斗争。关键问题在于，艺学院是否有权与神学院分庭抗礼。这场斗争表现为无数种形式，但最根本的乃是理性与信仰之间的冲突。理性是哲学分析的模式，它经常被认为与理论科学（其中许多直到17世纪才成为独立学科）有相同的范围。艺学教师们统治着理性领域，从而也统治着哲学领域。

但神学家们拥有左右启示的力量，在一个由宗教统治的社会中，不难理解他们为什么会占据上风。

13世纪的神学家大都确信，启示高于一切形式的知识，因而赞同世俗学问是神学的婢女这一传统学说。在《艺学的神学溯源》(*De reductione artium ad theologiam*)一书中，13世纪的重要神学家圣波纳文图拉试图证明，在巴黎大学艺学院讲授的世俗学科从属于神学院讲授的神学学科，神学是科学的女王，因为一切学术和知识最终都依赖于《圣经》的神启，而对《圣经》进行研究是神学家独有的领地。在波纳文图拉等神学家的世界里，信仰与理性是和谐统一的，信仰完全指导和支配着理性。

巴黎大学艺学院等地的教师对艺学与神学之间关系的看法截然不同。从最宽泛的意义上说，他们讲授的是哲学(主要包括形而上学、自然哲学和道德哲学)，七艺则被当作入门科目。由于哲学几乎完全基于亚里士多德的著作，艺学教师们大都视自己为亚里士多德的继承者，认为他就是理性分析的化身。事实上，他们就是依靠对亚里士多德的思想和观念进行阐释为生的。为了表示尊敬，中世纪经院学者通常把亚里士多德称为“哲学大师”。他们认为自己是理性的守护者，对身为哲学家感到自豪。如果可以随心所欲，艺学教师们或许会把理性应用于包括神学在内的一切知识领域。事实上，他们中有许多人的确已将理性贯彻到底，甚至得出了与启示相冲突的结论，尽管他们最终还是基于信仰而服从启示。然而，他们认为哲学是理解世界的有力工具，哲学有必要独立于神学，他们为哲学的自主而抗争(详见第八章)。虽然神学家对哲学(和自然哲学)非常感兴趣，但大都认为哲学是一门与神学迥异的学科，一般会将其置于从属地位。在13世纪，即亚里士多德自然哲学被西欧接受的第一个世纪，这两门大学学科及其所属的学院之间的张力几乎不可避免。

这场争论至少集中在三个主要议题上：(1)世界的永恒性；(2)双重真理说；(3)上帝的绝对权能(absolute power)。神学家与自然哲学家之间的学科冲突掩盖不住神学家内部的分歧。新保守派的奥古斯丁主义者与圣托马斯·阿奎那的多明我会追随者发生了冲突，前者认为多明我会修士过分依赖亚里士多德的自然哲学，后者则决意追求理性与信仰之间的和谐。然而，被谴责的条目本身可以很好地说明13世纪末日益紧张的冲突。

由以下三个条目不难感受到艺学教师与神学家之间的那种敌意：

> 152. 神学讨论乃是基于传说。
>
> 153. 了解神学无益于了解其他。
>
> 154. 世界上唯一有智慧的人是哲学家。

如果艺学教师持有这些观点(有些人无疑如此)，神学家对他们的愤怒和憎恶是可想而知的。自13世纪20年代甚至更早以来，教会担心哲学正迅速渗透到神学之中，甚至占据统治地位。教皇格里高利九世试图保持神学与哲学之间的传统关系，让哲学充当神学的婢女。事实上，从格里高利这里可以反映出一种很深的关切，这种关切可以追溯到教父，那就是用自然理性来支持信仰有潜在的危险，因为这种努力暗示着信仰在某种意义上无法单独立足。1228年,格里高利命令巴黎的神学教师将自然哲学从神学中清除出去。

74

格里高利的禁令没有成功。不仅哲学逐渐被认为是一门自主的学科,亚里士多德是其主要权威,就像教父是神学中的权威一样,而且把自然哲学运用于神学的限制也淡化了,尽管这些限制不时还会徒劳地冒出来。阿奎那比别人更愿意规定神学与哲学的关系。他认为神学和哲学都是独立的科学。神学的基本原理是信仰,而哲学的基本原理则基于自然理性。因此,信仰无法为自然理性所证明。既然神学和哲学都是独立的科学,那么是否研究自然哲学的人不应当把自然哲学神学化,研究神学的人也不应当把神学哲学化?托马斯认为,神学家应当在必要的时候运用逻辑、自然哲学和形而上学,尽管他可能并不赞同将哲学神学化。尽管托马斯仍然认为哲学从属于神学,但是通过把神学确立为一门独立的科学,托马斯含蓄地承认了哲学(因此也承认自然哲学)作为一门科学的自主性。在始于13世纪的哲学与神学的冲突中,神学家一直占据上风。直到17世纪,相比于得到证明的理性真理,未经证明的、由启示而来的信仰真理始终具有最终的优先性。

1. 世界的永恒性

在13世纪60年代,一些艺学教师或哲学家已经开始用纯粹的自然原理进行推理,从而实现哲学的自主。然而,要想无视神学对其结论的影响是很困难的,这可见于前面提到的三个议题中的第一个——世界的永恒性。在科学与宗教的关系方面,这个议题在中世纪就相当于哥白尼的日心说在16、17世纪,达尔文的进化论在19、20世纪。

根据《论天》第一卷结尾的论证，亚里士多德在第二卷一开头就提出："整个世界并非被产生，也不能被毁灭，就像某些人所声称的那样，而是独一无二的和永恒的，没有开端也没有终结。"[①]由于亚里士多德的自然哲学以世界的永恒性为基础，它对《创世记》中的创世论述构成了严重威胁。一个证据是，1277年遭到谴责的219个条目中有27条（超过10%）是针对世界的永恒性的，它可以 75 以无数方式表现出来。例如第9条谴责这样一个命题："没有第一个人，也没有最后一个人；无论过去还是将来，都是人生于人"；第98条谴责："世界是永恒的，因为能够凭借本性在整个未来存在的东西，[当然]也可以凭借本性在整个过去存在"；第107条谴责："元素是永恒的，但它们之所以具备现有的关系，却是因为它们被再度创造出来。"

由于神学权威在27个不同条目中对世界的永恒性进行了谴责，我们也许以为对世界永恒性的信仰十分盛行。但事实上，我们并不知道有谁毫无保留地持这种异端观点。那么，神学权威为什么还要谴责这27个条目，以阻止传播这样一个几乎无人明确赞成的命题呢？或许有人私下里赞同其中的某些命题，这是众所周知的，但更大的原因可能在于回应世界永恒主张的方式，这可见于达齐亚的波埃修斯（Boethius of Dacia，？—1283后）和布拉班特的西格尔（Siger of Brabant，？—约1284）这两位13世纪最著名的

① Aristotle, *On the Heavens*, bk. 2, ch. 1, 283b. 26—30, translated by W. K. C. Guthrie (Loeb Classical Library, 1960).

艺学教师的反应，1277年大谴责颁布之后，他们都从法国逃到了意大利。

波埃修斯和西格尔各写过一部关于世界永恒性的著作，波埃修斯还在其《关于〈物理学〉的疑问》(*Quaestiones super libros Physicorum*)中对此议题做了讨论。波埃修斯指出，没有哲学家能够证明曾经存在过第一推动，因而世界的开端是无法确定的。然而，不仅世界的永恒性无法证明，世界是被创造出来的也无法证明。尽管两个命题都得不到证明，但波埃修斯还是坚持基督教信仰与哲学之间没有冲突。信仰必须取胜。他的结论是：

> 世界不是永恒的，而是被创造的，尽管……这一点无法通过论证来证明，就像其他属于信仰的东西那样。因为如果它们能够被证明，它们就不属于信仰，而是属于科学……信仰中有许多东西无法被理性证明，[比如]人的复活，生命体的死而复生等等。不相信这些事物的人是异端，试图通过理性了解这些事物的人是傻瓜。[①]

然而，在大约写于同一时间的《关于〈物理学〉的疑问》中，波埃修斯提出，原初质料是永恒的，因此只能与上帝同样永久。的确，上帝必须被视为原初质料的创造者。在波埃修斯看来，只要将理性

76

① My translation from Boethius's *De aeternitate mundi* (*On the Eternity of the World*) in *Boethii Daci Opera*, *Topica-Opuscula*, vol. 6, pt. 2, edited by Nicolaus Georgius Green-Pedersen (Copenhagen, 1974), 355—357.

运用于世界的运作，就会逻辑地得出这一结论。在这种背景下，上帝仍然被视为物质和世界的创造者，但“受造的”物质却是永恒的。

西格尔也有类似的说法。世界及其存在种类不可能是被创造出来的，因为没有存在种类能够从先前的潜能状态被实现出来，因此任何存在种类必定事先已经存在。尽管理性使他得到了这个似乎支持世界永恒性的结论，但为了不被谴责为异端，西格尔宣称：“我们并未断言这些为真，不过它们都是哲学大师[即亚里士多德]的观点。”[①]当信仰与亚里士多德的结论相冲突时，信仰必须取胜。

波埃修斯和西格尔的态度也许代表了13世纪末相当一部分艺学教师的典型看法，这也表现在14世纪富有争议的著名艺学教师冉丹的约翰(John of Jandun)的观点中。当教会教义与亚里士多德自然哲学的结论直接冲突时(比如世界的永恒性问题)，艺学教师不得不服从神学和信仰。事实上，从1272年开始，巴黎的艺学教师必须对此进行宣誓，这种要求一直持续到15世纪。

甚至神学家之间也产生了严重分歧。最著名的神学家阿奎那持一种与波埃修斯类似的看法，与保守的神学家发生决裂。和波埃修斯一样，阿奎那也否认能够用任何恰当的论证来支持创世或世界的永恒性。因此，必须承认世界的永恒性仅仅是一种可能性(关于托马斯的论证，参见第六章)。在巴黎主教等传统神学家看

---

① From Siger, *Question on the Eternity of the World*, in *St. Thomas Aquinas, Siger of Brabant, St. Bonaventure, On the Eternity of the World* (*De aeternitate mundi*) translated from the Latin with an introduction by Cyril Vollert, Lottie H. Kendzierski, and Paul M. Byrne (Milwaukee: Marquette University Press, 1964), 93.

来，波埃修斯、西格尔和托马斯提出的观点必定是可疑的。他们似乎使世界的永恒性更加深入人心，从而破坏了对创世的信仰。不过，这三个人都基于信仰宣称，他们相信《创世记》中描述的创世。正如阿奎那所说："世界有一个开端……这是信仰的对象，而不是证明或科学的对象。"①

2. 双重真理论

然而，当艺学教师们服从信仰时，神学家似乎对他们的做法疑虑重重。他们经常暗示或宣称，自然哲学的真理（奠基于自然理性在先天原理和感觉经验中的运用）不可能与信仰的真理相调和。这时只能支持信仰。但这种支持是暧昧的，因为艺学教师在宣称相应的信仰真理时，通常并不触动自然哲学推出的结论。例如，即使世界的永恒性被认为是自然哲学的一个恰当结论，但由于与信仰相抵触，因此必须被抛弃。这样一来，支持世界永恒性的论证被抛弃并不是因为错误，而仅仅是由于与信仰相抵触。这样便给人一种印象：存在着两种真理，一种是自然哲学的真理，另一种是信仰的真理。艺学教师通常并不把亚里士多德的原理和结论（对此他们大概是相信的）与信仰的真理相调和，因此他们似乎是在微妙地推进着亚里士多德的原则和目标。至少，他们给神学家留下了支持双重真理说的印象，1277 年大谴责便是明证。在大谴责的前

① Thomas Aquinas, *Summa Theologiae*, pt. 1, qu. 46, art. 1 in *St. Thomas Aquinas, Siger of Brabant, St. Bonaventure, On the Eternity of the World* (*De aeternitate mundi*), 66.

言中，巴黎主教简要提及了双重真理说，他斥责有些人说“事物根据哲学为真，但根据天主教信仰不为真，仿佛存在着两种相反的真理。”[①]例如，巴黎主教提到了第90条，它谴责有人相信“自然哲学家应当绝对否认世界的受造，因为他依赖于自然原因和自然理性。而信仰却可以否认世界的永恒性，因为信仰依赖于超自然的原因。”

虽然某些艺学教师貌似含蓄地接受了双重真理，但我们并未发现有哪位艺学教师真正相信双重真理说。不过根据以上所述，我们不难理解为什么许多神学家都认为达齐亚的波埃修斯、布拉班特的西格尔等人（甚至包括托马斯·阿奎那）的确相信世界是永恒的，即便他们称自己忠于基督教的创世教义。这一切鲜明地表现在阿曼德·莫勒（Armand Maurer）对达齐亚的波埃修斯关于世界永恒性的主张的描述中：

> 存在着两种相反的真理：基督教的真理认为世界不是永恒的，与之对立的哲学真理则认为世界是永恒的。但要想在波埃修斯的著作中找到这样一种说法是徒劳的，即世界的永恒性是哲学意义上的真理。他只是告诉我们，它来源于自然哲学的原理。波埃修斯曾在一处断言，它来自“自然原因的真理”，但并未被明言这个结论本身是真的。在这一点上，波埃修斯非常接近于肯定双重真理说，但同时又机警地避开了它，我们只能认为，他是故意这样做的。和布拉班特的西格尔一

78

① Translated in Edward Grant, *A Source Book in Medieval Science* (Cambridge, Mass.: Harvard University Press, 1974), 47.

样，他似乎小心翼翼地不使信仰和哲学在真理领域公然发生冲突。但他还是走得太过了，我们可以理解他为什么会受到巴黎主教的谴责。①

3. 对上帝绝对权能的限制

在前述三个主要议题中，也许对上帝绝对权能的挑战对神学传统最具潜在的颠覆性。亚里士多德著作中的许多命题和结论都表明，某些现象在自然中是不可能发生的。比如亚里士多德曾证明，无论在世界之内还是之外都不可能存在虚空，而且除了我们这个世界不可能有其他世界存在。神学家们认为，亚里士多德的这些观点限制了上帝随意行动的绝对权能。如果上帝愿意，他怎么会无法在世界之内或之外创造出虚空或其他世界呢？第147条体现了巴黎主教等神学家的态度，对于有些人认为上帝不可能做以自然方式不可能的事情，他们表示谴责。1277年大谴责中的如下条目都被认为对上帝随意行动的绝对权能施加了限制：②

21. 没有任何事物是偶然发生的，所有事物的发生都出于必然。凡将有的，必然会有；凡不会的，不可能有。

---

① Armand Maurer, "Boetius of Dacia and the Double Truth," *Mediaeval Studies* 17 (1955): 238. Maurer使用了"Boethius"的另一种拼法。

② 除第139条和少许改动外，所有条目都见于Grant, *Source Book*, 48—49。The translations were made from the Latin text edited by H. Denifle and E. Chatelain, *Chartularium Universitatis Parisiensis*, 4 vols. (Paris: Fratrum Delalain, 1889—1897), 1: 543—555.

34. 第一因[即上帝]不可能创造多个世界。

35. 除非以一个父亲和一个人作为合适的动因,上帝不可能[独自]造人。

48. 上帝绝不可能是新的活动[或事物]的起因,也不可能产生什么新的东西。

49. 上帝不可能推动天[或世界]作直线运动,因为这会留下虚空。

139. 没有基体(subject)而存在的偶性不是一种偶性,除非是不明确地存在着;量或大小不可能依凭自身而存在,因为这会使之成为一个实体。

140. 主张偶性无基体而存在是不可能的,因为它蕴含着矛盾。

141. 上帝无法使偶性离开基体而存在,也不能使几个大小[在同一位置]同时存在。

还有限制上帝权能的更多条目可以引用。它们遭到谴责是因为神学权威想让所有人承认,上帝可以做任何没有逻辑矛盾的事情。第34条通过谴责上帝不可能创造其他世界这种观点,迫使人承认上帝想创造多少世界就创造多少世界。尽管从未有人被要求相信上帝曾经创造过其他世界,而且我们也不知道有谁持这种信念,但第34条鼓励了自然哲学对这样一种情况进行思辨,即倘若上帝果真创造了其他世界,那么会怎么样。第49条否认上帝有能力移动最外层天球,从而否认世界本身可能作直线运动,因为这样一种运动会在世界离开现有位置后留下虚空。依照1277年对第49条的谴责,经院自然哲学家按照惯例承认,如果上帝愿意,他的确可以沿直线移动世界。 79

在第139、140和141条中，神学权威谴责了似乎自明的亚里士多德原理，即偶性不能脱离基体或实体而存在，以及上帝不可能创造一个不内在于基体或实体中的偶性或性质。他们还谴责（第139条和141条）了亚里士多德的两条基本原理，即量或尺寸不可能独立于物体而存在，以及多个尺寸不可能同时存在于同一位置。第139、140和141条不仅为上帝的权能设置了界限，而且否认上帝有能力使关于圣餐的神学教义奏效，即上帝把弥撒中使用的饼和酒不可思议地变成了基督的身体和血。尽管饼成了基督的身体这种实体，但饼本身还保持着那些常见的偶性。然而，这些偶性已经不再处于饼的实体当中。既然饼的偶性也不存在于基督中，因此必须认为它们不再处于任何实体中，这一结论与亚里士多德的学说相抵触，即一切偶性都必须存在于实体中。14世纪的沃尔特·伯利主张，正如在圣餐中上帝能够使基督身体的量变得没有大小，上帝也可以使一个量没有内在性质，伯利指的是一段有广延的虚空，光和重物可以在其中运动。这样，伯利就把关于偶性与基体，或属性与实体的超自然分离的受谴责条目与一个被广泛讨论的中世纪问题联系了起来，那就是虚空中的运动问题。

第48条被谴责同样是因为它为上帝的绝对权能设置了界限。一个有规律的、有秩序的，甚至是决定论的世界既合占星学家心意，也是亚里士多德自然哲学的基本原则。上帝能够神秘地介入自然秩序，做某种新的事情或者创造某种新的东西的观念虽与亚里士多德物理学格格不入，但却是基督教的重要特征。亚里士多德自然哲学在中世纪的追随者现在受到警告，不能否认这些行动

80

可能出现。

1277 年谴责的其他条目在 14 世纪的物理学和宇宙论讨论中也发挥了作用。许多条目都与我们前面讨论的 13 世纪下半叶的三个议题相关——世界的永恒性、双重真理说和上帝的绝对权能。

第二节　中世纪自然哲学中假说性论证的两种意义

虽然自然哲学主要关注的是可理解的现实物理世界，但假说性的论证在其中起了重要作用。我们可以将其分为两种：一种是为了捍卫亚里士多德的自然哲学原理，另一种则是为了反对那些原理，后者受到了 1277 年大谴责的影响。

自然哲学家经常思考亚里士多德明显异端的原理，也会面对有碍于自然哲学论证的宗教教义，他们力图避免被当成异端，也清楚需要面对可怕的推论。于是，他们往往不得不把一些原理和观念改造成假说性的语言，或者对其加以限定。这些活动通常在“通过自然来说”(*loquendo naturaliter*)的伪装下进行。当“通过自然来说”时，既可以声称世界是永恒的，也可以假设任何偶性和属性都存在于基体或实体中。这时，作者或授课教师被认为只关注自然哲学，而不考虑其神学内涵或复杂情况。他们不得不诉诸布拉班特的西格尔或达齐亚的波埃修斯所作的那些微妙区分，因为这是标准做法。例如 14 世纪重要的经院艺学教师和自然哲学家萨克森的阿尔伯特(Albert of Saxony)就先假定世界的确是永恒的，而且世界中存在着定量的物质。[①] 由这些假设出发，他得出结论说，经过无限长的时间，这有限量的物质必须充当无穷多个灵魂的身体。在永恒的时间内，同样的物质也许可以作为身体接受若干不同的灵魂。但在复活那天，当每一个灵魂都获得了自己的物质身体时，有限量的物质将会获得无穷多个灵魂。而这种状况是一种异端，因为一个身体——事实上是每一个身体——将不得不获得一个以上的灵魂。阿尔伯特解决这一困境的方法代表了所有不得不应对神学限制的自然哲学家的典型回应。他解释说："自然哲学家不大关心这个论证，因为当他假设世界的永恒性时，他已经否认了死而复生这回事。"[②]这里，阿尔伯特从讨论中径直丢掉了令人为难的神学结论，但为了论证而保留了世界的永恒性。通过这些策略和手段，中世纪的自然哲学家们几乎能够假设任何被谴责的命题为真，只要不宣称它绝对为真或在哲学上为真。凭借这种方式，亚里士多德的那些富有争议的观念和原理便在整个中世纪得到了维护和分析，而没有引起什么激烈回应。

81

在方才引用的例子中，萨克森的阿尔伯特渴望去除其讨论中的神学内容。然而有时候，自然哲学家会认为某个问题的神学涵义十

① 大阿尔伯特在其 *Questions on Aristotle's Generation and Corruption*, bk. 2, qu. 14 中讨论了这个问题。参见 Edward Grant, "Science and Theology in the Middle Ages," in David C. Lindberg and Ronald L. Numbers, *God and Nature: Historical Essays on the Encounter between Christianity and Science* (Berkeley: University of California Press, 1986), 68。

② My translation from Albert of Saxony, *Questiones De generatione et corruptione*, as cited in Anneliese Maier, *Metaphysische Hintergründe der spätscholastischen Naturphilosophie* (Rome, 1955), 39—40.

分重要，以至于会把它当作恰当解决问题的一部分。例如，让·布里丹(John Buridan)[1]在分析虚空时(他认为触及了信仰和神学)坚称，提出神学论证是至关重要的，因为这样就可以在支持信仰的前提下解决问题，就像1277年以来对艺学教师的宣誓要求那样。布里丹感到有必要提到这一点，因为正如他所说："一些神学大人曾经在这一点上批评我，说我的物理问题有时混杂了一些神学内容，而它们并不属于艺学家[即艺学教师]。"[2]然而布里丹知道，只要能够在支持信仰的前提下解决所有问题，他有权引入神学内容。

在前面提到的两种假说性论证中，第一种显示了中世纪的自然哲学家如何成功地应对与信仰相抵触或者有某种颠覆性的亚里士多德思想；第二种(源于1277年大谴责所表达的上帝绝对权能概念的影响)则揭示了一种方法，自然哲学家们借着它而冲破了亚里士多德学说的限制，可以自由思考一些原本不会思考的可能性。

通过强调上帝能够做任何没有逻辑矛盾的事情，1277年大谴责或许造就了一种未曾预料的奇特结果：它鼓励了对亚里士多德世界体系中本来不可能发生的事物进行思辨，这些东西经常被当作假想的可能性来讨论。受到谴责的那些以超自然方式产生的事物使中世纪的自然哲学家习惯于思考这样一些可能性，它们不仅不在亚里士多德自然哲学的范围内，而且经常直接与之冲突。对亚里士多德世界观中本不可能的假想的可能性进行思辨十分盛 82

① 按照法语发音，"Buridan"更恰当的译法应为"比里当"，但由于"布里丹"的译法已被广泛采用，而且也符合拉丁语发音，所以这里仍然采用旧译。——译者注

② From Buridan's *Questions on the Eight Books of the Physics of Aristotle*, bk. 4, qu. 8, as translated in Grant, *Source Book*, 50—51.

行，这成为中世纪晚期思想的一个总体特征。

在受到1277年大谴责影响的所有自然哲学主题（首要的主题便是上帝的绝对权能）中，受冲击最大的莫过于虚空概念。亚里士多德认为，虚空是荒谬的，绝不可能存在。毋庸置疑，虚空是否可能存在有深刻的神学涵义。正如里米尼的格里高利（Gregory of Rimini，？—1358）所说，每一位天主教徒都必须承认上帝有可能创造虚空。事实上，创世本身就引出了一个关于虚空的基本问题：上帝需要虚空来创造世界吗？阿威罗伊给出的一则论证使基督徒陷入了两难：或者承认世界是永恒的，或者承认在创世之前就存在着虚空，上帝需要在它之中创造世界。在创世之前需要虚空这一观点被1277年的第201条所谴责，它宣称："在世界被创造之前存在着一个空无一物的位置，它就是虚空"。[①]

虚空概念还包含在第34条和第49条中，它们分别讨论了其他世界的可能性以及我们这个世界的直线运动，在亚里士多德的宇宙中，这些都是不可能的。这两个条目引发了对我们这个世界之外是否可能存在虚空的严肃讨论。虽然1277年大谴责中没有一条是针对我们这个宇宙之内可能存在虚空的，但如果上帝能够在世界之外创造虚空，他必定也能在世界之内创造。因此，在1277年之后，经院学者们频繁地想象上帝摧毁了我们这个世界中的全部或部分物质。再在这个一无所有的空间里设想许多情形以供进一步讨论：当自然试图阻止形成虚空时，周围的天球会立即向内塌缩吗？那段空的间隔会是虚空或空间吗？如果最外层天球凹

---

① Translation altered from Grant, *Source Book*, 50.

面内的所有物体都被摧毁了,不留下任何物质,那么将这个凹面描述成一个位置是否还有意义,即使它是一个没有物体的位置?处于这一虚空之内的石头能否做直线运动?在这样一种虚空中是否可能度量距离?如果人们处于这种虚空中,他们能否彼此看到和听到?最后,如果像通常认为的那样,天体支配着月下世界物体的行为,那么假设有一块球形的土位于一所空荡荡的房子中,如果上帝摧毁了房屋之外的所有东西,包括天球和所有天体,那么这块土会发生什么情况?在中世纪晚期,这类假想的例子不胜枚举,对它们的分析往往通过亚里士多德的原理来进行,即使这些假想的情形"违背事实",在亚里士多德的自然哲学框架中绝无可能。 83

于是,上帝的绝对权能概念就成为一种便利的工具,由它可以引入一些微妙的假想问题,它们经常可以催生新的回答。虽然这些思辨性的回答并不会颠覆亚里士多德的世界观,但正如我们将要看到的,它们的确对亚里士多德的一些基本原理和假设提出了挑战。许多人由此认识到,事物也许与亚里士多德哲学所设想的状况完全不同。

就我们所知,1277 年大谴责从未被巴黎主教或其他主教正式废止。然而到了 1325 年,即阿奎那被封为圣徒之后两年,他所持的所有受谴责条目被正式取消,其余条目则仍然有效。此后,甚至一直到 17 世纪,神学家和自然哲学家仍在引用受谴责的"巴黎条目"。然而,1277 年大谴责果真对中世纪的自然哲学产生了重要影响吗?就像伟大的中世纪科学史先驱迪昂所宣称的那样,这些条目果真产生了近代科学吗?或者像著名的科学革命史家柯瓦雷所说的那样,它们果真与近代科学的产生毫不相干?

这两种评价都是站不住脚的。真实的情况固然可能介于这两个极端之间,但却难以把握,最终可能无法确定。我们能够肯定的仅仅是,1277 年大谴责拓宽了亚里士多德主义自然哲学家的视野,使中世纪自然哲学变得更加有趣,甚至还引出了一些出其不意的结果。作为大谴责的一个后果,对"自然的不可能性"(natural impossibilities)的探索对自然哲学构成了补充,但并不改变这一学科的主体。它们既不会使亚里士多德的自然哲学发生革命,也不会导致它被抛弃。

第三节 神学家-自然哲学家

由于担心亚里士多德自然哲学的影响,13 世纪的一些神学家试图先禁掉他的著作,再对其进行删节,最后谴责他的某些限制上帝绝对权能的思想。然而,如果认为神学家反对亚里士多德的自然哲学,那就错了。神学家内部在许多议题上有很大分歧,对亚里士多德的态度绝非一致。但即使是思想最保守的人,比如圣波纳文图拉,也认识到亚里士多德的自然哲学有着巨大用途。大多数神学家不仅不反对亚里士多德的自然哲学,而且是其最坚定的支持者。自然哲学对神学家至关重要,以至于要想开始正规的神学学习,就必须预先获得艺学硕士学位。

84

鉴于神学和自然哲学在中世纪的密切关联,既然艺学教师被禁止将他们的知识运用于神学,那么只有神学家能够将这两门学科联系在一起了,即把科学运用于神学,把神学运用于科学。由于中世纪的神学家一般都对这两门学科训练有素,他们能够比较容易和自信地将自然哲学与神学关联起来，无论是将科学和自然哲学运用于《圣经》解释，还是将上帝的绝对权能运用于自然界中假想的可能性，或是频繁援引《圣经》文本来支持或对抗科学观念和理论。神学家在思想上有很大自由，他们很少让神学妨碍对物理世界进行探究。他们成功抵制住了一种“基督教科学”（如果说有这方面努力的话）。《圣经》文本并没有被用来借着神的权威“证明”科学真理。奥雷姆虽然在《论质和运动的构形》（*On the Configurations of Qualities and Motions*）这本重要的中世纪科学著作中引用了《圣经》第 23 章中的五十多处文字，但他只是将其用作例子或进行额外支持，而绝不是为了证明一个论证。

如果神学家将亚里士多德的学术当作对信仰的威胁而加以反对，那么它本不可能成为大学的研究重心。但他们没有理由这样做。西方基督教有利用异教思想为自己服务的长期传统。作为这一传统的支持者，中世纪的神学家以同样方式对待希腊-阿拉伯学术，认为它能够增进他们对《圣经》的理解。中世纪神学家相信自然哲学也是阐释神学的有用工具，这种正面态度正是源于基督教前四五百年中发展和培养起来的态度。

西方对科学和自然哲学的看法最终使得婢女观念逐渐被舍弃。不过我们可以认为，即使是在此之前，艺学院的许多（甚至是大多数）经院学者都乐于研究科学以及亚里士多德的自然哲学。他们主要关注自然哲学，因为他们还没有研究神学，而且被明令禁止对神学作严肃讨论。既然无法涉足神学领域，艺学教师们便对自然哲学产生了专业兴趣。我们还可以认为，那些为亚里士多德的自然学著作撰写评注而且经常在神学中运用自然哲学的神学家 85

或许从自然哲学本身当中获得了乐趣，那些实际从事科学活动的神学家也可能从他们的努力中获得了某种乐趣，无论这对于神学意味着什么。我们不由得猜想，由于自然哲学家和神学家对待科学和自然哲学的正面态度，这些学科被看得很高，它们早已不必为自己的地位和是否值得研究进行辩护了。

整个神学家-自然哲学家(theologian-natural philosophers)群体非同寻常地发展起来，这是理解西欧中世纪科学和自然哲学命运的一个关键。正是由于这批神学-哲学家的出现，神学与科学之间才极少发生冲突。他们在自然哲学和神学上都训练有素，因此能够比较轻松地将两门学科关联起来。他们之所以能够这样做，是因为基督教在很大程度上早已适应了希腊世俗思想。于是，从西方基督教史的大背景下看，对自然哲学的偶然回击(比如 13 世纪初亚里士多德的著作在巴黎被禁，或者巴黎主教颁布 1277 年大谴责)仅仅是相对次要的反常情况。

亚里士多德主义的范围远远超越于亚里士多德的著作以及关于它们的拉丁文(还有更早的希腊文和阿拉伯文)评注。亚里士多德的自然哲学被引入了神学，特别是融入了对彼得·伦巴第《箴言四书》的神学评注。它也渗透到了医学之中，阿维森纳的医学著作已经打上了亚里士多德思想的清晰烙印，后来又被非常熟悉亚里士多德自然哲学的医学评注家进一步加工。音乐理论家也发现，用自然哲学概念来阐释音乐的主题和观念有时很方便。很大程度上正是因为亚里士多德的著作构成了中世纪大学课程的基础，亚里士多德主义才成为西欧无法撼动的最重要的思想体系。它不仅提供了解释自然现象的机制，而且提供了看待世界的主要方式。在下一章中，我们将讨论中世纪的自然哲学家如何就亚里士多德自然学著作遗产中的特殊内容作出回应，以及又如何偏离了它。

第六章　中世纪对亚里士多德遗产的利用

86　第四章中谈论的亚里士多德的许多原理和概念都在中世纪得到保持。这些概念——元素、复合、物质、形式、对立性质、四种变化、天的不朽等等——过于基本，不可能遭到抛弃或改变太多。然而，亚里士多德的许多论证和思想却在相当程度上得到了修正，甚至被彻底取代。就科学史而言，亚里士多德自然哲学在中世纪晚期发生的最重要转变集中表现在对运动的讨论上。这些偏离是实实在在的。亚里士多德对自然运动特别是受迫运动的解释在很大程度上被抛弃了。

比如我们在第四章中谈到过亚里士多德的一项基本表述：对于亚里士多德来说，$V \propto F/R$，其中 V 是速度，F 是推动力，R 是总阻力，这个量大致包括起反抗作用的物体以及运动发生于其中的外部介质。要使速度 V 加倍，既可保持 F 恒定而减半阻力 R，也可保持 R 恒定而加倍 F。要使 V 减半，既可保持 R 恒定而减半 F，也可保持 F 恒定而加倍 R。亚里士多德意识到，在将速度减半的过程中，F 可能会被减到比 R 还小，那样一来物体就推不动了。他认为这时运动规则不再适用，运动将会立即停止。

他的批评者意识到，为了保持这条运动定律，亚里士多德接受了一种非连续性，从而破坏了物理过程与连续的数学函数之间的联系。他们提出，在对速度进行减半时，既可以连续减半 F，也可以连续加倍 R，直到 F 等于或小于 R，运动就停止了。然而在数学上，亚里士多德的函数 $V \propto F/R$ 却暗示着一个正速度，因为 F/R 都可由一个分数来表示，无论这个分数多么小。亚里士多德的立场似乎导致了这样一个窘境：要么承认一个荒谬的物理结论，即任何力，无论多么小，都可以推动无论多么大的阻力；要么接受一种数学表示，它不断记录着速度，即使这一速度在物理上不可能产生。 87

为了避免这种困境，1328 年，托马斯·布雷德沃丁（约 1290—1349）提供了一种新的基于几何比例的数学关系，它后来被称为“比的比”(ratio of ratios)。在这种新的函数或“运动定律”中，要想减半由力与阻力之比而产生的速度，就必须取 F/R 的平方根，即 $(F/R)^{1/2}$。这样一来，只要初始的 F 大于 R，运动就会发生，F 不可能变得等于或小于 R，因为减半 V 不再通过减半 F 或加倍 R 而获得。要使速度减小 1/3，则需要取 F/R 的立方根，即 $(F/R)^{1/3}$，以此类推。速度的 2 倍或 3 倍由 $(F/R)^2$ 或 $(F/R)^3$ 而得到，而不再通过取 F 的 2 倍或 3 倍，或者取 R 的 1/2 或 1/3。

在 F/R 中，阻力 R 既包括运动物体的重量，也包括它所穿过的介质的阻碍。人们对这种起阻碍作用的介质概念提出了一个重要批评。在充满着物质的月下世界，物质到底起什么作用？物质对于运动是必不可少的，还是可有可无的？这个困难的问题已经引起了早期评注家的注意。

第一节 地界

早在亚里士多德的物理科学于12、13世纪传入拉丁西方之前很久，希腊和阿拉伯的评注家就已经写了大量著作对位置运动作了深入讨论。他们偶尔会提出重要的批评，质疑亚里士多德的某些观点，比如公元6世纪的希腊评注家菲洛波诺斯就对亚里士多德赋予介质的作用提出了质疑。菲洛波诺斯不仅否认起阻碍作用的介质对于位置运动的必要性，而且否认空气等介质是受迫运动的原因或动因，而是提出了一种无形的被注入的(impressed)力。阿拉伯评注家对希腊评注家的一些著作比较熟悉，他们不断地阐述这些观念，并为其添加新的内容，其中一些著作被译成拉丁文，传到了中世纪的欧洲。例如阿威罗伊就传播了阿拉伯人阿维帕塞(Avempace，？—1138，“阿维帕塞”是阿拉伯名字“伊本·巴贾”[Ibn Bajja]的拉丁化)反对亚里士多德的一个简短批评。阿维帕塞生活在西班牙，也许受到过菲洛波诺斯的影响。

88 在关于亚里士多德《物理学》的评注中，阿威罗伊说，阿维帕塞否认亚里士多德的观点，即物体下落时间正比于介质的密度或阻力。阿维帕塞指出，只有当物体从一点移到另一点所需的时间仅仅取决于介质的阻滞能力时，亚里士多德的说法才是正确的。然而在这个关键点上，亚里士多德本人为阿维帕塞提供了强有力的反证。亚里士多德观察到，和地界物体一样，行星和恒星并非从一点瞬间移动到另一点，但他又认为，天体可以毫不费力地穿过没有任何阻碍作用的以太。观察表明，行星运动的周期各不相同，因此即使没有介质的阻碍,行星也可以有不同的有限速度。阿维帕塞的结论是,不仅起阻碍作用的介质对于运动的发生是无关紧要的,而且物质介质的唯一功能就是阻碍运动。通常观察到的运动是一种由介质阻碍引起的阻滞运动。假想的未受阻碍的速度将按照介质阻力所引起的阻滞而相应减小。阿维帕塞推论说,假如没有起阻碍作用的介质,物体必然会以更快的自然速度下落。

阿维帕塞说法的含混不清——或者更准确地说,是阿威罗伊对其说法的转述含混不清——使得实际确定可观察的运动成为不可能。阿维帕塞没有给出无阻力介质或虚空中的运动的度量方法。是凭借物体的重量、尺寸、内在于其中的力,还是用其他什么东西来度量?介质的总阻力到底是如何阻碍自然运动并产生最终速度的?这种阻力如何度量?直到16世纪的贝内代蒂(Giovanni Battista Benedetti)和伽利略采取了类似的反亚里士多德立场,才真正为介质阻力提供了一种客观的量度方法。

在阿威罗伊著作的拉丁文译本问世后不久,阿维帕塞的批评变得广为人知,并引起了更多的争论。阿奎那是最早思考它的人之一。虽然他并没有提到阿维帕塞的名字,但他反对亚里士多德和阿威罗伊的简洁论证无疑表明他支持阿维帕塞的观点。阿奎那重复了阿维帕塞对穿过天界以太的运动的描绘,以经验证据表明在无阻碍介质中的运动是有限的,这种描绘不久就成了司空见惯的做法。但理性也告诉我们,虚空中的运动将是有限的和连续的,因为空的空间与充满物质的空间(plenum)一样,也有广延和大小。要从一点移到另一点,物体必须穿过其间或空或满的空间。89 因此,在达到距离出发点较远的那部分空间之前,它必须先通过距离出发点较近的那部分空间。一些经院学者指出，如果物体能够这样穿过虚空，那么虚空凭借其广延，本身就可以充当一种阻力，因为阻力的目的就是使物体在有限时间内从一点移到另一点。不过，仅仅因为虚空是三维的、可以被连续穿过，就将虚空设想为一种阻力，这种努力后来失败了。自然哲学家显然不愿相信，纯粹的空无一物竟然会像空气或水那样充当一种物理阻力。然而，用纯粹空间和时间的术语来说，虚空中的运动似乎可以是有限的和连续的，而不像亚里士多德所说的那样是无限的和瞬时的。至少从运动学的角度讲，虚空中的运动似乎是可理解的、可能发生的。

1. 运动的原因

然而，在亚里士多德的物理世界里，仅仅说物体在空间和时间中运动是不够的，还必须对运动进行因果解释。虚空中的运动能否通过物体日常运动的动力学原理而得到说明？如果将物体实际置于真实的虚空中（假定虚空存在），它会自然上升或下落吗？如果从它的自然位置将其掷出，它会作连续的受迫运动吗？虽然亚里士多德否认在虚空中运动的可能性，也没有为提出这些问题的人提供任何指导，但中世纪学者在回答这些问题时却秉持着亚里士多德的物理学原理。于是，自然哲学家们认为，凡运动者皆由一个特定的、分离的、可以确认的东西所推动，且任何运动都要有一个反抗性的阻力起作用。倘若虚空本身既不充当推动力也不充当阻力，这些功能由谁来实现？什么东西可以充当推动力或阻力呢？

(1)内阻力与虚空中的自然运动

自然运动的答案来自13世纪末14世纪初引入的一个新的概

念——“内阻力”。它的引入只有在对亚里士多德“混合物”或“复合物”的概念作出新的解释之后才有可能。亚里士多德区分了纯元素物体（土、气、水、火）与混合物或复合物。纯元素物体是假想的东西，在自然界中实际观察不到，而复合物则是由所有四种元素以不同比例混合而成的，即自然界中实际观察到的物体。亚里士 90 多德认为，在所有复合物中，占优势的元素决定了该物体的自然运动，即自然上升或自然下落。尽管在中世纪这种解释被许多人所接受，但也有一些人开始认为，不仅复合物可以由两种、三种或四种元素组成，而且它的自然运动也并非由占优势的元素决定。他们认为，轻元素的合力共同对抗着重元素方向相反的合力，如果轻占优势，就会产生向上运动；如果重占优势，就会向下运动。复合物中轻元素和重元素就好像由各个部分或各种程度组成，各部分的总和会显示重的或轻的运动性质在多大程度上占优势，从而决定自然运动的方向。重的部分与轻的部分之比越大，下落速度就越大；类似地，轻的部分与重的部分之比越大，上升速度就越大。

这种解释距离“内阻力”概念也就只有一步之遥了。既然重元素和轻元素依其本性会沿相反方向运动，而且复合物中各元素的程度也可以被指定，那么进而设想重和轻在同一复合物中充当相反的作用力或性质也就顺理成章了。轻重之中程度最大的性质是推动力，另一性质则为阻力。现在，假设两个复合物中重与轻之比分别为 8∶3 和 8∶5，那么就可以合理地认为，在同一种介质中，轻的程度较小的物体会以较大速度下落，这是因为，运动较快的物体含有较少的轻或内阻力。如果两个物体有同等程度的轻，且下落速度有所不同，那么下落较快的物体就含有较大程度的重。一般而言，在下落落体中，重被认为是推动力，轻则被看作阻力；在上升物体中，轻是推动力，重则是阻力。

由于月下世界中所有可能观察到的物体都是复合物，因此用内阻力就可以解释地界的所有自然运动。然而，内阻力最大的用途在于证明，假想的虚空中的运动是合理的，因为现在，这种运动的前提条件（即推动力和阻力）得到了满足。在起阻碍作用的外部介质不存在的情况下，比如在虚空中，物体的内阻力将会使瞬时速度得以避免。由于每一个复合物都包含着自身的推动力和阻力，因此它可以在虚空中运动。

然而，纯元素物体又将如何呢？尽管我们已经指出，自然界中
91 并不存在这样的物体，但经院学者依然思考了这些假想的实体能否在虚空中运动。根据以上的分析，答案是显然的：纯元素物体不可能在虚空中运动，因为它们不像复合物那样含有内阻力。由于虚空中也没有外部阻力，推动力与阻力之比不存在，所以纯元素物体在虚空中将以无限大的速度运动。未经混合的纯元素物体，如水、气、土，只能在物质介质中以有限速度下落（绝对轻的元素火在任何介质中都不可能下落）。虽然偶尔有人试图猜测纯元素物体在虚空中如何作自然运动，但一般认为，这种运动在动力学上是不可能的。

在中世纪物理学的背景下，要证明复合物能够在虚空中作自然运动，内阻力似乎是最合理的方式。这一点一旦确立，就会导出一个有趣而重要的结论。布雷德沃丁、萨克森的阿尔伯特等人指出：具有不同大小和重量的两个同质物体将以相同速度在虚空中下落。从亚里士多德物理学的观点来看，这一结论是惊人的。因

为根据亚里士多德的物理学，速度与重性或绝对重量成正比，因此物体越重，速度就越大。当然，只有假设物质是同质的，这个结论才能成立。由于在任何同质的复合物中，每一相等的物质单元都相同，所以每一单元的物质所含的重元素与轻元素之比必定相等，即推动力与内阻力之比 F/R 相等。尽管一个物体可能比另一个物体含有更多同质的物质单元，因而更大更重，但这两个物体将以相同速度下落，因为速度被认为仅仅由强度（intensive）因素（这里是每单元物质的推动力与阻力之比）决定，而不是像亚里士多德所认为的那样由广度（extensive）因素（如总重量）所决定。

两个多世纪后，面对同一问题的伽利略在其《论运动》（约写于1590年）中用类似的方法反驳了亚里士多德对自然下落的解释。只不过伽利略用的是比重或每单位体积的重量，而不是每个物质单元的推动力与阻力之比。他认为，大小不同因而重量不同的同质物体，在介质和虚空中将以相同速度下落，只不过在虚空中的下落速度将会大于在介质中的下落速度。伽利略认为，最终决定速度的是有效重量而非总重量。在他看来，有效重量等于物体比重与介质比重之差。因此，实际上是比重之差决定了速度。下落物体的速度可以表示成：$V \propto$（物体的比重-介质的比重），上升物体的速度可以表示成：$V \propto$（介质的比重-物体的比重）。在虚空中，介质的比重为零，因此物体的下落速度将直接正比于它的比重或每单位体积的重量。显然，如果两个不同物体的比重相等，那么在同一介质或虚空中，它们将以相同的速度下落。在其名著《关于两门新科学的对话》（*Discorsi e Dimostrazioni Matematiche, intorno à due nuove scienze*, 1638）中，伽利略将这一定律作了推广，在这

92

里，所有的物体，无论大小和物质构成如何，在虚空中都将以相同速度下落，这一推广注定会成为牛顿物理学不可分割的一部分。

尽管伽利略使用的方法与他的中世纪先驱惊人地相似，得出的结论也近乎相同，但这也许只是巧合。虽然伽利略可能对中世纪的讨论有所了解，但这一点还没有什么确凿的证据。的确，中世纪的亚里士多德主义者是用具有动力性质的绝对轻和绝对重来解释运动方向的，而伽利略依据的则是物体比重与介质比重之间的关系，再也没有必要将纯元素物体的行为与复合物的行为区分开来。根据中世纪广泛认同的观点，只有某些物体（复合物）能够在假想的虚空中以有限的速度运动，而所有其他物体（纯元素物体）则不能，这一观点在伽利略《论运动》的物理学中已经变得毫无意义。借助比重这一基本概念，伽利略对所有物体一视同仁，不论其组成为何。他断言，所有物体都可以在虚空和介质中下落或运动。在伽利略这里，同质的阿基米德量取代了中世纪晚期的纯元素物体和复合物。由于这种区分不适用于伽利略对运动的分析，而且伽利略也否认有绝对的轻和重，因此内阻力概念也就变得毫无意义。中世纪使用内阻力概念是为了用动力学术语来解释虚空中有限速度的运动，这个概念依赖于复合物中轻重元素的两种相反倾向：在下降时，重和轻分别充当推动力和阻力；而在上升时，它们的角色则相反。而在伽利略这里，要想产生虚空中的有限速度，既不要求内阻力，也不要求外部阻力，落体的速度直接正比于它的比重。推动力与介质的外部阻力都由比重客观地度量。尽管事实证明，用比重来解释自然下落并不恰当，但 16 世纪末的伽利略和较早前的贝内代蒂对“比重”的应用却标志着对中世纪含混的、定义

93

不明的推动力和阻力概念的改进。但中世纪的理论本身又是对西欧早先接受的观点的重要偏离。它们讨论了亚里士多德物理学中曾经受到忽视的方面，试图得出一些更为全面和一般的解释。

然而，尽管伽利略关于物体在虚空或介质中下落的描述更为一致和简洁，但这决不能掩盖一个历史事实，那就是他从传统中继承了虚空中的有限运动是可理解的这一观念。这一传统可以直接上溯到拉丁中世纪、阿维帕塞，甚至是菲洛波诺斯。事实上，伽利略间接承认过这一点。正是经由这种反亚里士多德传统，他得出了这样一种观念：物体下落时介质仅仅起阻碍作用，物体真正的自然运动只发生在虚空中，尽管是一种假想的虚空。

通过断言同质物体将以相同速度在虚空中下落，并把其范围拓展至一切物体（不论其构成为何），伽利略最终提出了一条新的物理定律。他的中世纪先驱也得出了同一结论，但只是针对同质物体，而没有将其进一步拓展。这一重要结论对中世纪自然哲学的运动观念是否产生了显著影响？就像与亚里士多德的其他偏离一样，它对于整体似乎影响甚微。中世纪的自然哲学家从未想到要去研究它对亚里士多德自然哲学其他方面的可能影响，这种反应在当时是很典型的。

（2）虚空中的受迫运动和冲力理论

与关于虚空中自然运动可能性的长篇累牍的探讨相对照，虚空中受迫运动的可能性很少被考虑。这个问题着实令人生畏，因为受迫运动的两个必要条件——外部的推动力和外部阻力在虚空中都不存在。在缺乏气、水等物理介质的情况下，无法像亚里士多德解释受迫运动时那样援引外部的推动力或阻力。轻和重虽然可以充当复合物作自然运动时的内在推动力和内阻力,但在解释受迫运动时几乎毫无用处。根据定义,一个重性占优势的复合物在受迫运动中必须被向上(偏离其自然位置)或水平地推动,这样其占优势的重性才能不作为推动力。倘若不否定虚空中受迫运动的可能性,那么与中世纪晚期物理学原理相一致的唯一合理回答可以体现在尼古拉·波内图斯(Nicholas Bonetus,? —1343?)的一个陈述中:“在受迫运动中,某种非永久的、短暂的形式被注入到运动物体之中,只要该形式持续存在,虚空中的运动就是可能的;当它消失时,运动便停止。”[1]

94

波内图斯这里提到的被注入的力是中世纪晚期最重要的物理概念之一。早在数百年前,在反对亚里士多德关于受迫运动的解释的过程中,这个概念就已出现。亚里士多德把外部空气当作受迫运动中连续起作用的推动力在古代晚期就已遭到质疑。菲洛波诺斯注意到,如果按照亚里士多德的说法,与物体直接接触的空气能够引起物体的运动并使之维持一段时间,那么仅仅通过搅动石头后面的空气就应该能够使石头开始运动,而这明显与经验相抵触。因此,菲洛波诺斯拒绝把空气作为推动力,而是认为初始的推动者赋予石头或抛射体一种无形的推动力,这种力才是使石头持续运动下去的原因。既然这种被注入的力可以充当推动力,石头

① Translated from Nicholas Bonetus, *Habes Nicholai Bonetti … quattuor volumina: Metaphysicam, videlicet naturalem phylosophiam, predicamenta, necnon theologiam naturalem* … (Venice, 1505), fol. 63, col. 2, by Edward Grant, in Grant, *Much Ado About Nothing: Theories of Space and Vacuum from the Middle Ages to the Scientific Revolution* (Cambridge: Cambridge University Press, 1981), 43.

或物体为阻力，受迫运动的条件便得到满足，周围的空气对这一过程几乎没有或完全没有贡献。事实上，空气是连续运动的阻碍。菲洛波诺斯的结论是，受迫运动在虚空中要比在介质中更容易发生，因为虚空中没有任何外部阻力能够阻碍这种被注入的力发生作用。

穆斯林学者又进一步详细阐述了菲洛波诺斯的解释。他们称这种被注入的力为“倾向”(*mail*)。阿维森纳是支持“倾向”理论的主要穆斯林学者之一，他把“倾向”看作初始推动力的一种中介，当初始推动力不再起作用时，“倾向”还能继续在物体中起作用。阿维森纳区分了三种类型的“倾向”：精神的、自然的和受迫的。撇开与我们讨论无关的第一类不谈，他试图用自然的和受迫的“倾向”来分别为亚里士多德区分的两种相应运动提供因果解释。在阿维森纳看来，物体能够接受与其重量成正比的受迫“倾向”，这就解释了为什么能把一个小铅球掷得比一块轻木或一片羽毛更远。在本体论上，阿维森纳把“倾向”当作一种永恒的质，如果没有外部阻力，它将无限期地存在于物体之中。由此他得出结论：如果物体在具有无限广延的虚空中做受迫运动，它将一直无限运动下去，因为没有任何理由可以让它停下来。在没有诉诸被注入的力的情况下，亚里士多德也得出了这一结论，并因此而否认虚空存在。由于没有证据表明有这种运动存在，阿维森纳同样否认了虚空的存在。95

在接下来的一个世纪，阿布尔·巴拉卡特(Abu'l Barakat，？—约1164)又提出了一种自行损耗的“倾向”，即波内图斯后来描述的那种类型。在这种情况下，受迫运动的物体即使在虚空中也将最终停止，因为被注入的力不可避免要自然耗尽，这一推论不能被用作反驳虚空存在的严肃证据。于是，阿拉伯学者描述了两种不同形式的被注入的力，或者说冲力：一种是永久的，除非被外力和阻碍耗尽；另一种是短暂的和自行损耗的，即使在没有外力的情况下也会逐渐消失。这两种类型的被注入的力最终在拉丁西方都有了自己的对应。至于它们是通过阿拉伯著作的拉丁译本传播过去的，还是在拉丁西方独立发展的，目前还不太清楚。

西方在 13 世纪就已经知道了这个理论，因为罗吉尔·培根和阿奎那等少数几位拉丁学者否认能够用一种无形的被注入的力来解释物体持续的受迫运动。然而到了 14 世纪，这种被注入的力的理论最终以某些形式流行开来，特别是在巴黎。早在 1323 年，弗朗西斯科·德·玛齐亚（Franciscus de Marchia，约 1290—1344 后）就提出了该理论的一种版本。他把这种无形的被注入的力称为“遗留之力”（*virtus derelicta*），认为它将自行损耗，是暂时的，能够沿着与物体自然倾向相反的方向推动物体运动。在这一过程中，空气仍然起辅助作用，因为弗朗西斯科认为，当物体被发动时，周围的空气也会接收到一种被注入的力，使之能够协助物体运动。

形式最为完善的理论是布里丹提出的，“冲力”（impetus）也许就是他引进来指代那种无形的被注入的力的专业术语。布里丹把冲力设想为初始推动者传给物体的一种推动力，引起运动的冲力的强度通过物体的速度和物质的量（quantity of matter）来量度。布里丹正确地假设，重而致密的物体要比同样体积和形状的轻而稀疏的物体含有更多的物质，并且在此基础上解释说：如果同样形状和体积的铁和木头以相同速度运动，那么铁将走过较长的距离，因为它的物质的量较大，能够接受更多冲力，在对抗外部阻力的过程中能将冲力保持得更久。布里丹用物质的量和速度来确定冲力的大小。在牛顿物理学中被用来定义动量的正是这些量，尽管在牛顿物理学中，动量通常被当作运动的量，或者对物体运动结果的量度，而冲力则是运动的原因。事实上，冲力被视为亚里士多德外部推动力的一种内在化。它似乎更好地坚持了亚里士多德本人的说法：凡运动者皆为他者所推动。 96

和阿维森纳一样，布里丹也赋予了冲力一种永恒的质，认为它将一直持续下去，除非被外部阻力所减弱或耗尽。一旦推动者把冲力传给物体，使物体运动起来，并与初始的推动力失去接触，那么如果没有什么特定的原因，就不可能产生额外的冲力。冲力初始的量将保持不变，除非被作用于物体的外部阻力，或者物体朝着它的自然位置运动的自然倾向所损耗。布里丹暗示，如果将运动的所有阻力撤除，那么物体一旦开始运动，很可能将永远沿直线匀速运动下去。它没有任何理由改变自己的运动方向或初始速度，因为如果撤除对受迫运动的一切阻碍，那么甚至连物体落向其自然位置的倾向都不会起作用。的确，当冲力使物体作受迫运动离开其自然位置时，物体落向其自然位置的倾向很可能不会起作用。布里丹未能对冲力理论的这个潜在的惯性推论详加阐述，这也许是因为在一个有限的亚里士多德世界中，在上述理想条件下永远直线运动下去这一观念似乎很荒谬。即使他认为这样一种无限的直线运动的确是可能的，他大概也要设计一种机制来遏止它。事实上，布里丹通过否认虚空中有限连续运动的可能性而避免了这个困境。然而，作为 1277 年大谴责的一个后果，他承认上帝能够超自然地产生虚空中的这种运动。假如布里丹采用了波内图斯所描述（伽利略也曾一度接受过）的那种暂时的或自行损耗的冲力观念，他也许会接受假想的虚空中的运动。在这种暂时的冲力的作用下，虚空中的运动只可能维持有限的时间。

无定限的（indefinite）匀速直线运动概念是惯性原理的一个本质要素。它虽然与中世纪物理学不相容，但却可以从布里丹的持久冲力中包含的一些特征和属性中导出来。在牛顿把惯性当成阻碍物体改变其静止或匀速直线运动状态的一种内在力量之前（在中世纪，静止与匀速直线运动从未被视为相同的状态；静止与运动被认为是相反的属性或状态），他所理解的惯性非常接近于布里丹的冲力，即一种内在的力量，在缺少外部推动力或阻力时，能够引起无定限的直线运动。

97

布里丹还用冲力来解释落体的加速，所用方法与早期穆斯林"倾向"理论家类似。在伽利略之前，包括伽利略本人，落体问题一直都是用两种方式处理的：一种是一般地解释下落的原因而不考虑其公认的加速；第二种是关注它的加速。我们在前面看到，亚里士多德暗示"产生者"是物体自然下落的原因，但在实际讨论时，他却强调重量是重物均匀下落速度的决定因素。物体的加速实际上被忽视了。在中世纪的拉丁西方，一些学者把物体的实体形式看作下落原因，而另一些学者，特别是在14世纪，则把物体的重性或重量看作下落的主要原因。为了解释加速，有时还会加上第二种完全不同的原因。

布里丹是这样来处理落体问题的。由于物体的重量在下落时保持恒定，他将物体的重性或重力（*gravitas*）看作其自然匀速下落的原因。在排除了经常用来说明加速的几个可能原因（比如与自然位置的接近、落体产生的热稀释了空气、物体下落时空气阻力减弱等等)之后,布里丹用积累的冲力增量解释了加速。按照他的解释,重性不仅使物体开始下落,而且在下落过程中的每一个相继瞬间都会产生一个冲力增量,即有时所谓的“偶有重性”(accidental heaviness)。冲力的这种连续积累使得速度连续累积增长,从而产生不断加速的运动。

下落过程中可以区分三个要素:(1)物体的重性 W;(2)冲力 I;(3)速度 V。一开始,在第一个时间段 Δt 结束时,重性或重量 W 产生了一个初速度 V。在这一时间段内,物体恒定的重性又同时产生了一个冲力的量 I,它将在第二个时间段内起作用,并产生一个速度增量 ΔV。于是在第二个时间段 $2\Delta t$ 结束时,物体的重性和冲力增量 $W + I$ 将使物体的速度增加到 $V + \Delta V$。在第二个时间段 $2\Delta t$ 内又产生了第二个冲力增量,加在第一个之上。因此,在时间段 $3\Delta t$ 内,$W + 2I$ 将产生速度 $V + 2\Delta V$。在第四个时间段内,$W + 3I$ 将把速度增加到 $V + 3\Delta V$,以此类推。布里丹的解释完全属于亚里士多德传统,因为这里力总是与速度成正比,而 98 不是像在牛顿物理学中那样与加速度成正比。这是显然的,因为速度的每一个增量都来自于冲力的成比例的增量。于是,如果在力 $W + 3I$ 产生了 $V + 3\Delta V$ 之后,再没有额外的冲力增量加入进来,那么速度将保持 $V + 3\Delta V$ 不变,一直与此时恒定的力 $W + I$ 成正比。只有当重量被当成直接产生速度增量而非冲力增量的恒定推动力,才可以说布里丹接近了力与加速度成正比这一观念。但这种解释并没有多少根据,因为物体的重量必须先产生冲力增量,才能相应地产生速度增量。作为恒定推动力的重量与速度增长之间充其量只有间接的关系。

冲力理论的影响一直持续到16世纪(尽管对此看法尚存分歧),伽利略早年在比萨大学就曾热情支持过这个理论。在其未曾发表的《论运动》中,伽利略试图解释重物的受迫上升和随后的加速下落。他以遗留之力(residual force)作为解释的基础,这一观念来自希帕克斯,辛普里丘在中世纪广为人知的《关于亚里士多德〈论天〉的评注》中描述了希帕克斯的看法。在遗留之力的基础上,伽利略又引入了一种自行损耗的、无形的、被注入之力或冲力的机制,这种灵感很可能是从中世纪的文献中获得的。开始的时候,推动者将一种被注入的力传给向上抛掷的石头。随着这种力的减弱,物体逐渐放慢向上运动的速度,直到被注入的力被石头重量向下的冲压所抵消,这时石头就开始下落。开始时很慢,随着被注入的力不断损耗减弱,下落速度越来越快。随着石头重量与不断减弱的被注入的力之间的差别持续增大,加速就产生了。因此,在下落过程中,被注入的力实际上充当了阻力。假如物体下落了足够长的距离,那么所有被注入的力都将消失,这时物体将匀速下落。伽利略最终还是抛弃了自行损耗的被注入的力这一概念,转而用一种自我保存的累积的冲力来解释加速下落,这与布里丹的解释几乎没有什么不同。

2. 运动学

如果说中世纪自然哲学家在动力学或运动的原因方面大大偏99 离了亚里士多德,在很大程度上抛弃或修正了他的许多观念,那么在地界运动的运动学方面,他们所做的贡献却是对亚里士多德几乎从未提到或想到的观念的激进拓展。不过，正是亚里士多德第一次提出了这个问题，它不经意间引出了重要的结果。

(1)运动作为质的量化：形式的增强和减弱

在《范畴篇》的第八章中，亚里士多德解释说，程度变化不仅见于可感的质，而且见于抽象的质，比如正义和健康（一个人可能比另一个更健康或更正义）。他提出了两种可能，而没有在它们之间做出选择：或者质本身在变化，或者（这是中世纪晚期通常归于亚里士多德的观点）基体以或大或小的程度分有不变的质或形式。

以亚里士多德的《范畴篇》为背景，质的变化问题由于一个神学问题而变得更加重要。这个神学问题是12世纪的彼得·伦巴第在其著名的《箴言四书》第一卷（第17区分）中提出的。伦巴第问道："圣灵是否可能在人之中被增加，[即]是否可能更多或更少地被拥有或赋予。"彼得认为，由圣灵产生的圣爱（charity或grace）不可能在人之中发生变化，因为这将蕴含着圣灵的变化。神学家们一般认为，圣爱是一种恒定不变的精神实体，个体可以通过或多或少地分有圣爱来或多或少地拥有圣爱。这种观点与亚里士多德的说法类似，即尽管正义保持不变，但通过人对它的或多或少地分有，正义可以在人之中变化。

这种理论也许可以称为通俗的分有学说，阿奎那所持的就是这种看法。然而，最终取得胜利的却是另一种理论，认为可变的是质本身，而不是分有的程度。不同时代的人对这种理论做过各式各样的阐释，到了14世纪终于出现了一个被广泛接受的版本，它与邓斯·司各脱（John Duns Scotus，约1265—1308）相联系。新的、实在的、单独存在的相似部分可以加到业已存在的形式或质上，使质得以增强。先前存在的部分将与新的部分融合在一起，结合为具有确定强度的形式。类似地，质也可以通过失去单独存在的相似部分而减弱。这样一来，任何质都被认为可以增强或减弱，仿佛是重量那样的广度量（cxtensive magnitude）。正如一个重量可以加到另一个重量上，产生一个新的更大的重量，一个质的部分也可以加到另一个质的部分上，使质的强度得以增加。

100 尽管质非常不同于广度量，但在概念上这种操作却被认为是有意义的。这种信念影响了14世纪对质的强度的数学处理，即所谓的“形式（或质）的增强和减弱”。讨论这个问题的经院自然哲学家越来越对质的变化的数学方面感兴趣，而不再关注先前受到重视的神学和本体论内容。

1330年出现了重要发展，形式的增强和减弱过程通过类比与运动联系在一起，曾经是相继的、短暂的速度，开始被看成一种像颜色或味道那样的永恒但可变的质。于是，正如可以通过假设一系列不同强度的形式来解释质的强度的连续增强或减弱，运动所获得的一系列新的位置也被视为代表运动新的强度的一系列形式。

14世纪初，牛津大学默顿学院的几位英格兰学者开始用处理质的强度变化的方法来处理速度或位置运动的变化。这些人中最著名的是威廉·海特斯伯里（William Heytesbury）、约翰·邓布尔顿（John Dumbleton）和理查德·斯万斯海德（Richard Swineshead）。速度的强度随着速度而增强，就像成熟的苹果会变红一样。在接下来的三百年里，从14世纪到16世纪，可变的质与速度之间的类比是讨论形式与质的增强和减弱的文献的一个基本特征。尽管对质的变化的研究持续了很长时间,物理学史上出现的重要发展在14世纪的牛津大学和巴黎大学均已出现,但只有在这些问题的神学和形而上学背景遭到抛弃或忽略之后,这些成就才能显露出来。

中世纪的贡献主要在于原创性地正确定义了均匀速度和匀加速运动,伽利略所使用的正是这些定义,并未对其加以改进。在默顿学院等地,匀速运动被定义为:在任何(或所有)相等的时间段内通过相等的距离。和伽利略一样,一些中世纪学者切中肯綮地加上了"任何"一词,从而避免物体以非均匀速度在相等时间内通过相等距离的情形。也就是说,物体在任何相等的时间段(无论是大是小)都会走过相等的距离,这种概括定义便保证了运动的均匀性。

默顿学者(Mertonians)还把匀速运动的定义推广到最简单的变速运动,从而得出了匀加速运动的精确定义:在每一个相等的时间段(无论长短)都获得相等的速度增量的运动。他们还试图定义瞬时速度这个困难的概念。由于缺乏比的极限这一基本概念(直到几个世纪之后才在微积分中发展起来),他们通过均匀速度来定义瞬时速度,瞬时速度被表示为:运动的点或物体在某一时间段内以那一瞬间的速度均匀行进所走过的距离。虽然这是一个循环定义,因为瞬时速度是用均匀速度来定义的,而这个均匀速度又等于有待定义的瞬时速度,但默顿学者的功劳在于认识到了这个概念的必要性。伽利略也是以同样方式使用它的。这些学者不仅通过定义来直接讨论瞬时速度(即使还没有足够的能力),而且还通过定义匀速运动和匀加速运动(其中显然蕴含了无穷小时间段内的

101

速度)来间接地处理它。

通过天才地使用这些定义,默顿学者导出了所谓的中速度定理(mean speed theorem)[①],这也许是中世纪在数学物理学史上最卓越的贡献。它可以用符号表示为 $S = \frac{1}{2}V_f t$,其中 S 是走过的距离,V_f 是末速度,t 是加速的时间。由于假设速度是均匀增加的,所以 $V_f = at$,其中 a 是均匀加速度,替换可得 $S = \frac{1}{2}at^2$,这正是从静止开始的匀加速运动所走过距离的通常表达式。如果匀加速运动不是从静止开始,而是从某一特定速度 V_0 开始,那么这个表达式可以写成 $S = [V_0 + (V_f - V_0)/2]t$,或者简单地写成 $S = V_0 t + \frac{1}{2}at^2$,因为 $V_f - V_0 = at$。

上面所用的符号和数学表达式在中世纪并不存在。在今天的读者看来,当时的表达方式可能显得笨拙而冗长,甚至令人费解。比如海特斯伯里在1335年左右写的《解决诡辩的规则》(*Regulae solvendi sophismata*)中对此是这样叙述的:

> 无论幅度[即速度的增加]是从零度(degree)开始,还是从某一[有限的]度开始,任何幅度,只要它终止于某一有限的度,只要它是被均匀地获得和失去的,都将对应于它的中度

① 英语译成"mean"其实不够确切,而应译为"middle"[经询问,格兰特教授也认同这一点],因为它指的是"中间"时刻所对应的速度(见下文)。相应地,这里汉语不应译为"平均速度定理",而应译为"中速度定理",因为拉丁词"*medius*"的本义是"中间的"(middle),而不是"平均的"。毕竟,如果说匀加速运动所走过的距离对应于它的"平均速度"在同样时间内走过的距离,这是一个平凡的不证自明的命题。如果汉语译成"平均",就失去了命题的要旨。即使指平均,指的也是"算术平均",而不是一种泛泛的平均。——译者注

(*gradui medio*)。于是,在某一时间段内均匀地获得或失去这一幅度的运动物体所通过的距离,将完全等于它在相等时间段内以其中度均匀运动所通过的距离。[①]

即使用现代语言来表述这个重要定理,也会同样困难和冗长。比如我们可以这样来解释它:

一个物体或点从静止或某一速度开始作匀加速运动,在一定时间内将走过一段距离。如果在同一时间段内,同一物体以等于它的匀加速时间段中点的瞬时速度的速度做匀速运动,它将走过相等的距离。 102

就这样,匀加速运动被等同于一个匀速运动,这使得可以用匀速运动的距离来表达匀加速运动的距离。在14、15世纪,人们对这个重要定理给出了大量算术和几何证明,其中最著名的是奥雷姆于1350年前后在《论质和运动的构形》(*On the Configurations of Qualities and Motions*)中给出的几何证明,它无疑是现存文献中对质的增强和减弱所作的最为原创和全面的处理。

① Translated from Heytesbury's *Regule solvendi sophismata* (Venice, 1494), fol. 39 by Ernest Moody, which appears, slightly modified, in Marshall Clagett, *Science of Mechanics in the Middle Ages* (Madison, Wis.: University of Wisconsin Press, 1959), 270. [“幅度”(*latitudo*, latitude)和“度”(*gradus*, degree)是中世纪所谓“形式幅度”(*latitudines formarum*)学说中的主要概念,对它的详细讨论超出了本书的范围。——译者注]

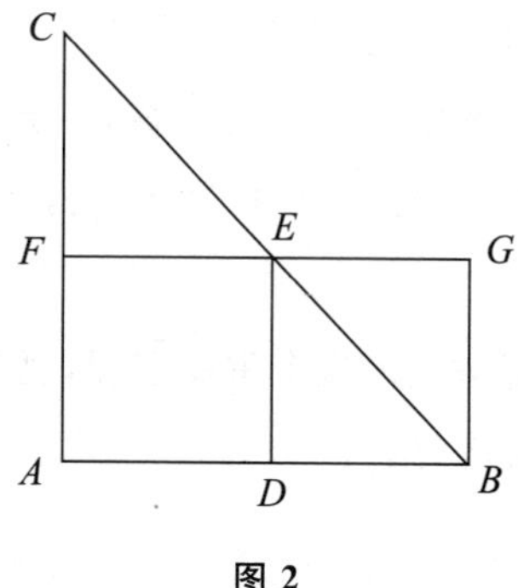

图 2

在图 2 中，线 AB 代表时间，在 AB 上竖起的垂线代表物体 Z 的速度，它从 B 时刻的静止开始，均匀增大到 A 时刻的最大速度 AC。包含在三角形 CBA 内的速度强度总量被认为代表着 Z 在总时间 AB 内沿线段 BC 从 B 运动到 C 所走过的总距离。线段 DE 代表 Z 在时间段 AB 中间时刻所获得的瞬时速度。现在，假设 Z 以 DE 所表示的速度匀速运动，在时间 AB 内沿线段 GF 从 G 运动到 F 所走过的总距离由长方形 $AFGB$ 给出。如果可以证明三角形 CBA 的面积等于长方形 $AFGB$ 的面积，那么就证明了从静止开始做匀加速运动的物体所走过的距离，等于物体在同一时间段内以匀加速运动中间时刻的速度做匀速运动所走过的距离，即 $S=\frac{1}{2}V_f t$，Z 作匀速运动所走过的距离等于 Z 做匀加速运动所走过的距离。两个面积的相等可以这样证明：由于 $\angle BEG=$ 103 $\angle CEF$（对顶角相等），$\angle BGE=\angle CFE$（均为直角），$GE=EF$（DE 平分 GF），因此三角形 EFC 与三角形 EGB 全等（根据欧几里得《几何原本》第一卷，命题 26）。把面积 $BEFA$ 分别加给这两个三角形，组成三角形 CBA 和长方形 $AFGB$，立即可得三角形

CBA 与长方形 *AFGB* 面积相等。

14、15 世纪，奥里斯姆对中速度定理的几何证明以及关于它的大量算术证明在欧洲(尤其是意大利)广为流传。经由 15 世纪末 16 世纪初的印刷版本，伽利略可能了解这个广为人知的证明。在《关于两门新科学的对话》这本为新的运动科学奠基的著作中，中速度定理是第三天对话的第一个命题。不仅伽利略的证明与奥雷姆的极为相似，甚至所附的几何图形本质上都一样，只不过伽利略将它旋转了 90 度。事实上，一些中世纪学者已经这样做了。

如果说被归于伽利略的重要定理和推论在中世纪已经得到了阐述，那么在什么意义上可以说伽利略创立了近代力学科学呢?历史记录的考证并没有降低伽利略的地位，也无损于他作为力学奠基者的地位。虽然这里描述的一些中世纪成就预示了伽利略的工作，但他的原创性源于这样一种非凡的能力，即能够从中世纪杂乱的形式的增强减弱学说中提炼出与运动的数学和运动学描述直接相关的内容。14 世纪至 16 世纪论述质和速度的增强减弱的文献中导出的许多天才结论和定理只不过是一些思想训练，反映了经院思想家微妙的想象和逻辑的敏锐。除少数人以外，他们都满足于将速度当作与实际物体运动无涉的可变的强度性质。例如奥里斯姆就把对质的变化的几何表示说成是心灵的虚构，而与自然界无关。直到 16 世纪，才有一位名不见经传的经院学者想到将中速度定理运用于自然下落的物体。1545 年左右，多明戈·索托(Domingo Soto)在其《关于亚里士多德〈物理学〉的疑问》中宣称，从某一高度下落穿过均一介质的物体将会“均匀地非均匀地”(uniformly difformly)增加它的运动，亦即匀加速下落。他援

104 引了默顿学者最先使用的著名例子，即一个匀加速运动的物体，速度从0增长到8所走过的距离，将等于在同样时间内以这一匀加速运动的中间速度4匀速运动所走过的距离。尽管索托相信自由落体所做的是匀加速运动，但他并没有进一步给出证明。

而伽利略则以极大的热情和天才研究了这个问题。他将所有关于运动的重要概念、定义、定理和推论组织成为一个逻辑有序的整体，并将它用于实际物体的运动。匀加速运动再也不只是一个假说性的定义，而是对物体自然下落的真实描述，伽利略著名的斜面实验便是例证。伽利略构造了一种新的力学科学，因而为近代物理学奠定了基础。他的工作成为牛顿科学的重要组成部分。单凭这一成就，伽利略就足以称为真正非凡的科学家，正是他们一直在深刻地改变着科学的特征和方向。

亚里士多德的运动观念使得经院学者在某些与地界现象相关的问题上极大地偏离了他的看法。那么天界的情况如何呢？在那个被认为不发生变化的宇宙区域，亚里士多德的学说会遭到怎样的偏离呢？

第二节　天界

12世纪有两大宇宙论体系进入了西欧，那就是亚里士多德体系和托勒密体系。相关思想在多部著作中得到了阐述。亚里士多德的宇宙论思想主要见于他的《论天》、《物理学》、《形而上学》和《气象学》，托勒密的宇宙论思想则主要见于他的《行星假说》（*Hypotheses of the Planets*），这部著作只是到了中世纪晚期才间接为人所知。还有两部著作也起了一定作用，一部是专业天文学著作《天文学大成》，另一部则是占星学著作《占星四书》(*Tetrabiblos*)。亚里士多德和托勒密持有一些共同的基本观念。他们都认为七颗行星分别嵌在各自的以太天球中，并被它带着旋转。他们还认为，恒星位于同一个天球上，这个天球包围着所有行星天球。最后，他们都同意，每个行星天球都是由若干个子天球构成的，这些子天球是为了解释被携带运转的行星最终的运动和位置。事实上，亚里士多德和托勒密构建的体系都有多个层层相套的天球(更确切地说，是环或壳)——亚里士多德的体系多达 55 个，而根据托勒密体系的两种版本，可能的数目为 34、41 甚至是 29 个。

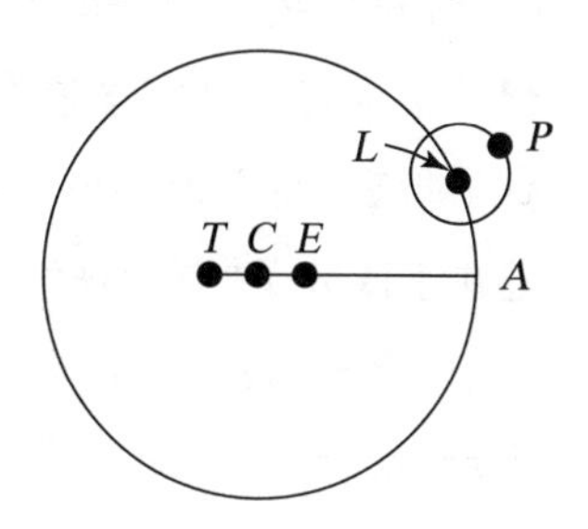

图 3　偏心圆上的本轮。行星(*P*)与地球的距离随它在本轮上的位置而改变。“本轮携带着行星(*P*)，本轮中心(*L*)的运动不是相对于均轮[即(*L*)描出的圆形路径]的中心(*C*)或地球(*T*)，而是相对于另一个点(*E*)是均匀的，即∠*LEA* 被认为均匀地增加。这个点(*E*)被称为‘偏心匀速点’(equant)。通过恰当选定 *E*、*C*、*T* 各点的位置，确定本轮与均轮的直径之比，并为各个圆周选择适当的方向、速度和倾角，不规则的视运动就能够得到解释。”(引自 Morris R. Cohen and Israel Drabkin, *A Source Book in Greek Science*, Harvard University Press, 1958, p. 129。括号内的文字为我本人所加。蒙哈佛大学出版社惠允引用此图及图释。)

105

1. 三天球折中

亚里士多德体系与托勒密体系尽管有些相似，但却有着根本的不同。亚里士多德的天球是与地球同心的，而托勒密的天球则是偏心的和带有本轮的。以地球为中心的同心天球无法解释观测到的行星距离的变化。在《天文学大成》中，托勒密用偏心圆和附加的本轮来解释这些变化(见图 3)，从而修正了同心天球体系的根本缺陷，而亚里士多德的体系正是稍早前最重要的同心天球体系之一。托勒密在《天文学大成》中使用的几何方法仅仅是为了解释行星的位置，人们并不认为它是对物理世界的真实刻画。只是在《行星假说》中，托勒密才试图描述物理世界以及诸天球之间的关系。中世纪的自然哲学家尽管只是间接地知道托勒密的《行星假说》，但还是对其进行了折衷，使之很容易与亚里士多德的同心体系相容。折中的关键在于区分了“总天球”(*orbis totalis*)与“偏天球”(*orbis partialis*)这两个概念。“总天球”是一个以地心或宇宙中心为中心的同心天球(concentric orb)①，而“偏天球”则是一个中心不在宇宙中心的偏心天球(eccentric orb)。每一个总天球至少由三个偏天球组成，故而我们称它为“三天球体系”(见图 4 描

106

① 这里翻译成“一个……同心天球”比较古怪，问题出在“orb”和“sphere”的微妙区别上。“orb”对应的拉丁词为“*orbis*”，“sphere”对应的拉丁词则为“*spera*”(或 *sphaera*, *sphera*)。在天文学中，它们一般可以混用，但严格说来它们有以下区别：“orb”由凹面和凸面所包围，实际上是一个球壳；而“sphere”则仅由一个凸面所包围，是一个球体。参见 Edward Grant, *Planets, Stars, and Orbs: The Medieval Cosmos, 1200—1687*, pp. 114—115，特别是 p. 115, n. 37。由于这里格兰特使用的是“orb”，说它是同心的也就不难理解了。但出于习惯，这里只好将它译成“天球”了。——译者注

绘的月球的三个天球)。总的同心天球[或环]的凸面和凹面均以地心或宇宙中心为中心。三个偏天球位于这两个同心表面之内。中间的偏天球被称为偏心均轮,在它之内有一个本轮,行星就位于这个本轮上。

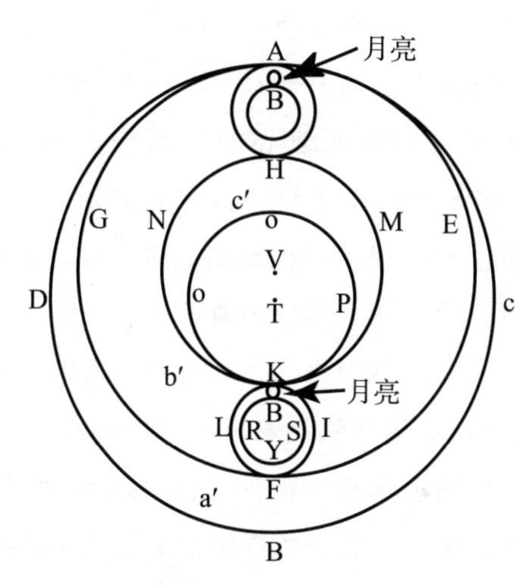

图 4　设 *T* 为地球、宇宙和月亮天球的中心。月亮的"总天球"处于与 T 同心的凸圆周 ADBC 与凹圆周 OQKP 之间。在这两个圆周之间,通过朝着月球的远地点(aux)指定另一个中心 V,可以区分三个"偏"天球(a′,b′和 c′)。AGFE 和 HNKM 以 V 为中心,它们包含着月球的均轮,形成了偏心均轮 b′。包围这个偏心球的是最外层天球 a′,它介于 ADBC 与 AGFE 之间;被这个偏心球包围的是最内层天球 c′,它介于凹面 HNKM 与凸面 OQKP 之间。在偏心均轮的凹陷内部有一个球形本轮,它或者被看作一个没有凹面的实心球体,或者被看作一个有两个表面的环,一个为凸面 KLFI,一个为凹面 RYS Θ。罗吉尔·培根在其《第三著作》(*Opus tertium*)中描述了月亮的这些同心天球、偏天球和本轮天球。这张图和培根的文本见于 Pierre Duhem, ed. ,*Un fragment inédit de l* "Opus tertium" *de Roger Bacon précedé d'une étude sur ce fragment*(Florence,1909),129。

亚里士多德与托勒密的宇宙论正是以这种方式被结合在了一起。总天球的概念使亚里士多德的同心宇宙论得以保存,而偏天球的概念则允许行星距离发生改变,否则亚里士多德的宇宙论就是无法接受的。将偏天球包含在亚里士多德的同心天球之内,意味着亚里士多德的宇宙论必须接受一些令人不快的"实在"。虽然每个总的同心天球都在绕地心转动,但它内部的偏天球却并不围绕地心,而是围绕一个偏离地心的几何中心转动。假设偏天球——或者无论什么球——围绕宇宙中心之外的点转动,是与亚里士多德的宇宙论和物理学相抵触的。然而在这种情况下,天文学需求(表现为行星距离的变化)必须优先于亚里士多德的宇宙论(在天文学上是无法接受的)来考虑。显然,亚里士多德主义者要么放弃以地球为中心,从而危及亚里士多德基于地球处于所有天球的中心而建立的物理学和宇宙论,要么保持一种在天文学上站不住脚的宇宙论。中世纪的自然哲学家采用三天球折中化解了这个难题,他们虽然显著偏离了亚里士多德的宇宙论,但却不会引来什么关注。中世纪的自然哲学家大都对技术性的天文学知之甚少,他们一般都不会考虑位于同心天球或总天球凹面和凸面之间的那些偏天球。这些困难最好还是留给天文学家去解决。重要的是,亚里士多德宇宙论的基础能够得以保存,同时又能顾及托勒密天文学的基本原理。偏天球并未以地球为物理中心这一明显事实可以说被忽视了。

107

2. 总天球的数目

亚里士多德没有在恒星之外指定天球,他认为恒星天球就是宇宙的最外层天球了。天文学后来的发展以及基督教神学的需要迫使自然哲学家在恒星之外又指定了至少三个总天球(见图5)。亚里士多德只为恒星天球指定了周日运动。在希腊晚期和伊斯兰的天文学中，恒星天球又被赋予了两种运动：一是二分点(equinoxes)的进动(precession)，即恒星每一百年自西向东运动1度，从而使整个天空每36000年转动一周；二是颤动(trepidation)，即9世纪的阿拉伯天文学家伊本·库拉(Thabit ibn Qurra)提出的所谓恒星的逆行和顺行。根据亚里士多德的原理，天的每一种特殊运动都需要有一个天球，因此必须为进动和颤动分别指定一个天球，它们都不携带天体。这样一来天球总数就成了十个。第九个或第十个天球(有时是第九个和第十个天球)通常被等同于《圣经》中所说的天穹(firmament)上方之水，[①]而天穹通常被等同于第八层天球，即恒星天球。在中世纪早期，这些水开始被称为"水晶"(*crystalline*)，这一术语既可用于流体，也可用于以冰或水晶形式存在的凝结的水。持这两种观点的人都有。在圣哲罗姆(Jerome，约347—419?)和可敬的比德看来，这些水如水晶般坚硬，而在圣巴西尔和安布罗斯看来，这些水则柔软且富于流动性。图5中的第十层天球被称为"原动天"(*primum mobile*)，因为它是被最外层不动的最高天(empyrean)所包围的第一个运动的天球。

108

① 根据《圣经》新中文译本，"神造了穹苍，把穹苍以下的水和穹苍以上的水分开了。"(《创世记》1:7)"神称穹苍为天。"(《创世记》1:8)这里把"firmament"译为"天穹"，能够更好地综合这两句话的意思。和合本译作"空气"，不妥。——译者注

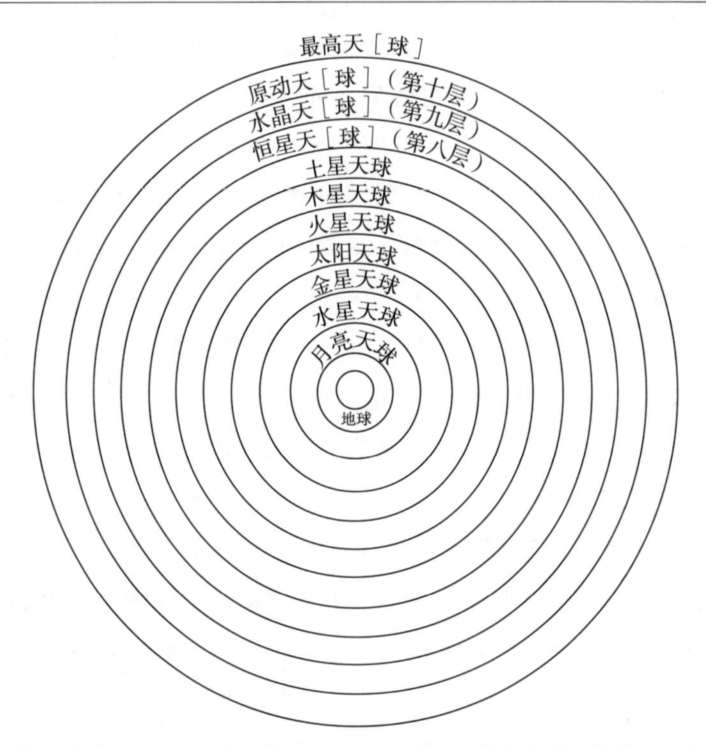

图5　总天球的典型示意图。1200年到1600年间的宇宙结构图大都只描绘总的同心天球，而不考虑那些偏天球。

109　我们迄今谈到的天球都是做匀速圆周运动的，所有天球都有自己在天文学上的功用。然而，最高天[球]却是一个例外。它不仅在天文学上没有目的，而且被认为是不动的，由此区别于其他天球。它纯粹是一种神学的创造，信仰的产物，而非科学的产物。不过，尽管它偶尔被等同于上帝在创世第一天创造的天，它并没有得到《圣经》的支持，因此不同于另外两个神学天球——恒星天和水晶天。最高天只是在12世纪才单独作为一个天球出现，那时拉昂的安塞尔姆（Anselm of Laon）、彼得·伦巴第、圣维克多的于格（Hugh of Saint Victor）等神学家都将它描述为一个光芒四射的地方，上帝、天使和有福者永居此地。尽管永远发出耀眼的光芒，但最高天所充满的光并不向外传播。作为天球，它是透明的、不可见的、不朽的。它的凸面以外别无他物。正如13世纪的诺瓦拉的康帕努斯（Campanus of Novara）所说："它是一切有位置的东西最一般的共同'处所'，因为它包含一切，本身又不被任何东西所包含。"[①]算上这个包含一切的不动的最高天，共有11个同心天球占据和充满着宇宙。

3. 天界的不朽和变化

正如我们所看到的，天球被认为是由不朽的以太构成的，其属性与地界不断变化的四种元素截然相反。根据亚里士多德的理论，天界不可能发生变化，因为那里没有相反的性质，同一个天体或以太的同一个部分无法被一对相反性质所作用。然而，既然以太缺少相反的性质，为什么自然哲学家和占星学家还要赋予天体相反的性质呢？例如，他们为什么说土星是冷而干的，火星是热而干的，月亮是冷而湿的，如此等等？倘若天体真的没有这些性质，为什么从自然哲学家和占星学家的说法来看，它们仿佛的确

① From Campanus of Novara's *Theory of the Planets*, Section IV. Translated by Francis S. Benjamin, Jr. and G. J. Toomer (eds. and tr.), *Campanus of Novara and Medieval Planetary Theory*, *Theorica planetarum*, edited with an Introduction, English Translation, and Commentary by Francis S. Benjamin, Jr., and G. J. Toomer (Madison, Wis.: University of Wisconsin Press, 1971), 183.

存在着?

对于这个问题,中世纪的标准回答有可能是,天界的以太只是在效力上(*virtualiter*)、而非在形式上(*formaliter*)实际拥有这些性质。也就是说,只有在能够引起月下世界物体的冷热变化的意义上,才能说天体"拥有"像冷和热这样的性质,即使该天体实际上并不拥有据称在地界物体中产生的性质。例如,说土星是冷的,并不是指"冷"这种性质果真处于土星的以太物质之中(它的确不在其中),而是说土星有能力在地界产生冷这种效应。同样,太阳实际上并不是热的,而是有能力在地界物体中产生热这种效应。

110

然而,天界的确存在着疏密这对相反性质。中世纪的自然哲学家们经常假设,天界的一些部分要比另一些部分更加稀疏或致密。恒星和行星能够反射光,故而是可见的,因为它们被认为要比携带它们运转的不可见天球更加致密。于是经院学者不得不承认,天界的以太在某些地方较为致密,在另一些地方较为稀疏。但他们也许会否认,以太的任何部分都会发生疏密变化。任何行星、恒星或天球都不会改变自己的疏密。尽管以太的一些部分要比另一些部分更加致密或稀疏,故而以太在整个天界的分布不可能均匀同质(与亚里士多德的观点相反),但这些部分都不曾改变过自己的疏密。整个以太仍然保持不变。即使有人认为土星的的确确是冷的,而不只是虚指,生灭也不可能发生,因为土星并不拥有相反的热,太阳也缺少相反的冷。在这种情况下,热冷虽然可以同时存在于天界,但由于没有共存于同一个物体或部分中,所以也不可能造成生灭。类似地,如果致密存在于天界的某个部分或天体中,稀疏同时存在于天界的另一个部分或另一个天体中，它们不可能彼此相对立。于是，疏和密、热和冷以及其他相反的性质是可以孤立存在于天界的，只要两种性质不同时存在于一个天体中就可以。均匀同质的以太如何可能分化成属性各异的七大行星以及无数恒星，这个问题中世纪的自然哲学家似乎从未想过，即使想过，也没有引起什么关注。

4. 天的运动的原因

中世纪宇宙论中讨论最频繁的主题就是天的运动，它涉及许多层面的问题。这里我们关注的是天的运动的原因。是什么使得不可见的天球匀速旋转？我们在第四章中看到，亚里士多德留给后人两种不同解释，分别依赖于外因和内因。虽然亚里士多德关于“爱使世界运转”的思想曾经唤起过诗人的遐思（参见第四章），111 但中世纪的自然哲学家却为此设计了一种更为直接的动力因。然而，他们并没有抛弃亚里士多德对天的运动的外因和内因解释，而是对它们作了详尽细致的阐释。

尽管作为（不动的）原动者（Prime Mover）的上帝能够直接充当动力因去推动天球运动，但中世纪的自然哲学家认为，他将这项任务交给了他所创造的次级原因来完成。大多数学者进而假设，上帝为每一个天球指定了一个外部的单独存在的灵智（intelligence）或天使（这两个词通常同义），尽管有少数人相信，上帝选择用内力来使天球永远运动。

（1）外部推动者

非物质的理智如何能够推动由以太构成的巨大天球呢？一般

认为,它凭借的是三种东西:它的理智(intellect)、意志(will),以及实现理智和意志的第三种精神实体,即一个有限的推动力(*virtus motiva finita*),也被称为“执行力”(*potentia executiva*)。之所以需要第三种力,是因为虽然理智能够命令意志,但意志却可能不去执行理智所要求的活动。为了执行意志所发出的命令,就需要有一种执行力,或第三种非物质的力。灵智或天使的能力有限,不可能从远处发号施令。不过,天使尽管没有维度和大小,却被认为占据着一个有限的空间,虽然它并不必然与那个位置同广延。也就是说,它或者能够充满整个位置,或者能够将自身缩入这个位置的任何一部分。因此,这个灵智必须与天球直接接触,位于天球之内或天球之上的某个地方。很少有人强调它的精确位置在哪里,它可以处于天球边界之内的任何地方,或者在某一点,或者铺展于整个天球之上。

由于理智和意志与自愿行为相联系,天的运动被看作是自愿的。因此,似乎可以合理地认为,每一个灵智都是自愿命令其天球做匀速圆周运动的。不仅如此,由于任何均匀而规则的天的运动都注定会永远持续下去,因此每一个起推动作用的灵智都被认为拥有一种不可耗尽的力(*vir infatigabilis*)。这种力来自于原动者,这或者是原动者创造灵智的瞬间赋予它的,或者是原动者根据需要,从自身的无尽储藏中一点点释放给灵智的。

这些灵智最初是无形的精神实体,却慢慢变成了非人格的力量。理智和意志不再被强调,而有限的推动力或执行力却被视为真正的推动者。直到17世纪,这些灵智一直扮演着天的推动者的角色。甚至在坚固的天球被抛弃之后,它们也仍然被赋予行星本

112

身，并被许多人看作行星的推动者。

(2)内在推动者

有几位自然哲学家拒绝把灵智当作天的推动者，他们试图找到非人格的、内在的力来解释天的运动。早在13世纪，约翰·布伦德(John Blund)和罗伯特·基尔沃比(Robert Kilwardby)就提出，每个天球都拥有一种自行运动的固有能力，这种观点也许直接源自亚里士多德。与布伦德和基尔沃比所假设的模糊不清的固有能力不同，布里丹用被注入的力(已被充分量化)的理论或冲力理论来解释天的运动。由于《圣经》中没有提到灵智是天的推动者，布里丹放弃了它们，认为上帝在创世时已将一定量的无形的冲力注入了每个天球。既然天上没有外部阻力和相反倾向，被注入天球的冲力将保持恒定，永远推动天球做匀速圆周运动。

(3)内在推动者与外部推动者的结合

甚至在布里丹提出他的解释之前，弗朗西斯科·德·玛齐亚就把天使与被注入的力结合起来解释天的运动。1320年前后，弗朗西斯科提出，天使通过向天球中注入的力(*virtus impressa*)来推动天球。于是，他没有让天使或灵智施加推动力，而是让天使向天球中注入一种推动力，然后再由这种被注入的力来直接推动天球。弗朗西斯科的这种解答注定会在16、17世纪的经院学者中引发进一步争论。当时很有影响的科英布拉(Coimbra)的耶稣会士在他们1592年关于亚里士多德《论天》的评注中就采用了弗朗西斯科的方案。

5. 地球是否每日绕轴自转

尽管在波兰天文学家、弗劳恩堡大教堂教士会成员哥白尼

(1473—1543)于16世纪提出日心体系之前，地球在传统宇宙论中的中心位置并未受到严重挑战，但它是否完全静止于宇宙中心却在14世纪重新受到认真考察。在可能赋予地球的各种运动中，对于科学史来说最重要的是每日的绕轴自转，因为用它可以解释所有天体的升落。

113 亚里士多德、托勒密以及《圣经》的权威保证了人们一致相信地球静止于宇宙中心（尽管在天文学家使用的偏心体系中需要把地球移出宇宙中心）。然而，地球绕轴自转的可能性早在古希腊就已经被萨莫斯的阿里斯塔克（Aristarchus of Samos）提出和辩护了，其他学者对此也有记载。在中世纪的欧洲大学，这一观点虽然不足为信，但却广为人知。尽管中世纪仍然无法接受这一观点，但布里丹和奥雷姆却给予了它惊人的支持，他们在关于亚里士多德《论天》的疑问和评注中讨论了这个问题。

布里丹认识到，这是一个相对运动的问题。尽管在我们看来，地球是静止的，天球带着太阳围绕我们转动，但相反情形同样可能为真，因为观察到的天界现象将一如往常。如果地球果真在转动，我们将察觉不到它在运动。这就好比一个人站在运动的船上经过另一条实际静止的船，如果运动的船上的观察者想象自己是静止的，那么实际静止的船看起来就在运动。类似地，即使太阳实际上静止不动而地球在转动，我们也只能看到相反情形。布里丹基于严格的天文学理由相信，无论哪种假说都能拯救天上的现象。

布里丹还补充了几条非天文学的论证，或者他所谓的“信念”(persuasions)。这些论证虽然不是结论性的，但看起来的确很有道理。既然静止要比运动更为高贵，就像通常所认为的那样，那么让包括恒星天球在内的更为高贵的天体保持静止，而让宇宙中被认为最卑贱的地球旋转起来，难道不是更为合适吗？既然通常认为，自然以最简洁的方式运作，那么让小小的地球飞速转动，而让巨大的天球保持静止，难道不是更为简洁和恰当吗？而且地球周日转动要比巨大天球的转动所要求的速度小得多，这同样可以满足简单性。

虽然这样一些论证都支持地球的周日转动，但布里丹还是选择了传统观点。在拒斥这个关于静止和运动的论证时，他解释说，如果一切事物都是平等的，那么

> 推动一个小物体必定要比推动一个大物体更容易。然而，并非一切事物都平等，因为地界的重物并不适合运动。使水运动要比使土运动更容易，使气运动又更容易些；以这种方式排上去，天体因其本性而最容易运动。①

114 布里丹反对地球绕轴自转的主要论证基于他的冲力理论以及由此导出的某些观察结果。他论证说，如果地球在转动，那么就无法解释为什么竖直向上射出的箭总是会落回原地。倘若地球果真自西向东转动，那么当箭在空中时，地球应当向东转动大约1里格，因此箭应当落到西边大约1里格的地方。但这种现象实际上

---

① My translation from Buridan, *Questions on De caelo*, bk. 2, qu. 22, in Ernest A. Moody, *Iohannis Buridani Quaestiones super libris quattuor De caelo et mundo* (Cambridge, Mass.: The Mediaeval Academy of America, 1942), 230.

并未出现，因此地球并未转动。然而，如果地球的确在转动，它周围的空气也随之旋转，从而带着箭一起走，那么又将如何？在这种情况下，地球、空气、箭和观察者都作同样的转动，箭将落回原地。

根据冲力理论，布里丹认为这种解释是不可接受的。箭在出射时，有足够的冲力注入它之中，使之能够抵抗随地球一起旋转的空气的横向推挤。由于抵抗了空气的横向推挤，箭理应滞后于地球和空气，从而明显落在原地以西。但这一推论并不符合经验，布里丹于是得出了地球静止的结论。在布里丹看来，决定这个问题的是物理论证而非天文学论证。

奥雷姆对这个问题的讨论更加生动。他明确宣称自己找不到什么好的理由作出选择，尽管他最终还是基于科学以外的理由选择了传统观点。他支持地球绕轴自转的论证极为出色。我们在日常经验中“看到”行星和恒星在升落，从而推断它们实际在运动，在回应这种论证时，奥雷姆和布里丹一样都诉诸于船的相对运动。奥雷姆强化了这个相对性论证，他补充说，如果一个人随天一起周日转动，并且能够清晰地看到地球，那么他会看到地球在做周日运动而天处于静止，就如同在地球上的观察者看来，天在做这样的运动一样。此外，有人说如果地球自西向东转动，就应当能够感觉到一股强劲的风从东方吹来，对此奥雷姆反驳说，空气将随地球一起旋转，因此不会有风从东方吹来。

另一种经验诉诸（奥雷姆将它归于托勒密）与布里丹的箭的经验类似。如果一支箭或一块石头竖直向上射出，由于地球自西向东转动，箭或石头会落到出射地以西吗？既然我们没有观察到这种结果，托勒密就认为地球是不动的。布里丹基于他的冲力理论也同意托勒密的看法。然而奥雷姆却没有看出箭或石头回到原地 115 与地球绕轴自转之间有什么不相容。要说明它们是相容的，就必须区分箭或石头的运动分量。如果我们假设地球、周围的空气以及所有月下世界的物质每天都自西向东转动，那么射到空中的箭将同时参与竖直运动和地球的圆周运动。由于箭参与地球的圆周运动，并且以同样的速度随之转动，箭射出后将竖直向上离开出射地，然后再落回那里。在同样参与地球旋转运动的观察者看来，箭似乎只做竖直运动。因此，无论地球是静止不动还是作旋转运动，箭的表现都是一样的。奥雷姆的结论是，不可能通过经验确定应当把周日运动赋予天还是地球。

和布里丹一样，奥雷姆也用若干观点来支持地球的转动（仅仅是信念，而不是证明）。例如，地球自西向东转动将会使宇宙更加和谐，因为当我们从地球向外运动时，地球和所有天体都将沿同一方向以越来越大的周期运动。这种解答比传统上为天同时指定两种相反运动更好，即一种是自东向西的周日运动，一种是自西向东的周期运动。奥雷姆也像布里丹那样包括了简单性论证。地球做周日转动将使宇宙更为简洁，因为地球的转速将远远慢于要求天球的速度，后者将“大得令人难以置信”。[①] 上帝进行这样一种操作似乎是徒劳的。

奥雷姆还试图诉诸上帝来支持地球的绕轴自转，他提醒读者，上帝曾经让太阳在基遍（Gibeon）上空停住，延长白昼，以帮助约书

---

① Nocole Oresme, *Le Livre du ciel et du monde*, bk. 2, ch. 25 in Menut and Denomy (ed and tr.), 535.

亚的军队(《约书亚记》10.12—14)。既然地球与天相比有如一个点,那么暂停地球的转动,而不是中断太阳和所有行星的转动,岂不是既能达到同样效果,又能造成最小的干扰?奥雷姆暗示,鉴于省事省力的考虑,也许上帝确实是以这种方式实现这一奇迹的。

通过运用理性和经验,奥雷姆使论证陷入僵局。他确信没有116更多的理由能够帮助我们作出选择。在缺乏支持地球转动的证明性(demonstrative)论证的情况下,奥雷姆最终还是选择了传统解释,即每日自西向东转动的是天而不是地球。他不仅相信这与自然理性相一致,而且还能得到《圣经》的支持。在缺乏证明性论证支持地球转动的情况下,奥雷姆不会抛弃得到了《圣经》中大量段落确证的传统主张。

尽管布里丹和奥里斯姆都没有承认地球的周日转动,但他们支持地球转动的一些论证却出现在哥白尼对日心体系的辩护中。在日心体系中,地球同时被赋予了周日转动和绕太阳的周年转动。类似的论证包括:用船的运动来说明的运动的相对性;让地球以小得多的速度完成周日转动要比让天球来完成更好,因为天球在同一时间内需要走大得多的距离;空气参与地球的周日转动;物体相对于正在转动的地球的上升和下落是直线运动和圆周运动合成的结果;最后,基于静止比运动更为高贵这一假设,让卑贱的地球转动要比让高贵的天球转动更为适宜。

奥雷姆援引约书亚奇迹为后来关于地球转动的讨论提供了先例,特别是1543年哥白尼的《天球运行论》出版之后。和奥雷姆一样,开普勒与伽利略也解释了如何将地球的绕轴自转与《圣经》的说法(让太阳停住,延长白昼,以帮助约书亚)调和起来。17世纪的大科学家开普勒在其 1609 年的《新天文学》(*Astronomia nova*)中,伽利略在其 1615 年的《致洛林的克里斯蒂娜大公夫人的信》(*Letter to Madame Christina of Lorraine, Grand Duchess of Tuscany*)中,都面临这一问题。与伽利略相比,开普勒的论证更接近于奥雷姆。开普勒和奥雷姆都认为,为了延长白昼,停止太阳的视运动,上帝乃使地球的绕轴自转停止。而伽利略则认为,上帝停止的是绕轴转动的太阳(他认为太阳是一切行星运动的原因),因此使包括地球在内的所有行星都停止了运动。不过伽利略和奥雷姆都认为,约书亚是用日常语言谈论白昼的,即假设太阳围绕静止的地球旋转。尽管没有可靠证据表明,布里丹或奥雷姆曾经在这些具体问题上影响过伽利略或开普勒,但 14 世纪的这些自然哲学家至少预示了一些非常有趣和重要的论证。

第三节　世界整体及世界之外

117

亚里士多德激烈反对在我们这个有限的球形世界之外还存在着什么东西。在他提出的那种物理学和宇宙论中,宇宙之外的存在似乎是无法理解的。在他看来,世界之外一无所有,无论是物质、时间、虚空还是位置。他认为世界之外显然不可能存在这些东西。然而,中世纪的自然哲学家在许多方面偏离了亚里士多德,他们将亚里士多德的自然不可能性转变为神的可能性。他们主要关注三个关于整个世界的大问题:世界是受造的还是永恒的?世界之外是否存在着其他世界?世界的有限边界之外是否存在着某种位置或空间?

1. 世界是受造的还是永恒的

在中世纪晚期的基督教自然哲学家所面对的问题中,最困难的莫过于创世问题。在第五章中我们看得很清楚,世界的永恒性问题在1277年大谴责、神学家与自然哲学家的争论,以及神学家内部的争论中扮演着重要角色。这里我们将集中于他们的论证。

主要问题很清楚:世界是像亚里士多德和某些希腊人所主张的那样是永恒的、无始无终的,还是说有一个开端?它是否会有终结?在中世纪早期,柏拉图的《蒂迈欧篇》和马克罗比乌斯的《〈斯基皮奥之梦〉评注》等异教文献支持了创世。创世学说基本没有受到挑战。随着亚里士多德的著作于12、13世纪被引进,支持世界永恒性的有力论证开始为人所知。由于担心它可能削弱人们对从虚无中创世的信仰,巴黎主教于1270年谴责了永恒世界的观念,接着,就像是为了强调它的重要性,巴黎主教又在1277年大谴责的大约27个不同命题中再次对它进行了谴责。在13世纪乃至整个中世纪,信众必须承认世界是被创造的。在这种背景下,有三种观点得到了不同程度的支持:(1)圣波纳文图拉等人认为,创世能够得到理性的证明;(2)另一些人反对世界的永恒性能够用理性来证明;(3)介于其间的是阿奎那,他主张既不能用理性证明世界是受造的,也不能用理性证明世界是永恒的,并进而暗示也许可以认为世界既是受造的又是永恒的。

波纳文图拉的证明源自阿拉伯文献,而最终又源自菲洛波诺斯。[1] 他提出了一种典型的论证来证明世界并非没有开端,而是

118

① See Richard Sorabji,"Infinity and the Creation," in Richard Sorabji, ed., *Philoponus and the Rejection of Aristotelian Science* (Ithaca: Cornell University Press, 1987), 167.

受造的。倘若世界没有开端,那么到目前为止,天必定旋转过无数次。由于无数次旋转不可能完成,所以当前的旋转不可能达到,而这是荒谬的。波纳文图拉断言世界有开端和非永恒的第二个论证是,如果迄今为止已经实际作过无数次旋转,那么所有随后的旋转必须加到业已完成的无数次旋转中。然而,给无限加东西并不能使之更大,因为正如波纳文图拉所说,"没有什么东西比无限更大。"[①]第三个论证涉及无限之间的明显区别。如果世界有一个无限的过去,那么月亮的旋转次数将是太阳的12倍。因此,月亮的无限将大于太阳的无限,而这是不可能的。

那些反对波纳文图拉论证的人并没有声称世界是永恒的,也没有否认创世,他们只是想表明,论证世界没有开端是可以理解的。亚里士多德的潜无限概念发挥了重要作用。他们在反对波纳文图拉的第一个论证时说,已经过去的天数不必是实无限的。在一个没有开端的宇宙中,并不存在第一天,可以从那里开始数日子。天数并非实无限,而只是潜无限。也就是说,我们可以认为从古至今已经过去了潜无限个日子,在此基础上还可以无定限地增加天数。或者我们可以认为有一个日子的无限序列在时间上向后延伸,因为不可能存在第一天使序列终止。于是,波纳文图拉的论证乃是基于实无限概念,而他的对手则诉诸潜无限来捍卫自己的

① From St. Bonaventure's *Commentary on the Sentences*, bk. 2, dist. 1, p. 1, a. 1, qu. 2 in *St. Thomas Aquinas, Siger of Brabant, St. Bonaventure, On the Eternity of the World* (*De Aeternitate Mundi*). Translated from the Latin with an Introduction by Cyril Vollert, Lottie H. Kendzierski, and Paul M. Byrne (Milwaukee: Marquette University Press, 1964), 107.

观点。

在波纳文图拉看来，认为存在着不同的无限，一些无限大于另一些无限，这是荒谬的。为了反驳波纳文图拉的论证，14 世纪的经院自然哲学家提供了两个论证。第一个论证是，月亮与太阳的旋转次数之比是 12∶1 并不意味着在一个没有开端的世界里，月亮所走过的无限就是太阳的 12 倍大。布里丹等人主张，一个无限并不大于另一个无限。无穷多年并不大于无穷多天。每一个无限都等于任何其他无限。为了支持这一观点，有人还补充说，整个世界并不比一粒芥子包含更多的部分，因为两者都是无限可分的。反对波纳文图拉的第二个论证是，无限也许的确有大小之分（如果一个是另一个的子集），比如月亮的无限次旋转就大于太阳的无限次旋转 。

然而，大多数经院自然哲学家都主张，世界的受造和世界的永 119 恒都无法得到证明。两者有同样的可能性。"世界有一个开端，"阿奎那说，"这是信仰的对象……而不是科学证明的对象。"[①]既然两者都有可能，而信仰要求默认一个因神创而有开端的世界，阿奎那等许多人都选择了一种折中方案：世界既是被创造的，又没有开端。基于信仰，世界是受造的，但它又如何可能是永恒的和没有开端的呢？也许上帝选择让受造物存在而没有一个时间上的开始。如果上帝的确是这样做的，那么他必定会让事物与他一样永恒。阿奎那表明这是可能的，他宣称："说某种东西是被上帝创造的，但

① From Aquinas's *Summa Theologiae*, pt. 1, qu. 46, art. 2, as translated in Ibid., 66.

又一直存在着，这并不包含任何逻辑矛盾。”[①]作为世界的动力因，上帝凭借其绝对权能“并不需要在时间上先于他的结果，如果这是他本人的意愿的话。”[②]上帝创造一个永恒存在的世界是可能的，因为他瞬时就会产生结果。但如果上帝和世界是同样永恒的，这是否也意味着它们是相同的？这个推论没有被接受，因为我们这个可变的世界被认为完全依赖于不变的上帝。毕竟，上帝有能力使物质世界消失，但世界却无力影响上帝。世界完全依赖于上帝。

世界可能既永恒存在，同时也是受造的，这种观念在中世纪和文艺复兴时期惊人地流行。我们也许可以认为，这是为了挽救亚里士多德自然哲学的一条基本原理，即使这条原理在基督教自然哲学家那里仅仅是一种可能性。

2. 其他世界是否可能存在

亚里士多德在讨论其他世界的可能性时，假设它们与我们这个世界同时存在，并且与之相同。但他否认了其他世界的存在性，这很大程度上是因为他本人的论证表明，无论是物质、位置、虚空还是时间，都不可能在我们的世界之外存在。中世纪的讨论也主要是围绕着同样的世界展开的，它们拥有和我们这个世界相同的元素、复合物和物种。

关于世界之外是否有东西存在，亚里士多德的回答并不令人满意，古代就有人对它提出了批评。辛普里丘是古代晚期最重要

① Thomas Aquinas, *On the Eternity of the World* in Ibid., 23.

② Ibid., 20.

120 的希腊评注家之一，他在公元6世纪的《关于亚里士多德〈论天〉的评注》中报道了斯多亚派哲学家对亚里士多德否认世界之外有东西存在的回应。斯多亚派想象有一个人位于世界的边界，然后把手臂伸出去，那样一来会发生什么？他们只能设想有两种可能情况：要么手臂碰到障碍不能继续伸展，要么没有碰到障碍，因而可以伸到世界之外。如果碰到障碍，那么这个人可以爬到这个障碍上，再把手臂伸出去。这样一来，这个人或者又碰到一个障碍，或者伸到了一个处于世界之外的空间中。辛普里丘的意思很清楚。世界之外的确可能存在着物质，但由于我们的世界是有限的，物质不可能无定限延伸，所以最终必定会到达虚空。辛普里丘关于《论天》的评注于13世纪被译成拉丁语，因而广为人知。他简短的讨论为一种重要的反亚里士多德传统提供了历史联系，使中世纪的自然哲学家们有理由相信，世界之外有可能存在物质或虚空，甚或两者都有。

作为1277年大谴责的一个结果，我们这个世界之外是否可能存在物质，这成了重要的讨论议题。在1277年之前，其他世界的可能性并没有引起基督教学者的充分重视。毕竟，亚里士多德及其基督教追随者都认为只存在着一个世界。然而，这样就产生了一个有趣的问题：虽然上帝创造了一个独一无二的世界，但他是否曾经创造过其他世界？如果他愿意，他是否可能现在就创造出其他世界？1277年大谴责戏剧性地改变了巴黎大学的思想背景，在1277年之后，关于其他世界的问题已经变得平淡无奇。第34条命题被谴责，是因为它否认上帝可能创造出一个以上的世界。从那以后，所有人都必须承认，上帝可以创造出任意多个世界。

尽管有三种类型的世界多重性被区分出来，但受到广泛重视的只有一种，即虚空中是否可能同时存在着相同的、单独存在的世界（另外两种分别为：单个世界相继存在，以及多个同心世界同时存在）。由于假设上帝的确曾经创造出其他相同的世界，自然哲学家不得不面对亚里士多德提出的一个重要问题。既然这些世界被认为同时存在着，一个世界的元素是否会倾向于落向另一个世界的中心和圆周，而不是它自己世界的中心和圆周呢？更确切地说，一个世界的地球，或者地球的任何一部分，是否会追寻另一个世界的中心呢？例如，另一个世界中重的土微粒是否会追寻我们这个世界的中心？它是否会在自己的世界里违反其自然倾向而上升，121 并以某种方式穿越两个世界之间的空间，在到达我们这个世界之后落向它的中心？如果这是可能的，那么重物似乎就作了两种相反的自然运动，亚里士多德认为这是荒谬的。类似的推理也适用于火：火先在我们这个世界中上升，到达另一个世界后，再落到气与月亮天球之间的它的自然位置。因此，火将能够自然上升和自然下落。同一个重物或轻物能够做相反的自然运动，这违反了亚里士多德的两条原理：单纯的重物或轻物只可能作一种自然运动；世界只可能存在一个中心或圆周。就这样，一个纯假设的反事实（counterfactual）问题向自然哲学家提出了有意义的问题。

在拒斥亚里士多德的看法时，米德尔顿的理查德（Richard of Middleton）提出了一种被广为接受的解释。他指出，即使有多个相同的世界，地球或它的任何部分也不会在它自己的世界里上升，移向另一个世界的中心。相反，每一个世界的地球都将静止于它自己世界的中心。从该中心移出的任何部分如果不受阻碍，都将返回同一中心。每个世界体系都自成一体,有其自身的中心和圆周,不会受到其他世界的影响。因此,如果有可能将另一个世界的地球移走,将它置于我们世界的中心,则那个地球此后将静止于我们世界的中心。相反,如果把地球从我们的世界移到另一个世界的中心,那么它将静止于那个新的中心,而不会有返回原位的倾向。1277 年大谴责以后,许多人都把亚里士多德自然哲学中原本不可能的东西看成可能的和合理的。亚里士多德的物理学和宇宙论能够在许多世界中运作,如果上帝选择创造那些世界的话。为了接受这种可能性,那种只可能存在一个中心和圆周的亚里士多德观念不得不被放弃,取而代之的则是可能存在着多个中心和圆周(每个世界有一对)。此外,所有中心都将是平等的,没有哪个是独特的,从而也使人对亚里士多德关于四种元素的自然位置学说发生了怀疑,因为它依赖于一个拥有单一中心和圆周的独一无二的世界。

在中世纪,实际上并没有人真的支持其他世界的存在。显然,只要证明下面这一点就够了,即倘若上帝创造了其他世界(他能够这样做是始终得到承认的),那么它们将受制于与我们这个世界相同的物理定律。因此,尽管亚里士多德认为存在其他世界是荒谬的和不可能的,他在中世纪的追随者却认为这些世界是可能的和可理解的,即使只有通过上帝的命令才能实现。

122

3. 世界之外是否存在空间或虚空

上帝有可能创造其他世界,加之亚里士多德把虚空定义为一个没有物体、但却能接受物体的位置,这意味着我们的世界之外有可能存在虚空。倘若其他世界被创造出来，似乎应当假设虚空介于它们之间。在讨论这两个世界之外的东西（诸世界和虚空）时，必须作一个重要的区分。其他世界仅仅是一种可能性，它引发了关于亚里士多德世界的重要讨论。然而，中世纪的学者有时却会认为世界之外的虚空真实存在着，这有时是基于自然论证的推理，但更多却是出于超自然的原因。中世纪在虚空方面的重要发展与上帝和超自然有关。多明我修会的托钵僧罗伯特·霍尔科特（Robert Holkot，？—约 1349）通过上帝创造另一个世界的纯粹可能性来证明有某种实际的东西存在于我们世界之外。他问，我们世界之外是否存在着某种东西。如果存在，那么我们就可以宣称，的确有某种东西存在于我们世界之外。但如果不存在，而那里又可能存在物体（因为上帝可以在那里创造其他世界），那么就可以推出，"在[我们的]世界之外有一个虚空，因为在物体可能存在而又不存在的地方，我们就发现了虚空。因此现在虚空存在[在那里]。"[1]因此，上帝在我们的世界之外创造另一个物体或世界的纯粹可能性本身（即使他实际上没有创造）就蕴含着实际虚空的存在。关于反事实情况如何可能实际影响自然哲学家，霍尔科特提供了一个生动的实例。

接受世界之外虚空存在的并非艺学教师，而是神学家。对世界之外虚空的讨论自然是神学家的任务，因为无限空间的观念自

---

① From Robert Holkot, *In quatuor libros Sententiarum quaestiones* (*Questions on the Four Books of the Sentences*) (Lyon, 1518; reprinted in facsimile Frankfurt: Minerva, 1967), bk. 2, qu. 2, sig. hii, recto, col. 2 [unfoliated]. 其翻译参见 Grant, *Much Ado About Nothing*, 351, n. 130。

然来自基督教对上帝在世界中的位置以及他的不变性的关切。在论述世界之外虚空的中世纪神学家中,最重要的是托马斯·布雷德沃丁(Thomas Bradwardine),他认为存在着一个无限的虚空,并从上帝的属性中导出了它的属性。在《论上帝作为原因,反佩拉纠》(*De causa Dei contra Pelagium*)中,他赞同上帝是无处不在的。但他又问,这种无所不在是仅限于这个世界(就像圣奥古斯丁等人所认为的那样),还是延伸至它之外?它不可能仅限于这个世界,因为在创造它之前,上帝必定已经在将要创世的地方永远存在了。否则的话,上帝就必须从另一个地方来到这里,而这是不可能的,因为上帝是永恒不变的,他不会从一个位置移到另一个位置。把运动归诸上帝将会把他的地位从完美降低到不完美。既然上帝可以在任何虚空中创造世界,而且他不会从一个位置移到另一个位置,那么我们必须认为,存在着无数的虚空,上帝曾经永久地存在于所有这些虚空之中,而且可以在其中任何一个当中创造世界。所有这些位置构成了一个无限的、假想的虚空空间,在其中上帝是无所不在的。在支持这一结论时,布雷德沃丁推理说,如果上帝同时存在于许多地方,而不仅仅是存在于一个独特的地方(比如仅仅局限于他所创造的这个世界),那么他将更为完整和完美。

123

布雷德沃丁如何来设想一个永恒而无限的虚空与占据它的上帝之间的关系呢?这个无限的空间独立于上帝吗?上帝与它是两个同样永恒的、共存的独立实体吗?这样一种关系是不可接受的,因为它将危及和削弱上帝的独特地位。解决方案在于把无限虚空看作上帝的无限广大,使之与上帝合为不可分离的统一体。这种关系就是上帝建立自己无限遍在的方式。

上帝是如何可能既“铺展”于一个无限的空间中，同时又不被延伸呢？上帝在无限虚空中的无所不在是否意味着他是一个有广延的三维存在呢？在中世纪的神学家看来，这种想法是无法接受的。因此，布雷德沃丁坚持认为，上帝“被无广延、无维度地无限延伸”。[①] 但如果虚空等同于上帝的无限广大，它“被无广延、无维度地无限延伸”，那么布雷德沃丁似乎是要否认无限虚空的广延和维度。

由于主张上帝遍布于无限的虚空中，布雷德沃丁反对圣奥古斯丁和阿奎那所持的那种亚里士多德的看法。布雷德沃丁认为，上帝可以在任何地方采取行动，因为他无处不在，而邓斯·司各脱及其追随者则坚持认为，上帝行动的基础是上帝的意愿，而不是他的无处不在。上帝要采取行动不必非得处于一个位置，而只需意愿它发生，他可以在一个远离他实际存在的位置来行使其意愿。上帝创世不必实际存在于创世的那个位置，因为他可以从其他位置来意愿世界的创造。因而司各脱否认上帝必然存在于一个无限的虚空中。

布雷德沃丁的虚空显然不同于此前关于虚空的任何描述，他宣称：“虚空可以没有物体而存在，但决不能没有上帝而存在。”[②] 这与希腊原子论者和斯多亚派所设想的无限虚空是多么不同啊，

---

① Translated in Grant, *A Source Book in Medieval Science* (Cambridge, Mass.: Harvard University Press, 1974), 559, col. 1.

② 这是题为“上帝不可能以任何方式变化”的第一章中的五个推论之一。英译参见 Grant, *A Source Book in Medieval Science*, 557, col. 1，亦参见 Grant, *Much Ado About Nothing*, 135。

他们认为这是一个既无物体也无精神的三维空间。然而，斯多亚派所设想的宇宙形态与布雷德沃丁也有惊人的相似之处：它是一个被物质充满的、球形的有限世界，周围是无限的虚空。认为世界之外存在着无限虚空的经院自然哲学家也接受了同样的宇宙观。124

尽管在1618年著作出版之前，布雷德沃丁的思想几乎被人遗忘，但他显然是将上帝与无限虚空联系起来、并把空间实在化的第一人。由于上帝无限广大，无限虚空只能是真实的。然而，如果上帝铺展于无限的空间中，这难道不暗示着他在某种意义上是可分的、由各个部分构成的吗？例如，处于世界之外某一部分虚空中的那部分上帝，是否等同于与行星或天球相联系的那部分上帝？如果不使用大小和量的语言，就很难谈论上帝的无所不在。对这个棘手问题的解决并非来自布雷德沃丁，而是来自13世纪（约1235年）菲谢克（Richard Fishacre）关于伦巴第《箴言四书》的神学评注。理查德认为，上帝的无限广大始终是不可分的，因为他在空间的每一个部分都是完整的和不可分割的，这种解释后来被称为"整体在每一部分中"（whole-in-every-part）理论。由于上帝完整地处于空间的每一个部分中，无论这个部分是大是小，因此上帝是不可分的。至于被视为上帝之广大的空间是否也是不可分的，这一点并不清楚，尽管在我们这个世界中占据无限空间各个部分的物体的确是可分的。

如果忽视源于1277年大谴责的种种强大思潮，就无法理解在这个受造的、没有虚空的世界之外的无限虚空中竟然会有一个无所不在的上帝。对上帝绝对权能的强调影响了14世纪的神学、哲学和自然哲学思想。在大谴责所引发的思想气氛中，仅仅因为亚里士多德基于其体系的内在逻辑否认超越世界的存在，就认为一个全能的上帝竟然不能延伸到他所创造的这个有限宇宙之外，这是很奇怪的。在14世纪的神学和哲学思想中，亚里士多德反对这一点的论证所涉及的那些必然性和不可能性已经被蒙上了阴影。对假说性论证的强调启发人们用新的方式来看待与亚里士多德的物理学和宇宙论相冲突的那些可能性。

关于世界之外的虚空，一个很好的例子就是1277年大谴责中的第49条，它宣称："上帝不可能推动天[或世界]作直线运动，因为那样一来会留下虚空。"现在必须承认，上帝确实可以推动天或世界做直线运动。然而，如果上帝选择这样做，那么亚里士多德的三条主要原理将同时被违背：(1)世界的直线运动将会留下虚空，这在亚里士多德的世界中是不可能的；(2)在亚里士多德区分的三种自然运动(即直线上升、直线下降和圆周运动)中，这种运动无法归入其中任何一类；(3)这种直线运动将不依赖于位置，因为亚里士多德认为，世界之外没有物质，所以那里不可能存在位置。 125

如果世界的运动留下了虚空，那么就暗示着世界位于虚空之中，这在亚里士多德主义者看来是一个很难接受的推论。尽管整个世界的直线运动在亚里士多德的体系中没有任何意义，但它引出了重要的问题，即运动可能在没有位置的地方发生。奥雷姆认为，如果上帝选择沿直线移动这个世界，那将是一种不依赖于位置的绝对运动。根据第49条，这个球形宇宙是世界中的唯一物体。由于这个物体的运动无法与任何其他位置或物体相关联，所以它的运动将是在无限虚空(实际存在但没有维度)中的绝对运动。1715年，塞缪尔·克拉克(Samuel Clarke)在反对莱布尼茨(Gottfried Leibniz，1646—1716）时说，如果上帝推动整个世界做直线运动，那么这种运动必须被视为在一个实际的绝对空间中的真实运动，这一立场与奥雷姆其实没有什么区别，只不过克拉克的空间是三维的。

中世纪关于无限虚空的观念不仅影响了16、17世纪的经院学者，而且影响了奥托·冯·盖里克（Otto von Guericke，1602—1686）、亨利·摩尔（ Henry More ，1614—1687）、塞缪尔·克拉克（1675—1729）、艾萨克·牛顿（1642—1727）和约瑟夫·拉夫森（Joseph Raphson，？—1715或1716）等非经院学者 。中世纪和近代早期经院学者与非经院学者在解释无限空间方面的分歧涉及空间以及充满空间的上帝的本性：它们是否有维度？来自古代世界、大气压力实验和人造真空的虚空观念都使得非经院的科学家和哲学家断定虚空是三维的。于是，他们中的许多人不得不去判断遍布于那个三维虚空的上帝的本性。一些人推断，上帝和上帝所占据的空间都是三维的。摩尔、牛顿、拉夫森、克拉克和斯宾诺莎（Benedict Spinoza，1632—1677）都认为，为了填补一个无限的三维虚空，上帝本身必须是一个有广延的三维存在。例如，数学家兼英国皇家学会会员拉夫森就认为，上帝只有真正延展于空间中，才可能是无所不在的。拉夫森不同意经院自然哲学家和神学家赋予上帝一种超验意义上的广延。拉夫森问道，有广延的东西如何可能来自某种只在超验意义上有广延而实际没有广延的东西？在拉夫森等许多人看来，上帝是无限延展的，其广大就是无限的虚空。虽然上帝被刻画为一个三维的无限存在，但摩尔、牛顿、拉夫森等人都认为他是非物质的。正是斯宾诺莎迈出了最后一步，他

126

将上帝变成了一个三维的、无限的、物质的有形实体。正如拉夫森所说,始于中世纪晚期的空间的神圣化最初是没有维度的或超验的。到了这种被神圣化的无限虚空成为牛顿物理学的空间时,占据它的上帝(空间即为上帝的属性)已转变为一种有形的存在。

基于本章所列举的例子,我们也许可以正确地得出结论说,对亚里士多德思想和原理的偏离不仅比比皆是,而且意义重大。新的空间概念便是一种重大偏离。然而,这些变化非但没有改变亚里士多德的自然哲学,反倒成为它的一部分。亚里士多德主义者未经批判性分析就将这些观念融入了更大的亚里士多德主义整体。但这个更大的亚里士多德主义整体是什么?到目前为止,我已经讨论了亚里士多德的自然哲学(第四章)、西方对它的接受(第五章),以及中世纪的自然哲学家如何改变了他们的亚里士多德遗产(本章),我将在第七章中描述中世纪自然哲学以及亚里士多德主义者所塑造的亚里士多德主义的本质特征。

第七章　中世纪的自然哲学、亚里士多德主义者和亚里士多德主义

127　由于亚里士多德的自然哲学是本书的主要关注对象，所以我们对它的讨论必须包含第三章中谈到的亚里士多德的自然学著作（*libri naturales*）以及中世纪对这些著作的评注和疑问。亚里士多德的自然学著作远远不是对物理世界的彻底全面、连贯系统的描述和分析。但它们含有丰富的主题和思想，涉及的内容十分广泛。自然学著作是当时能够得到的最好的宇宙研究指南，因此它们才在中世纪的大学中成为自然哲学的基础教科书。正是这种自然哲学构成了中世纪的世界观，这种世界观体现在拉丁中世纪和中世纪大学所特有的一种特殊类型的文献中，那就是“疑问”（questions）文献。

第一节　中世纪晚期的“疑问”文献

“疑问”（*questio*）是自然哲学使用最为广泛和频繁的形式。我们在第三章中看到，它源于评注，但在结构上又类似于口头论辩（这是中世纪大学教育的一个极为显著的特征）。它实际上是教师在课堂授课中讲解的问题的文字版本。由于具有论辩的结构，疑

问形式的文献和分析几乎已经成了中世纪“经院方法”的同义词。尽管某个疑问的组成安排偶尔会发生变化，但经院学者往往试图以一种相当标准的格式来提出论证，这种格式在几个世纪里始终如一。首先是阐述问题或疑问，通常以一个短语开始，比如“让我们探讨是否……”，或者干脆就是“是否……”（*utrum*）：“地球是否为球形”，“地球是否运动”，或者“是否可能有多个世界存在”。接下来则是一个或多个（有时多达五六个）解答，对原先的问题或持肯定态度，或持否定态度。如果持肯定态度的论证最先出现，那么一般认为，作者可能对此持否定态度；相反，如果持否定态度的论证最先出现，那么作者可能对此持肯定态度，并将在下面为之辩护。最先给出的那些观点被称为“主要论点”（*rationes principales*）[①]，它们最终将被拒斥。 128

在主要论点之后，作者会简要地提出相反观点，通常用 *oppositum*[相反者]一词来引入。用“相反者”来引入另一种观点是恰当的，因为中世纪作者此时正在对需要回答是或否的疑问进行回应。因此，如果主要论点代表肯定的回应，那么接下来相反的观点就必须代表否定的回应，或者不置可否。相反观点主要是引用至少一位权威（往往是亚里士多德本人），其说法与开篇的肯定性观点不一致。事实上，相反观点也许就是短短一句话，如“亚里士多德持相反的观点。”

在提出了主要论点和相反观点之后，作者可能会进一步澄清

① 这里的“主要”（*principales*）一词，是指与作者立场相反的“主要”论点，在疑问中被首先提出来。——译者注

和限定他对该疑问的理解，或者解释其中的某些词项。例如，在“是否可能存在多个世界”这个疑问中，布里丹不仅解释了“世界”这个词可以有多种理解，而且解释了他所谓的“多个世界”是什么意思：

> “世界”(*mundus*)一词可以有多种理解。一种是理解成由所有存在事物组成的整体，在这个意义上世界被称为“宇宙”(*universum*)。“世界”还可理解为可生灭的事物和永恒的事物，因此我们将世界分为这个低劣的世界和一个优越的世界。“世界”还可以通过许多与我们目前讨论不相关的方式来理解。与我们讨论相关的是把世界看成轻重[物体]的总和。本疑问(是否可能存在多个世界)所探求的正是这个意义上的世界。关于这一点必须指出，可以从两种方式来设想多个这样的世界：一种是它们同时存在，就好像目前在这个世界之外还存在着另一个这样的世界；另一种是它们相继存在，即在时间上一个接一个地存在。①

在加入了所有必要限定之后，作者随时可以提出自己的观点，通常是一个或多个详细的结论或命题。由于预见到反对意见，作者甚至可能先去质疑他自己的结论，然后再加以解决。

---

① John Buridan, *Questions on De caelo*, bk. 1, question 19. My translation from Ernest A. Moody, ed., *Iohannis Buridani Quaestiones super libris quattuor De caelo et mundo* (Cambridge, Mass.: The Mediaeval Academy of America, 1942), 87—90.

在总结这个疑问时，他会依次对开头阐述的每一个主要论点作出回应。129

一部典型的疑问论著一般由相当数量的疑问所组成，其中每一个疑问的结构大体都是我们方才描述的那个样子。14世纪，萨克森的阿尔伯特在其《关于亚里士多德八卷〈物理学〉的疑问》中包括了107个疑问，在《关于亚里士多德两卷〈论生灭〉的疑问》中包括了35个问题；布里丹在其《关于亚里士多德四卷〈论天〉的疑问》中包括了59个疑问，在《关于亚里士多德三卷〈论灵魂〉的疑问》中包括了42个疑问；犹太人提蒙（Themon Judaeus）在《关于亚里士多德四卷〈气象学〉的疑问》中包括了65个疑问。在这五部论著中，三位作者总共思考了308个不同问题。

就这样，亚里士多德的每一部著作都被分成了一系列疑问。一般说来，关于亚里士多德某部著作的疑问将根据该著作的主题而定。由于亚里士多德的著作往往组织松散、缺乏条理，所以中世纪晚期源于这些著作的疑问也缺乏内聚力。虽然偶尔也有人试图将各个疑问联系起来，但更多情况下则是对每个疑问作独立讨论，就好像它们是彼此无关的。中世纪经院自然哲学所关注的焦点是独立的疑问以及由它产生的不同观点，目标则是解决或裁定每个疑问。

在典型的疑问论著所包含的众多问题中，经院学者会频繁提到亚里士多德的论证和观点，无论这些提法是源自正在讨论的这部著作，还是源自亚里士多德的其他著作。不过，将一个疑问中的实质性问题与另一个疑问中的类似讨论（无论是否在同一著作中）联系起来却并不多见。这种联系可以通过两种基本方式进行。有时作者会提到同一论著中的其他疑问,例如他们可能会说:“由另一个疑问可以明显看出”,“另一个疑问谈到了相反的观点”,“如在另一个疑问中所看到的”,诸如此类。要找到这些含糊说法的所指,其困难是显而易见的。更常见的则是一种更为含糊的提及方式,作者可能会暗指本论著中较早或稍后出现的相关思想,这类用语有“如前所述”,“如前面所提及”,“如后面将会看到的”,诸如此类。

尽管大多数经院自然哲学家很少作这种联系,或者做得很随意,但有些人却极力联系较早或稍后出现的论证。布里丹和萨克森的阿尔伯特等著名学者所作的相互参照(cross-references)相对较少,但奥雷姆却是个明显例外。在《关于亚里士多德〈论灵魂〉的疑问》这部长篇论著中,奥雷姆提出了45个疑问,涉及《论灵魂》各卷。在这45个疑问中,奥雷姆提到其他疑问多达25次(比如“在另一个疑问中”,“正如在另一个疑问中所看到的”,“由前一疑问显然可以看出”,等等)。还有大约70次,奥雷姆使用了前面谈到的那种更为模糊的提及方式,例如“如我们所说”,“正如我们所看到的”,“根据前述方式”,“正如我们在另一处所说”,“后面将会看到”,等等。

这些相互参照向我们揭示了奥雷姆及其论著的哪些东西?至少,奥雷姆希望告诉他的读者,这部论著的其他疑问中有相关内容。这是否暗示着斯多亚试图把《关于亚里士多德〈论灵魂〉的疑问》组织成一个融贯的整体?在考察了他的所指之后,我们发现他并没有这样一个更大的目的。他所提到的大约95处内容不仅大都难以确认,而且并不总能确定它们是否在同一论著中，甚至是否出现过。奥雷姆著作的编者彼得·马歇尔（Peter Marshall）曾经注意到，在宣称"它将在别的地方讨论"之后，奥雷姆并没有作后续讨论。在另一处，奥雷姆使用了"如前所述"的说法，而编者却发现，奥雷姆有四个不同的疑问似乎都涉及了这一主题。

奥雷姆这些说法最明显的麻烦也许在于它们的含糊不清。有多少读者会有足够的耐心和热情去寻找所谓的"正如在另一个疑问中所看到的"或"如上所述"呢？然而，即使有坚毅的读者找到了相关说法，又能拿它做什么呢？奥雷姆很少解释某一段落与相关文本之间的关联。读者只能先找到有可能对文本产生启发的相关段落，然后再确定它们的关系。

为什么奥雷姆等经院学者要说得如此含糊？毕竟，疑问在文本中是有编号的。例如，在《关于亚里士多德〈论灵魂〉的疑问》的第三卷中，奥雷姆也许谈到了一个或多个有编号的疑问。然而，在所有 95 个相互参照中，却没有一个指明了疑问编号，比如奥雷姆从不说第三卷的第四个疑问或第二卷的第八个疑问等等。他和他的同行没有用最明显、最方便的方法来做相互参照，这似乎让人奇怪。但是，即使找到了这些出处，如果不花一番功夫将各个段落联系起来，弄清关系，它们也不会有什么价值。无论是奥雷姆还是别的经院学者，都没有想到要以这种方式将各个疑问整合起来。

131

中世纪疑问论著中的每一个疑问都会被详细讨论，然后作者会给出自己的明确立场。作者一般会将每一个疑问独立于其他疑问进行讨论，即使该论著中的各个疑问之间或者与其他论著中的疑问之间可能存在着千丝万缕的联系。甚至当这些联系被指明时(比如奥雷姆在其论著中提到了95次),它们的用处也不大,因为这些出处不仅含糊不清、无法确定,而且所声称的联系也交代得不够详细。

疑问论著的作者试图将每个问题分解成它的组分,而不是将各个疑问综合成一个更大的整体。中世纪的自然哲学家强调分析而不是综合,倾向于遵循亚里士多德的论题次序,而不是将各个疑问组织成关于世界的某个更富于意义的更大图景。虽然疑问形式对于处理狭窄的特定问题是有用的,但却难以胜任那些更广泛的、相互关联的主题,或者需要持续表述的主题。在《关于亚里士多德〈论灵魂〉的疑问》中,奥雷姆抱怨说(第三卷,疑问三),在讨论人类理智的各个方面时,疑问形式是难以胜任的。但他又补充说,出于习惯,他将继续这样做。在经院学者中,奥雷姆是非同寻常的,他曾就各种主题写过大量论著(*tractatus*),每一部论著都会系统而详细地探讨某一个主题,如比例、形式的增强和减弱、天的运动的可公度性和不可公度性、天球等等。他或许认为这些主题不适合用疑问形式来处理。

第二节 以其他文体写成的自然哲学

自然哲学问题不仅出现在讨论亚里士多德著作的"疑问"论著中,而且还出现在对伦巴第《箴言四书》的评注中,特别是讨论创世的第二卷,通常包括关于天的结构和运作以及光的问题。由于也涉及创世,神学"大全"(summas)中的一些问题与《箴言四书》评注中的问题类似。

神学大全和《箴言四书》评注是在逻辑上条理分明的经院文献(阿奎那的《神学大全》是最高范例)。我们也许会设想,自然哲学大全也有类似的系统性。在15世纪的前25年,威尼斯的保罗(Paul of Venice,约1370—1429)撰写了《自然哲学大全》(*Summa of Natural Philosophy*),它将自然哲学分成了六个部分,分别对应于亚里士多德的《物理学》、《论天》、《论生灭》、《气象学》、《论灵魂》和《形而上学》。前四部著作的编排次序无疑是基于亚里士多德《气象学》开篇的说法。作为忠实的亚里士多德主义者,保罗遵循着亚里士多德的著作次序。作为传统的经院自然哲学家,他对每部论著中疑问的讨论也独立于其他论著中的疑问。因此,保罗的《自然哲学大全》不过是亚里士多德六部不同论著的集成,每一部都带有它自身的疑问。即使威尼斯的保罗把关于每部著作的疑问放在一起出版,他也没有获得更多的整体性和综合性。 132

中世纪经院哲学家最接近"宏观图景"(big picture)的系统性综合出现在一些不包含疑问的论著中。这些论著通称"纲要"(compendia),试图以一种融贯的、逻辑的简洁方式来解释亚里士多德关于整个世界运作的看法。一位无名氏于14世纪下半叶在巴黎撰写的一部自然哲学和形而上学论著,便是这种"纲要"的最好范例之一。[1] 作者一开篇就解释说,亚里士多德的文本是如此冗长和困难,学生们阅读起来很费劲,他认为有必要在这篇简短的纲要中(尽管它有236页,很难算是简短)对亚里士多德和其他哲

---

① 现藏巴黎国家图书馆(fonds latin,MS. 6752)。

学家的观点进行总结。这部论著还有更进一步的意义,因为这位无名氏作者说,许多学者已经讨论了亚里士多德几乎未作讨论或从未提到的话题。于是在纲要中,这位作者不仅包括了亚里士多德的解释,而且也包括了"现代人"即13、14世纪的人对亚里士多德的偏离。这部非同寻常的论著涵盖了丰富的自然哲学内容。其作者力求系统地组织论题,并且在相关之处引入新的观点和对亚里士多德的偏离,最后得到的文本远比标准的疑问论著更能增进知识。不过,这种纲要在中世纪较为罕见,与疑问论著相比,它起的作用较小。

许多自然哲学内容还包含在标题中含有"论"(*tractatus*)的非疑问著作中,萨克罗伯斯科的约翰于13世纪撰写的《天球论》(*Tractatus de sphaera*)便是其中很著名的一部。它对天和地作了简要描述,是大学教科书。它引出了不少评注以及题为"天球论"的著作。前面讲过,奥雷姆以这种论著形式写了一些非常重要的自然哲学著作,比如《论质和运动的构形》(*Tractatus de configurationibus qualitatum et motuum*)、《论比的比》(*Tractatus de proportionibus proportionum*)、《论天的运动的可公度性和不可公度性》(*Tractatus de commensurabilitate vel incommensurabilitate motuum celi*)等等。三位13世纪学者所撰写的百科全书著作包含了许多自然哲学内容,在整个中世纪都很有影响,即奥弗涅的威廉(William of Auvergne,约1180—1249)的《论宇宙》(*De universo*),英格兰人巴托洛梅(Bartholomew the Englishman,活跃于1220—1250)的《论事物的属性》(*De rerum proprietatibus*)以及博韦的樊尚(Vincent of Beauvais,约1190—约1264)的《自然之镜》(*Speculum naturale*)。正如第三章所述,自然哲学往往是医学、神学、道德哲学和形而上学的重要组成部分。事实上,自然哲学也是在物质理论的更大框架下讨论元素本性的炼金术著作的一部分。虽然本书主要关注疑问文献,因为它是中世纪自然哲学及其世界观的最重要来源,但其他文体形式,特别是独立的“论”,也发挥了作用。

第三节　宇宙作为自然哲学的主题

自然哲学著作的目的是描述和分析整个宇宙(包括所有物体和生物)的结构和运作。在第六章中,我们主要关注的是中世纪自然哲学家对第四章所描述的亚里士多德世界观的偏离。接下来我将简要描述一种相当有代表性的中世纪世界观。和大多数“世界观”一样,中世纪的世界观也有两个基本而相互关联的方面。第一个方面往往等同于中世纪世界观,涉及宇宙的整体结构框架,即宏观结构或“宏观图景”。第二个方面则集中于宇宙运作的细节,学者们对此有很大分歧。

1. 宏观图景

宇宙框架总体上说是非常简单的。它在很大程度上由三方面复合而成:一是源于亚里士多德自然哲学中的宇宙论思想;二是《圣经》文本中的一些观念,特别是《创世记》中的创世记述;三是在基督教神学内部发展起来的关于神、天使和灵魂的传统观念和教义。宇宙是一个巨大的、独一无二的、有限的物质天球,处处充满

134

了物质。宇宙天球被分成了许多层层相套的子天球或球壳。在这个巨大的天球及其子天球内部有两个截然不同的部分:天界和地界。天界始于月亮天球的凹面,上至恒星天球,甚至是世界的最外层天球——最高天,一般认为有福者就居住在这个光芒四射的地方。天界充满了完美的、不朽的以太,它的一个主要性质就是能够推动自身做均匀圆周运动,或者被其他某种东西(如某个灵智或天使)所推动。由于天界均由这种特殊的以太所构成,所以同心排列的天球(数目一般认为从八个到十一个不等)携带着恒星和七颗行星围绕着我们这个球形宇宙的中心做均匀圆周运动。共有八个天球携带着天体:第八个天球携带着所有恒星,下面的七个天球携带着七颗行星,每颗行星一个天球。

地界从月亮天球的凹面下方开始,下至宇宙的几何中心。与天界相反,地界或月下世界是不断变化的,因为地界不完美的可朽物体一直生灭不息。这些地界物体由四种元素复合而成,这些元素排列成四个同心球壳,分别对应于每种元素的自然位置。从月亮天球的凹面往下依次是火、气、水、土的自然位置。每种元素都有一种固有能力,能够朝着它的自然位置做自然运动。物体中占主导地位的元素决定着物体自然运动的方向,即总是朝着占主导地位的元素的自然位置。由土构成的物体被认为绝对重,如果不受阻碍,它将始终朝着宇宙中心自然下落;由火构成的物体则被认为绝对轻,它将朝着月亮天球的凹面上升。水和气这两种居间元素根据所处位置的不同,会产生两种结果:水在土的自然位置会上升,在火的自然位置则会下降;火在土和水的自然位置会上升,在火的自然位置则会下降。

由于天界是不朽的，因此它被认为要比地界更为完美和高贵。根据一条被广泛接受的几乎未受质疑的原理，较为高贵的物体能够作用于不那么高贵的物体，并对其产生影响，反之则不可能。于是，认为不朽的天体支配着地界的可朽物体和生物的行为就是顺理成章的了。这种支配是通过天对地不断发出各种感应而实现的。 135

15、16世纪的早期印刷版中常常绘有世界的这种基本结构，它表现为包围着天界和地界的一系列层层相套的同心天球。在大约450年的时间里，这种简洁的宇宙基本构造使欧洲学者心悦诚服。

2. 运作细节

虽然西欧在世界的宏观结构上大体取得了一致，但在许多特定的宇宙活动如何发生方面，人们并未达成共识。自然哲学家在许多运作细节上都有分歧，这一点从他们对物理世界运作方式的疑问的各种不同回答上就可以明显看出。中世纪的自然哲学正是由试图处理这些运作细节的数以百计的疑问所组成。但在某种程度上，它超越了构成它的各个疑问的总和。要想刻画在中世纪实际理解和实践的自然哲学，就必须解释自然哲学在那一时期知识架构中的位置。

第四节　什么是自然哲学

自然哲学在人类知识框架中的位置基于亚里士多德对科学的

划分。在《形而上学》中,亚里士多德将科学分为:关注知识的理论科学;探讨行为的实践科学;讨论实用对象制造的创制科学。亚里士多德又进一步将理论科学分为三部分:(1)神学或通常所谓的形而上学,讨论能够独立于物质或物体而存在的、不变的事物,即神和诸种精神实体;(2)数学,讨论从物体中抽象出来因而不能独立存在的、不变的事物,如数和几何图形;(3)物理学,讨论能够独立存在的、可变的、拥有运动和静止内在来源的事物,既包括有生命的东西,也包括无生命的东西。亚里士多德所理解的物理学实际上就等价于自然哲学,或有时所谓的自然科学。在《气象学》的开136篇,亚里士多德解释了他对自然研究或自然哲学的理解。在这一理论学科中,包括了对自然的第一因、一般的运动和变化、天体的运动、元素的运动和转化、生灭、月亮天球之下的大气现象以及动植物的研究。因此,在最宽泛的意义上,中世纪的自然哲学研究的是发生变化的物体。或如14世纪的一个不知名的作者所说:"自然哲学的固有主题是一切可运动的事物。"[①]自然哲学的领域就是整个物理世界,因为在由天界和地界组成的亚里士多德的宇宙中,到处都有运动和可运动的事物。

在亚里士多德看来,自然物由被动的质料和主动的形式所组成。自然哲学家研究这些物体的运动和变化。作为质料与形式的结合体,每一个物体都会受到四种基本原因的影响:质料因、形式因、动力因和目的因。这四种原因同时作用于所有物体,产生一系列永无休止的宇宙效应。和自然哲学家一样,数学家也研究这些

① My translation from Ibid. ,fol. 7v.

物体，但却是从一个截然不同的角度。他们试图把物体的几何属性和特征抽象出来加以研究，因此主要关注物体的可度量和可量化的方面，而不是物体本身。涉及把数学运用于自然现象的科学被称为“中间科学”(*scientiae mediae*)，如光学、天文学和静力学等等，因为它们被认为介于自然哲学和纯数学之间。

在中世纪，人们对自然哲学与数学的关系的看法有时非常不同。1230年左右，一位不知名的作者为巴黎大学的艺学学生写了一本指导书，将自然哲学分为形而上学、数学和物理学，从而把数学归于自然哲学。这样看来，自然哲学就等价于亚里士多德对理论知识的整个三重划分。自然哲学日益增长的权威性由此可见一斑。有些人不同意这种安排，他们将中间科学从自然哲学中排除出去，但对于这些科学是距离自然哲学更近还是距离数学更近，他们仍然莫衷一是，持两种看法的人都有。在把数学运用于自然哲学时，其组合被认为独立于中间科学，属于自然哲学的一部分，比如形式的增强和减弱(参见第六章)。

在中世纪的大学中，自然哲学是一门通过理性、分析和形而上学来研究的理论学科。亚里士多德和写过科学分类著作的人都没有把魔法包括在内。占星学有所涉及，但这只是因为它曾经是天文学的一部分，也曾在医学研究中发挥过作用。如果说炼金术也被虑及，那只是因为它与亚里士多德的物质理论结合在一起。魔法、占星学(特别是在它与人的命运和前途相关的意义上)、炼金术等玄秘科学虽然在科学史上有意义，但在中世纪大学的自然哲学课程中并不正式讲授。不过，不排除个别教师和学生可能私下里从事过这些活动。 137

第五节　自然哲学中的疑问

要想对中世纪的自然哲学有具体感受，就必须了解中世纪自然哲学家对亚里士多德的世界所提出的那些疑问。亚里士多德在其自然学著作中对此作了描述和分析。前面三位学者撰写的关于五部亚里士多德自然学著作的疑问共有308个。如果把关于亚里士多德《形而上学》和《自然诸短篇》的疑问也包括进来，那么疑问的总数将达到600个甚至更多。无论数目有多少，关于亚里士多德这些论著的所有疑问构成了中世纪自然哲学的核心。因此，有必要讨论一下这些疑问到底是什么样子。为方便起见，我将按照宇宙中的次序来谈，即先是关于天界最外层以及天界之外的疑问，接着下降到月亮天球，然后到地界靠上的部分，最后是地球本身。[①]

首先是关于世界地位的疑问，即它是一个受造物，还是某种没有开端也没有终结的东西？或者说："宇宙是否可能自无始以来就一直存在着？"无数疑问只不过是这个具有潜在威胁的主题的变种。例如，上帝是否可能永恒地维持世界？世界是某种可以生灭的东西，还是某种不生不灭的东西？永恒运动是否可能存在是这个基本疑问的另一版本。通过追问"世界是否是被创造出来的"，中世纪自然哲学家得以有效地探究世界的永恒性，因为否定回答将意味

---

① 本节所引用的疑问出自"The Catalog of Questions on Medieval Cosmology, 1200—1687" in Edward Grant, *Planets, Stars, & Orbs: The Medieval Cosmos, 1200—1687* (Cambridge: Cambridge University Press, 1994), 681—746。

着承认世界是永恒的。然而，这个疑问通常是从永恒而非创世的立场提出来的，因为这些疑问是在亚里士多德自然学著作的背景下被肯定的。与此相反，当神学家在评注伦巴第的《箴言四书》时，则总是包含一些关于创世的疑问，因为它的第二卷是讨论创世的。 138

由于假设上帝创造了世界，探究世界之外可能存在什么就成了自然而然的事情，特别是在1277年大谴责之后。在思考世界之外存在的事物时，自然哲学家关心其他世界是否可能存在，世界之外是否可能存在无限虚空，上帝在无限虚空中是否无所不在，上帝的无所不在是否与无限的虚空同广延，等等。自然哲学家假设与我们的世界相同的其他世界的确存在着，他们问一个世界中的地球是否会自然地移到另一个世界的中心。

然而，根据信仰，经院学者主要分析的是这个被唯一创造的世界及其完美性：是上帝使它完美的吗？说世界是"完美的"是什么意思？如果它是完美的，上帝是否可能使它更为完美？尽管我们这个独一无二的世界的实际尺寸并未成为一个疑问，但它是有限还是无限却引发了极大关注。就好像是为了检验一个无限的世界是否可能，经院学者追问一个无限的物体是否可能做圆周运动或直线运动。因为如果世界果真是无限的，那么亚里士多德的物理学和宇宙论就是不可能的，对这些疑问的否定回答不可避免会推出世界是有限的，它实际上是中世纪自然哲学的一条根本原则。

我们有限世界的物质构成是核心议题。构成所有物体的有限种类的元素果真存在吗？是否存在着五种元素物体或单纯物体——四种传统元素（土、水、气、火）以及构成所有天体的第五种元素以太？关于所谓天界物质与地界物质的区别，人们提出了无数疑问。事实上，一个永恒的疑问是，被认为不朽的天界或月上世界是否也像不断变化的地界那样拥有物质。另一种提问方式是天界物质与地界物质是否有相同的种类，即它们是否本质上相同。还有一些疑问涉及天球与行星的相同与不同。自然哲学家经常追问，是所有天体（天球、恒星、行星）都属于同一种类，还是每一个天体都构成了独一无二的类型。

天界被一些同心天球（或球壳）所充满，其中每一个又进一步139 分为若干偏心天球，经院学者认为这是自明的。中世纪最流行的宇宙论疑问涉及从月球到恒星天球（甚至再往上）层层相套的同心天球的数目。公元2世纪的大希腊天文学家托勒密在其《天文学大成》中给出的行星次序和数目通常就是中世纪所接受的结论：月亮、水星、金星、太阳、火星、木星、土星以及恒星天球。然而，对于恒星之上的可运动的天球（其中一些在天文学上起着作用）如何排列，却一直存在分歧。所有天球都像亚里士多德所认为的那样在运动吗？经院学者经常问，各个运动天球之外是否还存在着一个不动的天球，它作为宇宙的容器将那些运动天球包含在内。通常认为，这样一个天球是存在的，它被称为最高天，发出炫目的光芒，有福之人和上帝的选民就居于此地，获得无尽的福佑。与之相比，我们尘世的光黯然失色。尽管几乎所有自然哲学家都承认最高天的存在，但有这样一些关于它的疑问：它是一个物体吗？它应当被称为天吗？如何将它与其他天相比较？

通过谈论天穹之上的水，《圣经》为两个天球提供了根据：天穹[即恒星天]和水晶天。神学家们在关于伦巴第《箴言四书》的评注中提出了关于水以及水处于其上的天穹的疑问。为什么水存在于天穹之上？水的目的是什么？这些水是环状的吗？水晶天是像水的性质一样，还是如冰一般坚硬？天穹是什么？它有火一样的本性吗？关于与天球和行星相联系的属性也有诸多疑问。它们是不朽的吗？行星和恒星是球形的吗？能否说整个天界有轻重疏密？如果这些属性存在于天界，它们是否不同于地界的轻重疏密？也就是说，天界物体与地界物体的疏密是否有所不同？一个重要而困难的疑问是，各个天球是彼此区别且不连续，还是说天界是连续的？有一个亚里士多德没有讨论清楚的传统问题与天的生机活力有关。说天是活的有意义吗？尽管巴黎主教认为把生命赋予天体是一种危险的思想，并且在 1277 年谴责了它，但令人惊奇的是，无论是教父还是教会，在这个重要问题上都没有采取官方的立场。

天的运动及其原因颇受关注。无一例外，天的运动均被看作自然的匀速圆周运动。在“天的自然运动是否是圆周运动”或者“天是否总是规则地运动”这样的疑问中，总有对这些信念的各种不同论证。各个天球的速度差异，以及同一天球同时作几种运动的可能性也被考虑。 140

至于天的运动的原因，在追问“天[即诸天球]是被灵智所推动，还是被一种固有的形式或本性内在地推动”时，自然哲学家暗示了外部和内部的可能性。无论原因是什么，这些学者也探究运动原因是否会变得衰竭，从而不再产生匀速运动。

由于在创世六日中所起的作用以及在天界的生动显现，天界的光是一个基本主题。上帝是否在第一天创造了光？如果是这样，光的本性是什么？神学家们对这些问题非常感兴趣。然而，自然哲学家最感兴趣的却是星光的来源问题。星光是出自每一个天体，还是说，行星本质上缺乏光，星光都来自太阳光？

基于"较为强大和优越的事物应当影响较为弱小和低劣的事物"的假设（如圣波纳文图拉所表达的）[①]，学者们经常追问天界是否会影响月亮天球之下的低劣世界中的事物。他们探究天界各种组成部分的影响，即行星的影响是什么？每颗行星是否都产生不同的影响？光会产生什么影响？运动会产生什么影响？事实上，基于天的运动对低劣物体有广泛影响的假设，经院哲学家们有时会问："如果天停止运动，是否低劣物体的一切运动和行为都会停下来？"

关于地界活动和四种元素的疑问主要出现在关于亚里士多德的《论生灭》、其次是《气象学》和《论天》的评注中。自然哲学家追问元素的位置以及它们的大小和形状。他们也关注元素在复合物中是否还能保持其本性；一种元素能否直接由另一种元素生成；元素是否能以一种纯粹状态在自然中存在。还有关于个别元素的疑问：火是热而干的吗？它在月下区域做圆周运动吗？火的形式是光吗？他们研究气是否自然是热的和湿的，而且还奇怪地问，气的中心区域是否总是冷的。彗星、流星和银河被认为是月下现象，经常会有一些关于它们的疑问。例如，彗星拥有天界的本性吗？它们能否预言战争、瘟疫和统治者的寿命？

141 元素与复合物的运动又催生了无数疑问。自然哲学家认为，

① From Bonaventure's *Comment on the Four Books of the "Sentences,"* bk. 2, dist. 14, pt. 2, art. 2, qu. 2 in his *Opera Omnia*, vol. 2 (1885). Translated from Grant, *Planets, Stars, & Orbs*, 575.

复合物中存在着一种起主导作用的元素，他们问这种主导元素是否决定着物体的运动方向。重物在各种条件下如何作自然运动或受迫运动通常在关于《物理学》和《论天》的疑问中讨论。例如，自然哲学家会问，向上或向下运动的物体是否有内阻力？气或水这样的起阻碍作用的介质对于运动的发生是否必不可少？他们也会很自然地问，是否可能有一种独自存在的有广延的虚空？如果存在，物体能够以有限速度穿过它吗？尽管伽利略、笛卡尔和牛顿在运动学和动力学方面对科学做出了伟大贡献，但在中世纪提出的许多疑问却构成了那些解答的历史的一部分。例如，常常可以看到这样一些疑问：推动者与被推动者是否是联合在一起的？静止的瞬间是否介于受迫运动的上升与下降之间？一个非常重要的疑问是，在脱离抛射者的手之后，抛射体是由周围的空气推动，还是由一种被注入的力或冲力来推动？援引冲力乃是为了解释落体的自然加速，它经常出现在这样一些疑问中："自然运动最终是否比最初更快？""在与抛射者分离之后，被抛出的石头，或者射出的箭，是被内在的原理推动还是被外部的原理推动？"

中世纪的自然哲学家还经常思考关于整个地球的各种疑问。其中之一是地球的球形，特别是地球的山脉和不规则性如何与它的球形相调和。还有一些疑问涉及地球的相对尺寸。例如，地球与天相比是否就像一个点？地球的大小或尺寸是否小于某些行星？其他值得注意的问题包括地球的位置（它是否固定于世界的中心？），物质的分布（地心是否等同于重力中心和体积中心？）以及它处于世界中心的状况（整个地球是静止于世界中心，还是绕轴自转？）。自然哲学家也经常研究是否整个地球都可以居住。

第六节　自然哲学的技巧与方法

中世纪自然哲学由方才描述的那些疑问和议题组成。它涉及142数百个疑问，涵盖了从最外层天球到地球内部的整个世界。自然哲学处理疑问的方法至少有两种：一种关注抽象的科学分析，试图确定什么是科学中的证明以及因果关系的本质；另一种则涉及用来支持或加强论证的技巧。

1. 抽象的方法

在中世纪，科学的理想是通过三段论来证明。尽管三段论基于亚里士多德的《后分析篇》，但对于它到底意味着什么，人们的看法却有极大分歧。无论用何种方法获得证明性知识，大多数经院学者都认为，科学和自然哲学的目标就是尽可能地证明关于世界的真理。让一些神学家-自然哲学家感到不安的是，亚里士多德的证明性科学所能获得的确定性会与信仰相对抗，甚至会颠覆信仰。为了避免这种可能性，一些神学家-自然哲学家通过援引上帝绝对权能学说来质疑亚里士多德证明性科学的确定性，正如我们看到的，这是1277年大谴责的一个重要因素。

这其中最重要的学者是奥卡姆的威廉（William of Ockham，约1285—1349）。奥卡姆不仅是出色的逻辑学家和哲学家，而且也是卓越的神学家。在他看来，世界完全依赖于上帝深不可测的意志，上帝凭借自己的绝对权能本可以使事物不是现在这个样子。由此得出，现存的一切事物都是偶然的，也就是说本来完全可以不是这样。上帝作为完全自由的动因，可以做任何不包含逻辑矛盾的事情。他既可以通过次级原因或自然原因来创造事物，也可以对事物进行直接创造和维持，或者与次级原因或自然原因同时进行创造和维持。上帝的能力是如此之大，以至于只要愿意，他可以创造出没有实体的偶性，没有偶性的实体；或者创造出没有形式的质料，没有质料的形式。出于这些纯粹神学的考虑（它反映了导致1277年大谴责的神学精神），奥卡姆导出了一种认识论，它曾被说成是一种彻底的经验论。

奥卡姆经验论的主要特征是这样一种信念，即一切知识都是凭借"直觉认知"（intuitive cognition）通过经验而获得的，这种表述是奥卡姆从司各脱那里得来的。奥卡姆的"直觉认知"的意思是，外在于心灵的对象以及人的心理状态都是直接把握的。这种直接的知觉使人能够知道某物是否存在。要表明以这种方式把握的任何事物的存在性，既不需要证明，也不可能给出任何证明。事 143 实上，甚至一个不在场的或无法通达的物体也可以产生一种直觉认知，因为上帝本身可能会直接提供这种认知的原因，而不是像惯常那样通过一种次级原因来运作。无论是哪种情况，我们对那个物体的经验都是一样的。事实上，上帝也可以使我们相信一个实际并不存在的物体的存在，但他不可能让我们清楚地认识到它存在。也就是说，上帝可以使我们相信一个物体存在着，但不可能让我们知道它实际存在着，否则将会导致矛盾，因为该物体曾被猜测并不存在。于是在奥卡姆看来，心理的确定性与通过感官获得的基于"客观"证据的确定性无法区分开来。

既然否认偶然事物之间的必然联系，奥卡姆不得不对因果关系作一番考察。他在《关于〈箴言四书〉的评注》中指出，如果某种事物所产生的结果在它在场时发生，（在其他情况保持不变的情况下）在它不在场时不发生，那么这种事物就可以被看成直接原因。然而，只有通过经验而非先天推理，才可以正当地说，满足这些条件的事件序列有因果联系，比如我们发现火是引起衣服燃烧的原因。由于奥卡姆已经表明，一个事物的存在并不必然蕴含另一事物的存在，所以先天推理并不能起到什么作用，就像前面对因果性的讨论那样。甚至连经验也不能保证这种因果关系的确定性，因为上帝也许会不依赖于次级原因而直接点燃衣服。即使是连续观察到事件序列的理想条件下，也无法确定地认识到特定的因果动因。就这样，奥卡姆似乎破坏了在13世纪被广泛接受的亚里士多德意义上的绝对可知和必然的因果关系。

尽管奥卡姆对14世纪的冲击最大，但他的影响大大超出了14世纪。一些似乎受他影响的人试图抛弃证明性科学，而依赖于或然性论证（probable arguments）。奥特里考的尼古拉（Nicholas of Autrecourt，约1300—1350后）、皮埃尔·达伊（Pierre d'Ailly，1350—1420）等14世纪神学家试图构造与亚里士多德不同的方案，认为在大多数问题上都可以提出与亚里士多德同样好的或然性回答，并且应当加以利用。他们强调，许多论证并不是证明性的，而只能是或然性的。帕尔马的布拉修斯（Blasius of Parma，约1345—1416）曾在多所意大利大学讲授数学和自然哲学，他将数学与自然哲学进行对比，认为数学是一门证明性科学，而自然哲学则考察无法进行证明的事物。其实早在13世纪，格罗斯泰斯特就已

144 经指出，物理学或自然哲学中的证明只可能是或然性的，它与确定

的数学证明不同。罗吉尔·培根则坚持说，在自然哲学中，必须用经验来确证证明。“因此，推理是不够的，还要有经验，”培根说。他的结论是：“亚里士多德说，证明是用三段论使我们认识事物，如果有相关的经验伴随着证明，这句话就是可理解的，如果仅仅有证明，这句话就无法理解。”[①]关于确定性的层次，一般认为，自然哲学给出的确定性不如数学，数学是确定性证明的典范。

尽管证明性科学经常被讨论，而且被认为很重要，但它在一般疑问论著中处理的通常问题中所起的作用不大。或然性回答也是如此。事实上，亚里士多德《后分析篇》中的那种抽象方法在实际问题的处理中并不常见。在这一点上，中世纪的自然哲学家与亚里士多德相去不远，亚里士多德也没有找到什么机会将自己的科学方法运用于实际的物理问题中去。

2. 实际运用的方法

在讨论自然界的具体问题时，经验自然哲学家可能会遵循布里丹提出的更为实际的方法，而不是奥卡姆及其追随者的方法。自然哲学家很清楚，在他们生活的那个时代，关于物理世界的合理论证必须与植根于基督教的一千多年历史的神学概念和教义相容，因此，他们会对自己的结论和解释作出某些姿态。为了让上帝有可能介入，解释有时无法预知的自然活动，中世纪的自然哲学家

① From Roger Bacon's *Opus Maius* vi. 1, translated by A. C. Crombie, *Robert Grosseteste and the Origins of Experimental Science 1100—1700* (Oxford: at the Clarendon Press, 1953), 141.

发展出了一些基本策略和方法，这些方法有时说得很直白，但更多则只是暗示。他们当中做得最出色的也许是布里丹，他可能是中世纪最卓越的艺学教师。

作为坚定的经验论者，布里丹相信人能够通过因果性来理解自然的运作。他也承认启示的真理是绝对的，他在信仰上没有难以解决的问题。虽然他承认上帝可以做任何通过自然方法不可能实现的事情，但对那种关于"上帝可能做了什么"的物理学和宇宙论，他却没有什么好感。尽管上帝无疑有能力做任何不包含逻辑矛盾的事情，但这并不意味着他实际这样做了。如果上帝奇迹般145 地介入，就会根本改变那些看似固定的因果关系，比如使火变冷，或者虽然看起来是火点着了木头，实际上却是上帝直接使木头燃烧起来，而不需要火起作用。认为因果关系可能由于上帝的介入而并失效，这种思想令人不安。即使没有上帝的介入，自然中的结果有时也不会发生，或者大大偏离通常的样子。

在这些不确定的情况下，还能获得自然的真理吗？在"我们是否可能把握真理"[①]这个疑问中，布里丹遵循了一种传统。他指出，只要"自然事物能够一直处于'自然的日常进程'(*communis cursus nature*)中"，自然科学的真理就可以获得。"于是，火是热的，天在运动，这在我们看来是显然的，尽管上帝有能力实现相反的结论。"[②]正如伯特·汉森(Bert Hansen)所说："在中世纪被认

① *Questions on the Metaphysics*, bk. 2, qu. 1, in the reprint edition titled *Johannes Buridanus, Kommentar zur Aristotelischen Metaphysik* (Paris, 1588; reprinted Frankfurt a. M.: Minerva G. M. B. H., 1964), folio 8r, col. 1.

② Ibid., folios 8v, col. 2—9r, col. 1.

为自然的现象其实只是那些根据自然的'习性'或日常进程而经常发生的现象。亚里士多德概念框架中的自然定律并非严格必然，而只是经常发生罢了。"[①]人的出生会出现缺陷，但却被看作反常。自然原因通常会产生预定的结果。

布里丹确信："我们确实可以把握真理。"[②]布里丹所理解的"确实性"(certitude)在于构成自然科学基础的那些不可证明的原理。我们相信火是热的，天在运动，这些信念乃是基于归纳概括。或如布里丹所说："它们之所以被接受，是因为我们观察到它们在许多情形中都为真，在任何情形中都不为假。"[③]这些真理必定是有条件的，因为它们基于"自然的日常进程"这一假设。这些原理也是无法证明的。因此，上帝对因果秩序的可能介入是不相关的。因为尽管上帝可能改变自然事件的进程，但布里丹说："在自然哲学中，我们应当认为那些活动和依赖关系就好像一直以自然的方式发生一样。"[④]无论是奇迹还是反常事件的发生，都不会影响自然科学的有效性。

归纳概括是中世纪自然哲学的一种强大工具。基于一两个肯定的例子和没有反例，就可以构造出一条无法证明的原理。附加

---

① Bert Hansen (ed.), *Nicole Oresme and the Marvels of Nature: A Study of his "De causis mirabilium" with Critical Edition, Translation, and Commentary* (Toronto: Pontifical Institute of Mediaeval Studies, 1985), 63.

② Buridan, *Questions on the Metaphysics*, bk. 2, qu. 1, fol. 9r, col. 1.

③ Ibid., bk. 2, qu. 2, fol. 9v, col. 2. The translation is by Ernest A. Moody in "Buridan, Jean," *Dictionary of Scientific Biography*, edited by Charles C. Gillispie, 16 vols. (1970—1980), 2: 605.

④ My translation from Buridan's *Questions on De caelo*, bk. 2, qu. 9 on p. 164 of E. A. Moody's edition.

的例子只能加深对该原理的信心，而不能增加它的有效性。

经院自然哲学家用其他一些方法技巧来加强他们的论证或为之提供正当理由，或者增强其结论的累积影响。也许使用最广泛的就是简单性原理。其最基本的形式源于亚里士多德，他在其生物学著作中至少四次提到，自然不做任何多余或徒劳之事。[①] 有几次，亚里士多德运用了这条原理，他宣称，没有必要"设定无穷多种元素，因为假设有限数目即可给出相同的结论。"[②]

146

在中世纪，简单性原理经常以各种手法被使用。在最宽泛的意义上，这一原理被称为"奥卡姆的剃刀"。正如我们将会看到的，尽管奥卡姆希望将他的简单性原理仅仅用于思想而不是事物，但他还是给出了这一原理的各种变种，可以同时用于思想和事物。奥卡姆宣称，"可以用较少[手段]做成的事情用许多手段来做是徒劳的"，"若非必要，勿假设多个东西"。[③] 还有一个著名的版本被误归于奥卡姆，即"若非必要，勿增加实体"（Entia non sunt multiplicanda praeter [or *sine*] necessitate）。[④]

布里丹还把另一个版本的简单性原理用于地球可能的绕轴自转。他先是提出了这一原理的一个比较容易承认的版本——"用

① See his *Parts of Animals* 4. 12. 694a. 15; 4. 13. 695b. 19; and *Generation of Animals* 2. 4. 739b. 20 and 2. 5. 744a. 37.

② *On the Heavens* 3. 4. 302b. 21, translated by J. L. Stocks in the *The Complete Works of Aristotle*, the revised Oxford translation edited by Jonathan Barnes (Princeton: Princeton University Press, 1984).

③ Translated by Julius R. Weinberg, *A Short History of Medieval Philosophy* (Princeton, 1964), 239.

④ Ibid., 239, n. 3.

较少的[假设]要比用较多的[假设]来拯救现象更好”，然后又补充说，“用较易的途径要比用较难的途径来拯救现象更好”。[①] 为了说明这一点，布里丹提出，假设相对较小的地球绕轴周日旋转要比假设巨大的天球以大得多的速度周日旋转更好(即更简单)。尽管布里丹最终并未接受他本人的建议(事实上，当简单性原理被认为不方便时，或者当有其他好的论证时，简单性原理经常被置之不理)，但哥白尼和伽利略却认为这个论证很有吸引力。

正如奥卡姆所注意到的，在一个由无所不能的上帝创造的世界中，简单性原理是有局限的。如果自然总是以最简单的方式运作，那么这将暗示上帝创造了这样一个世界，在它之中所有活动都以最简单的方式完成。但我们无法知道上帝是否作过这样一种选择。上帝凭借自己的绝对权能，本可以创造一个复杂而非简单的世界，或者某些事物复杂某些事物简单的世界。奥卡姆显然确信：“上帝做的许多事情本可以用更少的东西来完成，这只是因为他愿意这样。不应寻找[他的行动的]其他原因，由上帝意愿这一事实可以知道，他以一种合适的方式意愿，而非徒劳地意愿。”[②]尽管他认为简单性原理不能以任何确定的意义用于自然中的事物，但奥卡姆确信它可以用于哲学思想。我们应当以最简单的方式来解　147

① From Buridan's *Questions on De caelo*, bk. 2, qu. 22, as translated in Edward Grant, "Scientific Thought in Fourteenth-Century Paris: Jean Buridan and Nicole Oresme" in *Machaut's World: Science and Art in the Fourteenth Century*, eds. Madeleine P. Cosman and Bruce Chandler (*Annals of the New York Academy of Sciences*, 1978, vol. 314) 121, n. 29.

② From Ockham's *Commentary on the Sentences*, bk. 1, distinction 14, question 2, G. Translated by Weinberg, *A Short History of Philosophy*, 239.

释我们关于事物的思想，而不应为了解释而没有必要地增加实体数目。

除了简单性，经院自然哲学家还从高贵性和等级性来论证。人们普遍认为，某些事物比另一些更完美，自然中存在着一种善的等级序列。亚里士多德以自然阶梯的形式将这一信念融入了他的自然哲学。在地界，无生命的物体位于阶梯的最底端，然后是植物、动物（包括那些被认为从泥浆和黏液中自动产生的东西）和人。由于地界一直在不断变化，而天界不存在实体、量和质的变化，所以天界被认为远比除人的生命及其不朽灵魂以外的所有事物都更完美、更高贵。一般认为，事物距离地球越远，就越高贵、越完美。火星比太阳高贵，因为它距离地球更远；出于同样理由，木星又比火星高贵，以此类推。和中世纪许多类似的原理一样，如果情况需要，它也会被违反。然而，奥雷姆拒斥这一原理本身，主张“天球的完美性并不依赖于它们的相对位置和高低次序”。在奥雷姆看来，占据诸天体中心位置的太阳“是天上最高贵的天体，它比位置高于太阳的土星、木星、火星都更完美”。[①] 奥雷姆否认高贵性等级原理是一个罕见的例外。

高贵性概念甚至被用于静止和运动。关于这一点，人们的看法并不一致。事实上，布里丹认为物体到达其自然位置后所获得的静止要比把它的自然运动更高贵。而对于天界，他又认为运动

① Nicole Oresme, *Le Livre du ciel et du monde*, bk. 2, ch. 22 in the edition and translation by Albert D. Menut and Alexander J. Denomy (Madison: University of Wisconsin Press, 1968), 507.

要比静止更高贵，因为天体总处于它们的自然位置，唯一目标就是以自然的圆周运动在那些位置上运动。经院学者把更大的高贵性赋予静止还是运动，很大程度上要看他们正在研究的特定论证的需要。

在第五章中，我们描述了一种涉及运用想象的强大的分析工具，即假想一些在亚里士多德的自然哲学中不可能的条件，并由此作出推论。自然哲学家称这些反事实条件为“根据想象”（*secundum imaginationem*），这一表述实际上对这种理路作了概括。1277年大谴责在催生反事实方面扮演了重要角色。许多受谴责 148 的条目迫使人们承认，上帝有绝对的能力去做任何不包含逻辑矛盾的事情。源于1277年大谴责的反事实的例子包括：其他世界的可能性，世界之内和之外的虚空，上帝是否可能推动我们的世界作直线运动。在每一个例子中，中世纪自然哲学家都试图在亚里士多德物理学的既定框架中导出推论，即使他们最初的假设在亚里士多德的体系中是不可能的。这样就出现了一系列有趣的思辨，或者我们今天所谓的思想实验，在其中某些亚里士多德的原理受到了挑战，并且在某种程度上被推翻。例如，其他世界的存在性就是一个合理的概念，即使亚里士多德主张其他世界是不可能的。

我这里描述的方法——自然的日常进程、归纳概括、简单性、高贵性和等级——是对希腊-阿拉伯遗产的详细阐述。其中一些方法，特别是简单性、高贵性和等级，乃是基于先天的形而上学假设。然而，所有这些都是一些工具，旨在强化论证。还可以提到其他一些方法手段，但这里所谈的是其中最为流行和常用的。

第七节　数学在自然哲学中的作用

由前面关于自然哲学方法的讨论，我们也许可以推断，自然哲学家并不认为自然哲学在类型上与精密科学有何不同。的确，在许多自然哲学家看来，精密科学或中间科学，比如天文学和光学，只不过是自然哲学的更加数学的方面。然而，数学与自然哲学还有一种比中间科学所暗示的形式关联更为紧密的关系。将数学运用于自然哲学问题在中世纪是相当普遍的。我们在第六章中看到，14 世纪的布雷德沃丁改造了广为使用的亚里士多德的运动描述，他抛弃了被亚里士多德表述为算术比例（$V \propto F/R$）的版本，将它替换为一个几何比例函数。布雷德沃丁做出这一重大改变的书是《论运动速度的比》（*Tractatus de proportionibus velocitatum in motibus*），它可以被看成一部中世纪的数学物理学论著。

在中世纪思想的其他领域，数学是一种公认的分析工具，比如在形式的增强和减弱学说中，或者在许多涉及无限过程的问题中。在第六章我们看到，形式或质的增强和减弱源于两个最初截然不同的问题，一个是自然哲学问题，关注的是质如何变化（基于亚里士多德《范畴篇》第八章），另一个是神学问题，涉及圣爱在人之中的可能变化（伦巴第《箴言四书》，第一卷，第 17 区分）。这便为各种质的量化处理提供了最终的理论依据。像红或热这样的质被认为可以像重量或广延量那样增强和减弱。中世纪自然哲学家认为，3 度的红可以与 2 度的红相加，得到 5 度的红。在 14 世纪的后 75 年中，相同的质的部分被认为可以相加和相减。于是，质的

149

变化可以用数学来处理。人们主要关注的是如何最好地表示质增加和失去各个部分的各种可能方式。一些人(比如牛津默顿学院的学者)选择用算术方式来表示这些质的变化,而另一些人,特别是奥雷姆,则在稍晚时用几何图形来得到类似的结果。通过与质的变化进行类比,经院自然哲学家开始把运动当作另一种质。由于把运动与质这样联系起来,一些重要的运动定理被导出,从而将中世纪的形式的增强和减弱学说与伽利略在17世纪的贡献永远联系在一起。随着对质的数学处理的兴趣的增加,经院学者对质的变化的神学和形而上学方面的兴趣开始丧失,而这些方面在这种发展的早期阶段曾经极为重要。(关于形式的增强和减弱的更多内容,参见第六章。)

那些在14世纪末到16世纪之间就这些主题撰写著作的人被称为"计算者"(*calculatores*),这一术语非常贴切,因为他们试图(通过数学技巧)度量质的强度的增强和减弱,就好像后者是广度量一样。最初的计算者都是14世纪三四十年代默顿学院的成员,他们包括沃尔特·伯利、约翰·邓布尔顿、威廉·海特斯伯里、罗吉尔·斯万斯海德、理查德·斯万斯海德和托马斯·布雷德沃丁。其中伯利、海特斯伯里和布雷德沃丁等人最终成为神学家,尽管他们的大量自然哲学工作是在做艺学教师期间完成的。牛津计算者的思想在15世纪和16世纪初被传到意大利。14世纪下半叶,这些思想传到巴黎,并且于16世纪上半叶在那里被复兴。莱布尼茨高度赞扬理查德·斯万斯海德,并抄写了他的《算书》(*Liber calculationum*)的1520年威尼斯版。莱布尼茨认为,理查德·斯万斯海德将数学运用于自然哲学是一项重大成就。 150

计算者也对潜无限过程的第一瞬间(first instant)和最后瞬间(last instant)发生的事情非常感兴趣。这是用数学处理自然哲学问题的另一种重要尝试。这类问题中有一个涉及两个平面的分离或接触之前的靠近。分离的瞬间是否会产生虚空？初看起来，如果两个平面起初均匀接触，没有物质介质介于其间，在分离后仍然保持平行，那么似乎必然会瞬间形成虚空。为什么？因为在分离之后的瞬间，空气会冲进来填补居间的空间，但在空气从平面之外相继流入内部之前，必定有一个很短的时间间隔，在此期间，瞬间的虚空会存在于中心周围。由于中世纪的自然哲学家都接受"自然厌恶虚空"这样一则格言，他们并不相信自然真会允许瞬间的小虚空，于是他们提出了各种解答来证明虚空不可能形成。

帕尔马的布拉修斯同意他同行的意见。在《关于硬物接触的疑问》(*Questio de tactu corporum durorum*)中，他坚持说两个平面之间不可能形成虚空。布拉修斯先是描述了为什么两个完美的圆盘相互接触时不会形成虚空，然后解释了为什么圆盘分离后不会形成虚空。[①] 就前者而言，即两个分离的圆盘直接接触，布拉修斯认为当平面靠近但尚未接触时，圆盘之间的空气会因逸出得越来越多而变得越来越稀薄。尽管如此，居间的空气并不会分开以形成虚空。布拉修斯的结论是，在平面接触之前，稀薄化没有停止的最后瞬间。

---

① 以下关于帕尔马的布拉修斯的内容基于 Edward Grant, *Much Ado About Nothing: Theories of Space and Vacuum from the Middle Ages to the Scientific Revolution* (Cambridge: Cambridge University Press, 1981), 89—92 中的讨论。关于布拉修斯著作的完整标题，参见 p. 422。

而实际接触必须被看成两个圆盘运动过程的最后一步，但却处于这一过程之外。于是实际接触被看成处于接触过程之外。实际上，平面的分离没有最后瞬间，尽管它们的接触有第一瞬间。然而，如果平面分离没有最后瞬间，那么变稀薄的空气离开居间的空间也没有最后瞬间。因此，在接触之前不可能形成虚空。

两个圆面直接接触之后，布拉修斯又解释了它们随后的分离如何不会产生虚空。为了证明这一点，他必须表明，分离之后空气立即完全充满了平面之间的空间。他通过假设无法确定分离的第一瞬间来证明这一点。也就是说，存在着接触的最后瞬间，但不存在分离的第一瞬间。因为如果存在着分离的第一瞬间，那么就必定存在着分离的最小距离。然而，给定任何初始的分离距离，都可以说在先前某一时刻，两个表面的间距是这个距离的一半，以此类推。因此，不可能存在分离的初始距离，因此也就没有分离的第一瞬间。但如果不可能有分离的初始距离和分离的第一瞬间，那么对于圆盘分离之后给定的任何瞬间，空气都会完全占据与那一瞬间相联系的居间空间，因此虚空不可能形成。布拉修斯就这样相当天才地运用了第一瞬间和最后瞬间学说。

151

在中世纪晚期，数学被认为对自然哲学很重要。在《论连续》(*Tractatus de continuo*)中，布雷德沃丁强调了将数学运用于自然哲学的重要性，特别是涉及连续体本性的问题，即确定该连续体是无限可分的，还是由不可分的单元和原子所构成。奥雷姆、布拉修斯、计算者以及其他许多人都用数学概念来阐释自然哲学。那么，我们应当把中世纪将数学运用于自然哲学看作数学物理学的真正开端吗？17 世纪将数学运用于物理学是否只是对中世纪的一个继续和拓展？尽管存在着某些关联，但两种数学物理学进路存在着很大差别(如果不是截然不同的话)。伽利略、笛卡尔、开普勒、牛顿等对科学革命有贡献的人试图将数学运用于物理世界的实际问题，而中世纪数学运用于自然哲学则通常只是假设性的，与经验研究无关。它们往往只是一些基于任意假设的纯形式练习，依赖于逻辑论证。中世纪自然哲学家很少声称他们的结论与"实际"世界之间的对应。事实上，他们对检验自己假说性的结论是否符合那个世界根本没有兴趣。正如约翰·默多克(John Murdoch)恰当地说，这是一种"没有自然的自然哲学"。[①] 然而，除了被看作"自然的不可能性"的反事实，或者关于假想的可能性的思辨(可能涉及，也可能不涉及数学应用)，中世纪自然哲学家关于亚里士多德的自然学著作所提出的非数学问题大都是关于实际世界的。回答也被认为是对那个世界的实际回答。 152

第八节　自然哲学在其他学科中的应用

自然哲学的范围很宽，它不可避免会影响其他学科，甚至普遍渗透于其中。这种很强的关联从一个事实就可以看出，即自然哲学知识被认为是进入任何"更高"学科的前提之一。

---

① In the title of an article: "The Analytic Character of Late Medieval Learning: Natural Philosophy without Nature" in Lawrence D. Roberts, *Approaches to Nature in the Middle Ages*, *Medieval and Renaissance Texts and Studies*, vol. 16 (Binghampton, NY: Center for Medieval & Early Renaissance Studies, 1982), 171—213.

1. 神学

在中世纪晚期，自然哲学以及其中的数学概念经常被用于伦巴第《箴言四书》中的神学问题。《箴言四书》分为四卷，分别讨论上帝、创世、道成肉身和圣礼。在四百多年的时间里，《箴言四书》一直是标准教科书，所有神学学生都必须对它进行研究和评注。讨论创世的第二卷使自然哲学得以大量运用于创世六日的各种主题。自然哲学对涉及上帝与世界和造物之间关系的神学问题也有同样显著的影响。自然哲学、数学和逻辑在《箴言四书》评注中的运用十分广泛，以至于1366年巴黎大学颁布命令，除非迫不得已，评注《箴言四书》者不得将神学或哲学内容引入对疑问的讨论中（这些禁令在牛津大学从未有过）。此前，教皇约翰二十二世（1316—1334）曾谴责巴黎的神学教师讨论哲学问题和深奥难解的东西。1346年，教皇克莱门六世（1342—1352）严厉批评巴黎大学的神学家忽视《圣经》研究，而去争论哲学问题。尽管有这些要求，经院评注家仍然认为"有必要"经常大量引入这些内容。神学家-自然哲学家约翰·梅杰（John Major，1469—1550）曾经在其《箴言四书》评注第二卷的导言中生动地宣称："两个多世纪以来，神学家们从未惧怕过在其著作中引入那些纯物理的、形而上学的、有时是纯数学的问题。"[1]

---

[1] Translated by Walter Ong, *Ramus, Method, and the Decay of Dialogue: From the Art of Discourse to the Art of Reason* (Cambridge, Mass.: Harvard University Press, 1958), 144.

神学家-自然哲学家不仅关注创世，而且还经常将自然哲学的153 主题、技巧和观念应用于涉及上帝的全在、全能、无限、他与造物的关系以及造物之间差别的问题。神学家甚至用自然哲学概念来解释弥撒中使用的圣餐的各种奥秘。将这些与神学教义相冲突的自然哲学观念应用于圣餐，被恰当地称为“圣餐物理学”。1215年，教皇英诺森三世召集的拉特兰会议(Lateran Council)确立了圣餐教义。在弥撒中，饼和酒被认为奇迹般地变成了基督的身体和血。转变之后，基督的身体或实体取代了饼的实体。然而，饼的可见属性或偶性依然存在。但这些偶性存在于哪里呢？它们不在基督里，因为基督的身体无法等同于饼或者与之相联系。它们也不在饼里，因为饼已经变成了基督的身体。那么，它们在哪里呢？结论是，饼余下的可见偶性不存在于任何实体当中。尽管这是一种奇迹，但它与亚里士多德的自然哲学直接相冲突，后者认为，任何偶性或属性都存在于实体之中。的确，要让一种偶性独立于实体而存在，依靠自然是不可能的。圣餐变体论(transubstantiation)或圣餐教义为亚里士多德的自然哲学和使用它的神学家提出了大量问题。具有讽刺意味的是，拉特兰会议在13世纪初召开，那时亚里士多德的自然学著作正在成为大学中占统治地位的思想力量。

教会和神学家认为，基督的实体和偶性都存在于圣餐之中。事实上，基督被认为完整地处于圣餐的每一部分之中，这一假设是必要的，因为它可以避免一个不可接受的推论，即当圣餐被分开食用时，基督也会被分成许多部分。但是如果基督整体存在于圣餐的每一部分之中，无论多么小，那么他的身体就不可能是圣餐中的一个有广延的量。一个问题是，基督无广延的存在如何可能与亚里士多德的量的学说(它总是与广延相联系)相调和。圣餐还给自然哲学提出了其他一些严重问题,特别是关于亚里士多德的变化学说和位置学说。例如,基督处于圣餐的位置,被认为不同于物体占据一个位置。物体在长宽高方面与其位置同广延,而作为精神实体的基督却"决定性地"(definitively)存在于圣餐中,也就是说他并不必然与圣餐有共同边界,而只是位于其中的某个地方。在处理这些问题时,阿奎那等经院神学家让自然哲学迎合神学的需要,在必要时会牵强附会地解释自然哲学。而奥卡姆等人则认为只要正当,就可以把自然哲学用于神学,而不会因为神学的要求而扭曲它。如果自然哲学无法用于神学,他们就诉诸启示、教义和上帝的绝对权能。 154

神学家显然不满足于仅仅在教义上肯定圣餐学说,他们还试图用自然哲学来解释它的许多问题。"圣餐物理学"不仅限于中世纪,它在17、18世纪也仍然是个问题,洛克(1632—1704)和莱布尼茨(1646—1716)都讨论过它,莱布尼茨甚至还把牛顿的引力理论包括了进来。

神学家经常使用在自然哲学中发展出来的数学概念,比如把比例理论应用于物理问题,数学连续统的本性,收敛和发散的无穷级数,无穷大和无穷小,潜无限和实无限,无限过程的第一瞬间和最后瞬间的极限确定,等等。例如,确定极限在涉及自由意志、赏罚和罪的问题中很有用。14世纪的英格兰神学家罗伯特·霍尔科特考虑了如下难题:我们要么给自由意志设置极限,要么就得承认上帝并不总是能够惩恶扬善,赏罚分明。他设想了这样一种情形,一个人在他生命中的最后一小时交替有功和有罪,即他在最后一小时的第一个比例部分有功,在第二个比例部分有罪,然后在第三个比例部分有功,在第四个比例部分有罪,如此经过无穷递减的比例部分序列,直到最后瞬间死亡降临。由于死亡瞬间并不构成人最后一小时无穷递减的比例部分序列的一部分,因此他的生命并不存在最后瞬间,于是也就不存在有功或有罪的最后瞬间。这样一来,上帝不可能知道这个人死后应当对他赏还是罚,这是自由意志学说的一个显然不可接受的结论。于是只能得出结论说,自由意志不能拓展到每一个可以想象的选择序列和样式,霍尔科特又通过八个连续统论证来支持这一观点。

与实无限有关的困难提出了令人困惑的神学问题。16 世纪末,在葡萄牙科英布拉大学教书的耶稣会士(经常被称为"科英布拉耶稣会士")在《关于亚里士多德〈物理学〉的评注》中问:"上帝凭借自己的神力能否创造出实无限?"在回应这个常见的中世纪问题时,他们解释说:"在这个重要而困难的争论中,否定一方的看法是可取的[即上帝无法创造出实无限],这既是因为它提出了较好的论证,也是因为比较著名的哲学家都支持它。"然而几段以后,他们又补充了一条重要限定:"由于肯定一方[认为上帝能够创造出实无限]也有其可能性,而且支持者亦非微不足道,特别是因为无法用[单一]论证将其轻易驳倒,我们将对每一方的论证都作出解释,从而使每个人都能支持他希望支持的任何一方。"[①]

155

① 科英布拉耶稣会士在这段话中的引文的翻译载 Grant, *Planets, Stars, & Orbs*, 110。拉丁文本见 *Commentariorum Collegii Conimbricensis Societatis Iesu In octo libros Physicorum Aristotelis Stagiritae* (Lyon,1602),pt. 1,bk. 3,ch. 8,qu. 2,art. 3,col. 544。

数学和度量的语言在14世纪渗透到了自然哲学中。神学家迫不及待地使用了这种令人激动的新语言。他们不仅在自由意志和罪等困难领域使用它，而且也将它用于其他各种问题。他们用它来描述精神实体发生强度变化的方式，并为此使用了中世纪特有的“形式或质的增强和减弱”学说。这些数学概念在涉及无限的问题中也很有用，比如关于上帝无限属性（即他的能力、存在和本质）的思辨；上帝可能创造的无限的种类；上帝与造物之间的无限距离，这个问题与被广泛讨论的种的完美性（perfection of species）概念有关；世界是否永恒；上帝是否可能改善他已经创造的东西，特别是他是否可能使相继的世界越来越好，是否可能创造一个最终的、最好的世界。

天使的行为也被证明是自然哲学各个方面可以大显身手的领域。神学家醉心于天使的各种存在样式。比如他们问，天使是否占据一个位置。如果占据，那么他们也许会接着问，一个天使是否可能同时占据两个位置；两个天使是否可能同时占据一个位置；天使是以有限的速度还是无限的速度在两个不同位置间移动。对所有这些问题的回答都是通过关于物体运动的自然哲学讨论中发展出来的概念进行的。天使运动成了中世纪关于连续统本性的激烈争论的最为流行的背景之一：它是由无限可分的各个部分构成的，还是由有限或无限个不可分的数学原子构成的。

通过把自然哲学的概念和技巧、特别是自然哲学中与数学有关的主题引入神学，神学家能够以一种逻辑-数学（logico-mathematical）的方式来表述他们的问题，这种方式从本质上说是假想的和思辨的，在中世纪被称为“根据想象”（*secundum imaginationem*）。

出现这种现象的原因并不很清楚。它也许源于神学家的普遍信156念，即上帝的本性和行动的动机不可能直接为人的理性和经验所知晓，因此，以假说形式表述神学问题是很方便的。神学学生和教师通常的教育背景可能也起了一定作用。他们都钻研过自然哲学和逻辑，也学过一些几何。由于有这种背景，许多神学家都被计算者的技巧所吸引，试图以逻辑-数学的方式来表述那些假想的神学问题，这种方式在14世纪前三四十年融入了自然哲学当中。

无论这种假说性的、量的方式缘何产生，它的确导致了神学技巧的重大变化。对许多神学问题的解答都是通过源于自然哲学的各种准逻辑-数学的度量技巧进行的。传统的神学问题经常通过一种量的方式重新表述，它使得简单的逻辑和数学分析可以运用。这种量的工具的大量涌入虽然改变了神学的方法，但似乎对神学的内容影响甚微。在西方世界的科学与神学关系史上，14世纪和中世纪晚期是一个异乎寻常的时段。

2. 医学

几乎从古希腊希波克拉底的著作开始，医学就一直与自然哲学交织在一起。这种相互关联十分广泛，以至于《论古代医学》(*On Ancient Medicine*)的希波克拉底派作者宣称哲学对医学研究无益，试图以此来抗拒哲学的影响。事实上，他主张只有通过研究医学，我们才能认识自然。但他的说法并不占统治地位。大量自然哲学依然渗透到希波克拉底派的医学论著中。亚里士多德本人就是医生的儿子，他认为医学研究对于研究自然至关重要。在《论感觉》(*De sensu*)中，他敦促自然的研究者“探究健康和疾病的第一原理"[①]，在《论青年和老年》(*De juventute et senectute*)中，他宣称："那些训练有素、博学多才的医学家提到了自然科学，声称自己的原理正是来自于这里，而最有成就的自然研究者一般会把他们的研究推进得如此之远，以至于会以一段对医学原理的阐述作结。"[②]在亚里士多德看来，自然哲学与医学密切相关。希腊最伟大的医学家盖伦也是一位哲学家，他在其著作中无数次地融入了自然哲学。他最重要的伊斯兰评注家阿维森纳也评注过亚里士多德的自然哲学，他同样用自然哲学来阐述他的医学论著，特别是在其最伟大的著作《医典》中。当这些著作作为希腊-阿拉伯文献的一部分被译成拉丁语时，中世纪晚期继承了一种将自然哲学运用于医学的悠久而丰富的传统。

157

大学的特殊结构使得自然哲学和医学的练习在中世纪晚期被大大加强。在巴黎大学、博洛尼亚大学、蒙彼利埃大学、帕多瓦大学等大学的医学中心，在这些机构获得学位的许多医学家都是通过大学的艺学学习而被录取的，甚至在进入艺学院学习之前就已经获得了艺学硕士学位。在蒙彼利埃大学，1240 年颁布的一项条例规定，入学的医学学生必须在艺学上有足够的能力。在意大利，医学学生在注册进入医学院时通常要讲授艺学。在博洛尼亚大学和帕多瓦大学，艺学和医学会在同一个学院里讲授。于是，受过大

---

① Translated by G. E. R. Lloyd in G. E. R. Lloyd, ed. *Hippocratic Writings*, translated by J. Chadwick and W. N. Mann (Penguin Books, 1978), 38.

② 480b. 26ff. Translation by G. R. T. Ross in the *Complete Works of Aristotle*, the revised Oxford translation edited by Jonathan Barnes (Princeton: Princeton University Press, 1984).

学教育的普通医生在艺学和医学方面都有训练，他们也许更有能力将两者联系起来。

在中世纪晚期，尽管在实际从事医治的人当中，受过大学训练的医学家只是少数，但医学文献却主要是由有着大学背景的医学家所撰写。中世纪的医学家经常既写自然哲学著作，又写医学著作，特别是在意大利，比如阿巴诺的彼得（Peter of Abano，1257—约1316）。彼得在巴黎大学学习，并且在帕多瓦大学讲授医学和哲学，他宣称逻辑、自然哲学和占星学是医学研究的必要辅助："逻辑是所有科学的调味品，如同盐之于食物；自然哲学表明了一切事物的原理；占星学则指示着如何判断。"①南希·西莱希（Nancy Siraisi）注意到："13世纪到15世纪最重要的医学作者都是……在逻辑和自然哲学方面训练有素的人，而且随着时间的推移，这一点在占星学方面也越来越显著。"②因此，许多撰写医学论著的受过大学训练的医学家便能用自然哲学知识来提高他们著作的质量。在这一过程中，他们表现出了对亚里士多德自然学著作的娴熟掌握，从而揭示了自然哲学对医学的重要性。事实上，医学家经常用疑问形式来表达他们的思想，这些疑问以盖伦和阿维森纳的著作为基础，但偶尔也会脱离所有文本，只是泛泛地谈论各种主题。1290年到1305年间，阿巴诺的彼得撰写了《哲学家特别是医学家之间分歧的调解人》

---

① Translated by Nancy Siraisi fzrom Peter of Abano's *Conciliator differentiarum philosophorum et praecipue medicorum* in Nancy Siraisi, *Medieval and Early Renaissance Medicine, An Introduction to Knowledge and Practice* (Chicago: University of Chicago Press, 1990), 67.

② Ibid., 68.

(*Conciliator differentiarum philosophorum et praecipue medicorum*)，在这部著作中，他试图调和医学与自然哲学。其中的疑问基于他在巴黎大学的医学授课，但它们涵盖了整个自然哲学。 158

3. 音乐

在算术、几何、天文、音乐这四艺中，前三者没有被自然哲学所渗透。相反，自然哲学倒是吸收了数学和天文学的一些基本要素。从先天的观点来看，音乐似乎也不大可能应用自然哲学。但至少有一部无名氏的音乐著作《关于音乐的疑问》(*Questiones musice*；也许是布拉修斯所著)是用14世纪末的经院文体写成的。作者包括了音乐论著的常规内容，但在对这些疑问进行分析时，他使用了14世纪自然哲学中发展出来的许多概念。他引入了形式的增强和减弱(应用于声音和弦乐器)、虚空中运动的可能性、种的完美性、无限之间的关系、第一瞬间和最后瞬间以及其他一些主题。

第九节　中世纪自然哲学的典型特征

我们现在看到，除了偶尔有一些疑问(比如地球是否是球形的)通常会给出绝对肯定的回答，关于亚里士多德自然学著作的疑问并不总能给出绝对确定的回答。尽管亚里士多德已经表明了如何用三段论来做自然哲学中的科学证明，但我们在本章中已经看到，许多中世纪自然哲学家都认为，自然哲学中的疑问和问题并不能通过理性或实验来科学地证明。数以百计的疑问只可能给出或然的、看似有理的或猜想的回答，比如"天球是否被一个或多个灵智所推动?""天是否要费力才能推动?""彗星是否是一种地界的蒸汽?""气的中间区域是否总是冷的?""元素在复合[或混合]物中是否保持形式不变?"等等。对于大多数这类疑问,亚里士多德主义自然哲学家无法给出最终回答。他们只能试图根据当时流行的形而上学原理和物理学原理来回答每一个疑问。首要的分析工具是形而上学、神学和反事实(通常是一些用"自然的不可能性"语言来表达的思想实验)。在这种背景下,经验观察所起的作用很小。对自然哲学真理的证实很少诉诸实验或经验。问题的解决依赖于用先天原理和真理进行恰当推理。根据某些原理,事物只能是这样或那样。只有在极少数情况下才可能用经验在各种可能性之间作出裁定。由于学者们以非常不同的方式使用分析工具,所以意见经常会产生分歧。某个疑问可能会因此而获得许多学者的各种回应。大多数疑问都是这种类型。

159

既然大多数疑问似乎都无法达成广泛一致,中世纪的自然哲学家是否为此而感到不安呢? 即使如此,也没有证据表明这一点。也许他们并不为此而感到沮丧,因为正如本章已经表明的那样,他们并不认为自然哲学是一门精密科学。许多人也许会同意布拉修斯的看法,布拉修斯并未从第一原理导出数学结论,而是宣称"在自然哲学中并非如此,因为自然事物的事情无法得到证明。"[①]我们已经看到,自然哲学的共识在于宏观结构和某些基本原理,而不

① From Blasius's *Questions on the Physics*, bk. 1, qu. 3. Translated in Brian Lawn, *The Rise and Decline of the Scholastic 'Quaestio Disputata' With Special Emphasis on its Use in the Teaching of Medicine and Science* (Leiden: E. J. Brill, 1993), 59.

在于运作细节。中世纪自然哲学在很大程度上是将亚里士多德的概念运用于整个宏观结构的一些问题中。例如，自然哲学家也许会同意，天上的确存在着天球，但对于天球到底有多少却莫衷一是。至于推动天球的灵智有多少个，是一个还是多个，答案却是显然的（虽然无法证明），因为亚里士多德有一条形而上学原理说，每一个天球只能有一个推动者。这种中世纪自然哲学所特有的精确性似乎使自然哲学家感到满足。没有证据表明他们不满于某一疑问有多种回答，或者相信可以找到更好的答案。

中世纪自然哲学家在两个重要方面区别于近代早期的科学家：一是他们通常并不把实验当作获取知识的手段，二是他们缺乏科学进步这一实用概念。他们没能发展出一种实验方法也许来源于从亚里士多德那里继承的实体概念。正如莎拉·沃特洛（Sarah Waterlow）所说，对亚里士多德而言，每一实体都拥有一种内在原则主导着它的发展和存在，这一原则几乎总是与其外部环境和谐运作。科学的观念就是去认识和理解这些内在原理或形式的运作。在这样一个世界里，受控实验不会起什么作用，因为它们会干扰任何实体的常规环境，从而阻碍我们认识它的真实本性。而不干扰实体环境的实验并不会比观察其自然运作给出更多的信息。因此，实验往坏里说会起阻碍作用，往好里说则是多余的。[①] 尽管

160

① Sarah Waterlow, *Nature, Change, and Agency in Aristotle's "Physics," A Philosophical Study* (Oxford: Clarendon Press, 1982), 33—34；概述参见 David C. Lindberg, *The Beginnings of Western Science: The European Scientific Tradition in Philosophical, Religious, and Institutional Context, 600 B.C. to A.D. 1450* (Chicago: The University of Chicago Press, 1992), 52—53。

在中世纪的确做过一些实验,但它们主要是为了再现已知的效应,比如彩虹或磁。将实验纳入科学常规是科学革命的贡献。

今天的科学几乎与知识的进展和进步同义。中世纪也是如此吗?自然哲学与知识的进步相联系吗?自然哲学家是否认为知识是积累的和进步的?中世纪的自然哲学家有进步概念吗?进步、特别是技术进步的表现在中世纪并不缺乏。多明我会修士比萨的乔尔达诺(Giordano of Pisa)在1306年说的一段话很有意思:

> 并非所有技艺都被发现了,我们永远也发现不完它们。每一天都能发现一种新的技艺……的确,每时每刻它们都在被发现。制造眼镜的技艺被发现还不到二十年,它可以帮助你看得更清楚,这是世界上最好、最需要的技艺之一。一种此前从未存在过的新的技艺被发明出来只需要极短的时间……我本人就见过一个发现和实践它的人,并与他进行了交谈。①

然而,并没有合理的证据表明这样一种概念在自然哲学中起了作用。自然哲学家并不认为自己的职责在于促进知识的进展,尽管他们偶尔会暗示自己已经超越了古人。的确,他们也认识到亚里士多德在某些情况下是错了,他对问题的回答是不恰当的,他没有考虑过其评注者所面对的许多问题。他们认为自己是在提供纠正

① Cited by Lynn White, jr., "Cultural Climates and Technological Advance in the Middle Ages," reprinted from *Viator* 2 (1971) in Lynn White, jr., *Medieval Religion and Technology, Collected Essays* (Berkeley/Los Angeles: University of California Press, 1978), 221.

和补充，因而在某种意义上是超越了亚里士多德。14世纪的自然哲学家用"现代道路"(*via moderna*)和"古代道路"(*via antiqua*)这样的术语来区分两类人：一类人遵循着与奥卡姆联系在一起的新近的哲学观点(被统称为"唯名论"或"词项论")，另一类人则遵循着与阿奎那和司各脱联系在一起的较早的实在论哲学。然而作为一个群体，中世纪的自然哲学家确信，亚里士多德的形而上学和自然哲学连同对它们的修正和补充，足以确定关于自然可以认识的一切方面。他们也许认为只能用亚里士多德自然哲学的基本原理来填补余下的知识缝隙。这蕴含着一种知识的连续积累观，直到一切关于世界值得认识的东西都已经为人知晓。中世纪的自然哲学家不大可能相信这样一个阶段可能达到。对世界末日(接下来就是审判日)的信仰也许预先排除了这一观念。

161

每一代的自然哲学家可能都会感觉自己是"现代人"，他们已经在某些方面超越了自己的先辈，甚至是亚里士多德本人。然而很少有人强调这一点。在中世纪，这种感觉是带着谦卑来表达的(如果真有这种表达的话)，一如12世纪的夏特尔的贝尔纳所注意到的，如果我们看得比我们的前辈更远，那是因为我们"就像站在巨人肩上的矮子"。[①] 但孔什的威廉指出，如果一个站在巨人肩上的矮子看得比巨人更远，这并不意味着他比那些看不到这么远的人更有智慧。威廉将矮子-巨人的关系转到古代人与现代人的关

① 夏特尔的贝尔纳的这句话见 John of Salisbury，in his *Metalogicon*，iii. 4. 译文见 D. D. McGarry，*The Metalogicon of John of Salisbury* (Berkeley：University of California Press，1962)，167。

系，他解释说："古人只有他们自己撰写的著作，但我们既有他们的所有著作，也有我们这个时代之前的所有著作。因此我们看到更多，但并不知道更多。"[①]这种感受不大可能转化为自然哲学中的进步观念，这也许是因为，自然哲学中的大多数疑问和问题都没有最终解答。因此，进步即使不是不可能，也是很难衡量和定义的。在这种情况下，自然哲学家将很难获得进步的感觉，更不要说必然进步的感觉了。

第十节　亚里士多德主义者和亚里士多德主义

尽管在中世纪并没有表示"亚里士多德主义者"和"亚里士多德主义"的拉丁词，但现代学者却使用这些术语，因为它们有用而且有描述性。由于中世纪自然哲学几乎完全基于亚里士多德的自然学著作，所以把研究这些著作的人和写相关评注的人称为"亚里士多德主义者"似乎是合理的。它距离"亚里士多德主义"这个词162只有一步之遥，后者指的是亚里士多德主义者所撰写的文献，同时也表示大多数中世纪自然哲学家所持有的关于物理世界的结构和运作的一套不够明确的态度和假设。尽管这些描述也许能够服务于我们当前的目标，但恰当定义"亚里士多德主义者"和"亚里士多德主义"却十分困难，而且有悖论性，很大程度上是因为在中世纪

① Translated in A. C. Crombie, *Styles of Scientific Thinking in the European Tradition*, 3 vols. (London: Duckworth, 1994), 1: 25.

对亚里士多德思想的解释与亚里士多德实际的想法之间的关系很难分析，而且也因为缺乏可靠的标准来确定对亚里士多德思想的激进偏离是否落入了亚里士多德主义的领地。幸运的是，尽管有关偏离亚里士多德的问题很有趣，但它们在中世纪是相对次要的问题，因为亚里士多德的自然哲学在1200年至1450年之间在西欧完全占据统治地位，它没有竞争者。对亚里士多德文本的真实或假想的偏离并不被认为构成了一种"新的"非亚里士多德世界观的一部分，而是被看成亚里士多德主义的一部分。提出这些思想的人必须被看成亚里士多德主义者。他们还能是什么人呢？他们的不同思想无法被归于其他成熟的哲学。

只有到了16、17世纪，亚里士多德主义才第一次遭到严重挑战。对亚里士多德自然哲学的偏离对新的世界观被引入西欧产生了重要影响。这一过程开始于15世纪下半叶，那时柏拉图的著作被从希腊文译成拉丁文，一直持续到16世纪。由此开始了新一轮的翻译浪潮，这一次几乎完全是由希腊文译成拉丁文。新的学说和哲学开始作为亚里士多德主义的竞争者涌现出来。这些希腊文手稿或者保存在欧洲档案馆，或由15世纪逃离君士坦丁堡（被土耳其人占领）的希腊人带到欧洲，斯多亚主义、柏拉图主义、新柏拉图主义、赫尔墨斯主义（Hermeticism）和原子论终于重见天日。至少有一部古典拉丁论著在正在发展的新科学中扮演了重要角色。在埋没了数个世纪之后，卢克莱修（Lucretius）的拉丁文著作《物性论》（*De rerum natura*）于15世纪初重见天日，他最为完整地描述了一个重要的宇宙体系和已知的原子论。它平衡了亚里士多德充满敌意的论述，在此之前，后者一直是欧洲所知道的关于原子论的主要表述。在这些竞争哲学的压力下，传统亚里士多德主义不得不作出改变和适应。因此，就像亚里士多德主义者的概念那样，亚里士多德主义的本质和定义也发生了变化。“亚里士多德主义者”和“自然哲学家”不再有同样的范围。区分亚里士多德主义自然哲学家和非亚里士多德主义自然哲学家有时并不容易。

有时我们会说，亚里士多德主义的本质处于一套基本的一般原理的核心，所有中世纪自然哲学家都赞同这些原理，没有人对此提出过挑战。这就是使他们成为亚里士多德主义者的东西。只有在将这些原理运用于物理世界的一些问题和情形时才会产生分歧。这些基本原理和真理是什么呢？其中最重要的是，世界中存在着一种彻底的二分，即天界和地界，天界由不朽的以太构成，地界则由可朽的物质所构成；存在着四种地界元素；有四种原因在世界中运作；存在着四种原初性质；存在着一切运动的最终原因——原动者；地球静止于宇宙的几何中心。

163

不幸的是，很难确定中世纪自然哲学家认为什么是亚里士多德的核心原理。例如，亚里士多德有一条基本原理认为，世界是永恒的，既没有开端也没有结束。但我们看到，这一假设在巴黎遭到谴责，版本至少有 25 个。尽管经院学者能够为了论证而利用世界的永恒性，但在中世纪没有人明确支持这个结论。亚里士多德认为天界物质与地界物质截然不同的原理在中世纪也遭到了罗马的吉莱斯和奥卡姆的威廉等人的挑战。地球处于宇宙的中心也是可疑的，因为托勒密天文学要求地球是偏心的，因此并不处于地球的几何中心，即使亚里士多德主义自然哲学家通常说它在中心。

由这几个例子我们可以看出，定义亚里士多德主义者和亚里士多德主义这样的概念是多么困难。在中世纪，亚里士多德主义没有竞争者，所有自然哲学家都是天然的亚里士多德主义者，这时如何定义这些术语并不重要。但是到了16、17世纪，这些问题增加了。亚里士多德主义者不再是铁板一块。事实上，有几位自称的亚里士多德主义自然哲学家甚至接受了哥白尼的日心体系（托马斯·怀特[Thomas White，1593—1676]）或者像地球的绕轴自转这样的要素（安德里亚斯·凯撒皮诺[Andreas Cesalpino，1519—1603]）。其他17世纪的经院自然哲学家接受了一个可朽的天界，从而抛弃了亚里士多德在天界与地界之间的严格二分。

尽管在中世纪并无真正的对手，但亚里士多德主义并非一套僵化的学说，其支持者也并非不顾一切地捍卫。虽然亚里士多德备受崇拜（参见第四章对他的颂辞），但大阿尔伯特为许多中世纪自然哲学家批评亚里士多德的可能方式提供了一种有趣的洞见。亚里士多德主义者或者大阿尔伯特所说的"逍遥学派"认为："亚里士多德说的是真理，因为他们说，自然把这个人设计成好像是真理的准则，通过他，自然展示了人的理智的最高发展。但他们以各种不同方式来解释这个人，以满足各自的意愿。"[1]尽管大阿尔伯特仰慕亚里士多德，相信他意欲说出真理，但并不认为他是不可错的。除非亚里士多德是上帝，他才能是不可错的。然而，"如果他 164

① Translated in Edward A. Synan, "Albertus Magnus and the Sciences," in James A. Weisheipl, OP, ed., *Albertus Magnus and the Sciences, Commemorative Essays 1980* (Toronto: The Pontifical Institute of Mediaeval Studies, 1980), 11. The translation was made from Albert's Commentary on Aristotle's *De anima* (*On the Soul*) tract 2, ch. 3.

仅仅是一个人，那么他无疑像我们一样可能犯错。”[①]

对亚里士多德“真实”含义的不同看法可以反映在许多方面。在中世纪，要想解释亚里士多德的意图很困难，因为一般认为，他仿佛是同时写出所有这些著作的。的确，经院学者们把它们看作既无年表亦无背景的超时间作品，仿佛亚里士多德的思想从未发生过变化，这些东西都是从他成熟的头脑中一齐蹦出来的。中世纪学者不是去解释亚里士多德针对同一主题的相互冲突的观点，因为后期著作的思想可能会发生变化，而是认为只能努力调和这些观点。指责亚里士多德自相矛盾或改变思想是不适宜的。作为德高望重的权威，亚里士多德的观点不会被轻易地置之不理，除非它们与基督教信仰相冲突，或者有些地方被认为明显错了。在这些情况下，经院学者便试图去调和或纠正它们。

尽管经院学者通常不愿关注亚里士多德思想中不恰当或错误的解释，但他们似乎在其他一些相当重要的问题上这样做了。在承认自己偏离了亚里士多德时，经院学者有时会试图把他从错误的尴尬中“拯救”出来。例如阿奎那在其《关于亚里士多德〈物理学〉的评注》中就是这样做的，他拒斥了亚里士多德的论证，即虚空中的运动无法与充满物质的空间中的运动相比较。阿奎那认为，亚里士多德并非真想给出一种“证明性的”论证。还说，亚里士多德之所以在《物理学》第四卷中引入几条错误的看法，是因为他正在考虑物体的特定本性，而非一般本性。

① Ibid. Translated from Albert's *Commentary on the Physics*, bk. 8, tract 1, ch. 14. 正如第四章所说，大阿尔伯特对待亚里士多德的态度完全不同于阿威罗伊。

尽管奥雷姆也为顾全亚里士多德的面子而提出了解决办法，但他也为亚里士多德没能理解这个问题提供了可能性。奥雷姆明确指出，亚里士多德在《物理学》第七卷中表达的两条运动规则是错误的。用奥雷姆的话说，亚里士多德主张“如果一个力量推动物体以某一速度运动，那么两倍的力量将推动同一物体以两倍的速度运动”(即如果 $F/R \propto V$，那么 $2F/R \propto 2V$)，“如果一个力量推动物体，那么同一力量将以两倍的速度推动半个物体”(即如果 $F/R \propto V$，那么 $F/(R:2) \propto 2V$)(关于亚里士多德的运动规则，参见第四章)。为了取代亚里士多德用算术比例表述的错误规则，奥雷姆提出了他本人的基于几何比例的规则(参见第六章)。奥雷姆说：“亚里士多德在《物理学》第七卷中似乎表述了毫无根据的规则，对此我们应当说些什么呢？”首先，奥雷姆试图通过改述这些规则，使它们是“正确的”，从而使亚里士多德的文本可以接受；接着，他暗示也许亚里士多德的说法实际是正确的，但翻译出了问题。然而，他最后也提出了一种可能性，那就是亚里士多德并没有正确地理解这些规则。就这样，奥雷姆首先试图拯救亚里士多德，即承认他可能给出了正确表述，但在翻译中变得有缺陷了。此后他又暗示亚里士多德也许的确没有理解这些规则，从而犯了错误。 165

布里丹至少在两处直接批评了亚里士多德，而没有给出任何顾全面子的解释。第一处是布里丹的《关于〈论天〉的疑问》(第一卷，疑问 18)，它包括了亚里士多德对其他世界是否可能存在的讨论。亚里士多德主张，如果其他世界存在，那么这个世界的地球将不仅移向它自己世界的中心，而且会移向其他世界的中心。布里丹不同意亚里士多德的解释，称它“未经证明”，而是认为我们的地球将不会移向其他世界的中心，而是会静止于我们世界的中心。[①] 第二处出现在布里丹的《关于〈物理学〉的疑问》中，他问“抛射体在离开抛射者的手之后是被空气所推动，还是被运动者所推动”，并称“这个疑问十分困难，因为在我看来，亚里士多德似乎并没有很好地解决”。[②] 布里丹不同意亚里士多德的观点，物体在离开抛射者的手之后由外界空气所推动。布里丹提出了著名的冲力理论来解释抛射体在与初始抛射者失去接触之后的连续运动，以替代亚里士多德有欠考虑的解释。

最后，还有像神学家-自然哲学家奥特里考的尼古拉（参见本章前面的内容）这样的自然哲学家，他们确信无法获得被严格证明的真理，试图抛弃亚里士多德的结论，用基于亚里士多德强烈反对的原子论的至少同样可能的结论来取而代之。很少有人走上这条道路，它代表着一种拒斥亚里士多德自然哲学的非同寻常的尝试。

中世纪自然哲学家以各种不同方式来解释亚里士多德，有时还会反对他。由于他是一个备受尊敬的权威，经院自然哲学家经常愿意帮助亚里士多德解决他们对其目的和意思所产生的任何疑惑。但这种对亚里士多德的近乎敬畏的尊敬并没有阻止他们在许多重要方面偏离其朴素的意图。这些偏离涵盖了亚里士多德自然哲学的大部分内容。为方便起见，这里将其分为两种类型。一种

166

① 参见 Buridan, *Questions on De caelo*, bk. 1, qu. 18 in E. A. Moody's edition, p. 86。

② *Questions on the Physics*, bk. 8, qu. 12 translated from the edition of Paris, 1509, in Grant, *A Source Book in Medieval Science*, 275.

是实质性的，它或者基于被觉察到的亚里士多德体系中的矛盾、不一致和缺陷，或者基于对亚里士多德可能只是暗示或未加阐发的观念的拓展；另一种是关于物理世界的一些假说，它们是亚里士多德哲学中的自然手段所无法实现的，被归于上帝无限的绝对权能。

第一种偏离也许可以包括：将偏心的本轮天球吸收到亚里士多德的同心天球体系中，以及它们如何影响了亚里士多德的宇宙论和物理学；天界物质与地界物质之间的关系；从空气这样的外部动因变成内在的或被注入的力；质发生变化的方式，或者用中世纪的术语来说，形式或质的增强和减弱。关于第二种偏离，即关于物理世界的一些假说，一些是源自 1277 年受谴责的条目，特别是那些涉及我们世界之外可能存在什么，即其他世界是否可能以及无限虚空是否可能的问题。由于这些偏离构成了中世纪自然哲学最有趣的方面之一，我在第六章中集中讨论了它们。

尽管有这些与亚里士多德自然哲学的重要偏离，亚里士多德主义并没有（或许也不可能）变成某种新的东西。从进入欧洲开始，亚里士多德的自然哲学就一直具有极大的包容性。数百年来，亚里士多德主义的许多基本内容都受到了挑战。亚里士多德的中世纪追随者经常改变他们的观点，用新观点来代替已有的解释。有时新旧观点都被保存下来，亚里士多德主义包含着相互冲突的观点。因此，它是一个充满弹性和吸收力的自然知识体系。数百年过去了，随着与之竞争的哲学进入欧洲，这些倾向得到了加强。到了 16、17 世纪，一些亚里士多德主义自然哲学家试图适应新的观点，特别是自哥白尼主义以来一直在发展的新科学。但为时已晚，这种努力没有成功。亚里士多德主义不可能变成像牛顿主义那样的东西。它不再是新科学的体面的竞争者。无论亚里士多德的自然哲学还保留着什么有用的东西，都必须被纳入新科学中，纳入一种极为不同的看待世界的方式中。

为什么亚里士多德的自然哲学从没有从内部发生变革呢？它是否可能发生这样一种变革？也许不能。亚里士多德主义过于庞大和笨拙。假如中世纪的自然哲学家对其广泛持有的学科更具自我批判性，他们也许会认识到，“亚里士多德的哲学是最具包容性的哲学”，因为正如查尔斯·吉利斯皮（Charles Gillispie）所敏锐察觉到的：“从原则上讲，它能够解释一切。”[①]亚里士多德的物理原理，比如潜能与现实、四因、质料与形式、四种元素、自然位置学说等等都过于宽泛和有包容性，它们很容易被用于相互竞争的理论和论证。这些基本原理不仅很少受到公然挑战，而且被应用的许多领域可能会让亚里士多德瞠目结舌。

167

亚里士多德自然哲学中的大多数观点和解释本质上是不可反驳的，这似乎使它们有了一种不朽的感觉。作为一种自然哲学，数学、实验和预测在发现自然的结构和运作方面作用不大，反论证或证明很难对它产生影响，更不要说摧毁它了。个别亚里士多德主义者接受了一些新观念，将其纳入亚里士多德主义的现成框架中，使得后者即使不是没有条理，也是变得越来越庞杂。没有人认真尝试过把新观念与旧观念相协调，从而打造出一种可加可行的亚里士多德主义。在这一点上，亚里士多德主义不同于另外两种科

---

① Charles Coulston Gillispie, *The Edge of Objectivity*, *An Essay in the History of Scientific Ideas* (Princeton: Princeton University Press, 1969), 11.

学的“主义”——牛顿主义和达尔文主义，它们的支持者极力改进各自体系的一致性。数学物理学在 17 世纪的发展使之能够为现象提供在亚里士多德自然哲学中不可能的解释和预测，这时亚里士多德自然哲学的命运就已注定。亚里士多德主义并没有演变成另一种东西，而是就此一蹶不振。

事实上，对亚里士多德自然哲学的信心在 16 世纪和 17 世纪初一直在逐渐消退。相隔一个多世纪的两件大事颠覆了它。第一件大事是 1492 年哥伦布发现新大陆，它摧毁了古代和中世纪对地球的看法，而且使欧洲学者意识到，亚里士多德等古人对地球的认识不仅有很大局限性，而且往往是错误的。这样便开始了一个以亚里士多德主义被摧毁而告终的漫长过程。第二件大事是 1610 年伽利略将刚发明不久的望远镜对准天空，发现了木星的卫星以及许多从未见过的恒星。伽利略对宇宙的发现就如同哥伦布对地球的发现：他揭示了古代和中世纪知识的不足，新的知识造就了一个新的世界。许多人开始相信，亚里士多德的自然哲学并没有揭示，甚至没有能力揭示自然掩盖起来的现象、它的数不清的“秘密”。

关于作为学科的中世纪自然哲学，我们已经说得够多了。我们现在来看看它在为近代科学奠基方面发挥了什么作用。

第八章　近代早期科学在中世纪的奠基

168

尽管科学植根于古希腊和美索不达米亚，历史十分漫长，但无可争议的是，近代科学诞生于17世纪的西欧，而不是别的地方。因此，这一重大事件的原因必须到一些独特的情境中去寻找，它们能将西方社会与当时或更早的其他一些文明区分开来。科学能够作为一项基本事业在社会中确立下来，不仅仅依赖于专业学科中的专门技术、实验和训练有素的观察。毕竟，在许多早期社会中都可以找到科学。在伊斯兰，直到1500年前后，数学、天文学、几何光学和医学都比西方发达。事实上，西方是从阿拉伯著作的拉丁译本学习这些科目的。但科学并没有在伊斯兰社会中制度化。尽管有一些重要的成就，但科学也没有在古代和中世纪的中国制度化。类似的说法也适用于所有其他社会和文明。在它们那里大都可以找到科学，但科学并没有在其中永久扎根和制度化。

大量学术研究似乎表明，近代科学在西欧出现是17世纪科学革命的一个结果。它们同时也宣称，中世纪对近代科学在17世纪的诞生贡献甚少或毫无贡献。中世纪自然哲学不仅对于近代早期科学没有起什么作用，而且构成了它的主要障碍。毕竟，伽利略在其《关于两大世界体系的对话》(*Dialogue on the Two Chief*

World Systems）中塑造且严厉抨击的辛普里丘的形象难道不正是亚里士多德主义的中世纪自然哲学的化身吗？辛普里丘刻板而愚蠢，缺乏想象力，顽固地捍卫着站不住脚的经院学说。在伽利略看来，经院自然哲学乃是他们正在努力建立的新科学的敌人。在17世纪，对伽利略的支持已经变得司空见惯。到了17世纪末，新科学大获全胜，似乎与前五个世纪的中世纪自然哲学毫无干系。169 那时，亚里士多德主义已经混乱不堪。随着时间的推移，越来越少的人去阅读经院自然哲学文献，到了20世纪，这些论著和它们的作者实际上已经从学术讨论中销声匿迹。

尽管20世纪有人试图修正这种关于中世纪科学和自然哲学的负面看法，但成效甚微。今天有教养的人的判断也许与伽利略的评价并无多少不同，这种评价完全被科学共同体所接受，而今已经深深地嵌在我们文化之中。经过了大约三个世纪，普遍的看法是，近代科学开始于哥白尼、伽利略、开普勒、笛卡尔和牛顿等人，与经院自然哲学的几个世纪毫无关联。事实上，一般认为，尽管反动的亚里士多德主义者设置了重重障碍，新科学还是取得了胜利。

然而，这种解释是误导的，很大程度上是因为它极不完整。这种不完整极大地妨碍了我们更好地理解近代早期科学的发展。16、17世纪新一代自然哲学家和科学家对经院哲学的攻击是非常正当的。到了16世纪，传统经院哲学需要批判，虽然经院自然哲学家对物理思想做出了显著贡献（本书曾经提到了其中一些）。他们关于运动学和动力学等各方面的贡献令人瞩目，伽利略本人实际上并没有超过他们。关于地球绕轴自转的可能性的复杂讨论也给人留下了深刻印象，哥白尼实际上并未有所改进。中世纪关于其他世界，特别是虚空的观念在塑造新科学正在构建的宇宙方面所起的作用尚未得到承认。

中世纪对新科学的其他那些据称的贡献是有争议的。我们至多可以显示它们的平行性，但很难表明有直接影响。伽利略是从16世纪那些印刷的中世纪文本中导出中速度定理和各种速度定义的吗？哥白尼是从15世纪末克拉科夫大学的经院文本（也许是布里丹的）中导出他那些关于地球周日转动的论证的吗？亨利·摩尔和牛顿是否间接地得益于中世纪关于上帝与空间之间紧密联系的观念？

中世纪对自然哲学有何大学之外的贡献？威廉·纽曼（William Newman）最近关于中世纪和近代早期炼金术的研究似乎揭示了17世纪的微粒理论有深刻的中世纪根源。[①] 其他连续性或许也可以找到。

即使诸如此类的例子均表明了联系，但可以设想，大多数学者170 可能仍会认为，这些影响的累积效应依然不能保证，中世纪自然哲学显著地影响了17世纪物理科学的内容和发展方向。（不过，这些联系至少可以强化本章以及本书的重要主张，即中世纪与近代早期自然哲学之间存在着连续性。）因为即使伽利略在中速度定理方面得益于中世纪的讨论，显然正是伽利略将那些假说性的论证改造成力学科学，并使之成为近代物理学的开端。如果说牛顿得

① 参见 William Newman 的以下两本书：*The Summa perfectionis of Pseudo-Geber*：*A Critical Edition*，*Translation and Study*（Leiden and New York：E. J. Brill，1991）以及 *Gehennical Fire*：*The Lives of George Starkey*，*an American Alchemist in the Scientific Revolution*（Cambridge，Mass.：Harvard University Press，1994）。

益于中世纪关于上帝与无限空间的论证，那么当他把无限空间当作物体运动的框架，认为物体在空间中四处运动时，他已超越了那些论证所设想的一切。关于中世纪与近代早期科学和自然哲学之间可能的连续性是否还能提出其他类似的论证，这有待于进一步研究。

关于中世纪影响17世纪科学的说法今后仍会引发争议，但它们最终是否被接受与本书的主题无关。我所提出的中世纪与近代早期科学之间的关联不依赖于在特定科学中产生特定影响的具体说法。

既然我们不容易明确看出中世纪对17世纪科学的显著影响，这难道不能暗示这种影响并不存在吗？否认中世纪对科学革命诞生有任何作用的传统观点或许就是恰当的呢？对于持这种看法的人，我的回答是本书序言中的那个论点：如果科学和自然哲学依然停留在12世纪上半叶的水平，也就是说，停留在希腊-阿拉伯科学在12世纪下半叶被译成拉丁文之前的水平，那么科学革命就不可能在17世纪的西欧发生。没有这些改变了欧洲思想生活的翻译以及紧随其后的重大事件，17世纪的科学革命是不可能的。

要想回答以下问题，我们必须到西欧的拉丁中世纪去寻找答案：为什么我们今天所说的科学只有在西方社会才实现出来？是什么使得科学在17世纪的西欧获得了威望和影响，并且变成了一股强大的力量？这些问题的答案需要在大约1175年到1500年之间西欧社会产生的特定态度和机构中去寻找。这些态度和机构导 171 向的是整个学术，特别是科学和自然哲学。它们结合成了一种也许可以被恰当称为“近代科学之基础”的东西。它们对欧洲来说是全新的，对世界来说是独特的。由于没有什么能够与这一非同寻常的过程作比较，我们不能说它是快还是慢。

在本书的前七章中，我描述了将西欧的思想状态从匮乏转变为动力十足的新的因素。现在我将从两个方面表明，它们为什么共同构成了近代科学的基础。第一个方面是背景的变化，它们造就了一种有助于科学事业的气氛。这里我将关注一些条件，它们使得经院学者能够在一种永恒的基础上追求科学和自然哲学，并使这些追求成为在西方社会值得赞美的活动。至于第二个方面，我将考察那些有利于科学革命发展的中世纪科学和自然哲学的特征。

第一节　促成科学革命的背景前提

要想在中世纪创造一种社会环境，使得科学革命能够在17世纪最终发展起来，至少包含三个重要的前提条件：(1)希腊-阿拉伯的科学和自然哲学著作被译成拉丁文；(2)中世纪大学的形成；(3)神学家-自然哲学家的出现。

1. 翻译

科学革命第一个不可或缺的前提条件就是希腊-阿拉伯的科学和自然哲学著作于12、13世纪被译成拉丁文。这些翻译著作很重要，伊斯兰世界对西方科学的辉煌成就功不可没。数个世纪以前，伊斯兰学者将大量希腊科学译成了阿拉伯文，然后又补充了许多原创性的东西，形成了所谓的希腊-阿拉伯(或希腊-伊斯兰)科学，其核心是亚里士多德的著作以及对它们的评注。这些学术作

172

品后来传到了西方世界。虽然没有这一希腊-阿拉伯遗产，西方科学或许也能发展起来，但近代科学即使诞生，无疑也会被推迟几个世纪。

2. 大学

科学革命的第二个前提条件是中世纪大学的形成。13 世纪在巴黎、牛津和博洛尼亚诞生的大学是世界上闻所未闻的东西。伊斯兰、中国、印度或南美的古代文明都没有与中世纪大学类似的东西。近代科学的基础必须到这一特殊机构及其不寻常的活动中去寻找。

大学之所以可能，是因为中世纪拉丁社会的演进允许教会与国家分离，两者都愿意承认像大学这样的团体的分立存在。希腊-阿拉伯著作被译成拉丁文或许与中世纪大学的发展有关。到了 1200 年左右，就在大多数翻译完成之后不久，巴黎大学、牛津大学和博洛尼亚大学建立起来。翻译为新兴的大学提供了现成的课程，主要由精密科学、逻辑和自然哲学所组成。倘若那些翻译主要涉及文学、诗歌和历史，那么大学的课程就会截然不同。然而，翻译主要集中在科学与自然哲学领域。将无数翻译著作，特别是亚里士多德的著作以及基于翻译的原创性著作纳入大学课程，使得科学与自然哲学能够被制度化。

在大约 500 年的时间里，西欧的中世纪大学所确立的科学和自然哲学课程一直保持不变。逻辑、自然哲学、几何、算术、音乐、天文等课程构成了学士和硕士学位的研究科目。这些学科构成了艺学院课程的基础。正如我们在第三章中看到的，艺学院是普通大学四个学院（艺学院、医学院、神学院和法学院）中最大的一个。

这是历史上第一次为讲授科学、自然哲学和逻辑而创立了一个机构，四至六年的高等教育学习也是第一次以科学课程为基础，而自然哲学正是它最重要的组成部分。更加特别是，这些学科是 173 所有学生的核心课程，实际上也是学习更高的法学、医学和神学的前提。在数百年的时间里，这些学科被定期讲授。当大学在 13 世纪到 15 世纪之间日渐增多时，这些逻辑-科学-自然哲学课程传播到了整个欧洲，甚至东至波兰。

将亚里士多德科学和自然哲学引入西欧（很大程度上来自阿拉伯文献）为新兴大学的课程提供了基础。然而，没有教会和国家的默许，这些课程很可能不会被开设。教会和国家赋予了大学相当权力来管理自己，从而使大学能够规定自己的课程，设立学生学位的标准，判定教员的教学能力。

尽管 13 世纪在代表自然哲学和理性的艺学院与代表神学和启示的神学院之间产生了一些学科张力和困难，但艺学教师和神学家都对亚里士多德的自然哲学表示欢迎。他们把它变成了高等教育课程的基础，就表明了他们的赞同态度。他们为什么要这样做？为什么一个以天主教廷为最高权威的基督教社会竟然愿意接受一种异教的自然哲学作为众多教育课程的基础？为什么基督徒会热情拥护而不是反对这些课程？

这是因为，正如我们在第一章中看到的，基督徒早已开始同异教思想打交道，而且大都认为他们实际上没有必要怕它。最初规定基督教对待异教思想的“婢女”态度使得希腊自然哲学可以被接受。当西欧的基督徒得知存在着希腊-阿拉伯科学文献，并最终乐于接受它们时，他们表现得相当急切。虽然巴黎的宗教权威给亚里士多德的思想找了一些麻烦，甚至谴责了亚里士多德著作中的一些思想，但亚里士多德的著作仅仅在相对较短的时间里受到了挑战，主要集中在13世纪。1277年大谴责是一次地方事件，教皇是在大谴责已经被巴黎主教颁布之后才表示默许的。教会本身并不认为反对这些新的文献是妥当的。恰恰相反，希腊-阿拉伯的科学和自然哲学在12、13世纪的引入被认为对思想生活至关重要。到了1255年，亚里士多德的著作已经成为巴黎大学课程的基础，这早于牛津很久。教士们渴望熟悉亚里士多德的著作，大阿尔伯特有一则生动陈述见证了这一点。在1250年之前不久，大阿尔伯特在科隆开始撰写关于亚里士多德《物理学》的评注，这是他为其多明我会同伴写的一系列亚里士多德评注中的第一部。他开门见山地说：

174

> 我们自然科学的目的是为了满足（根据我们的能力）我们修会的兄弟们，他们在过去几年里一直恳求我们。现在我们也许可以为他们编写一本关于物理学的著作，他们从中可以看到一套完整的自然科学，还可以恰当地理解亚里士多德的著作。尽管我们自认为不足以胜任这项工作，但经不住兄弟们的一再要求，最后我们接受了这项我们一直没有领受的任务。[1]

---

[1] Translated by Edward A. Synan, "Albertus Magnus and the Sciences," in Weisheipl, *Albertus Magnus and the Sciences*, 9—10.

作为西欧与亚里士多德思想之间联系的进一步证据，我只需提到亚里士多德的著作以及评注家的著作大量涌现出来，印刷术发明之后又屡次印刷，传播甚广。

经常有人指责说，大学的亚里士多德主义跟不上时代的变化，对16、17世纪出现的新科学满怀敌意，从而迫使后者在大学之外、特别是新兴的科学社会中发展起来。尽管这也许是一种夸张，但它的对错并不影响这里的结论。无论17世纪的大学是什么状况，这些令人敬佩的机构已经完成了它们的基础性工作。它们已经塑造了西欧的思想生活，其影响无处不在。

3. 神学家-自然哲学家

科学革命的第三个也是最后一个前提条件是神学家-自然哲学家团体的出现，他们不仅在神学上训练有素（大多数人都有神学学位），而且都曾获得过艺学硕士学位或与之相当的学位，因此受过相当的艺学训练。他们的重要性怎么强调都不为过。如果亚里士多德的学术被大学的神学家认为对信仰构成了威胁，那么它就不可能成为欧洲大学研究的焦点。没有这些学者的赞成和首肯，希腊-阿拉伯科学和亚里士多德的自然哲学就不可能成为大学的正规课程。

175 西欧大学中的这个神学家-自然哲学家团体的发展是非同寻常的。他们不仅认可世俗的艺学课程，而且大都相信自然哲学对于正确阐明神学至关重要。神学院期望它的学生在自然哲学方面已经有相当的能力。一个证据是，希望攻读神学学位的学生通常都要先获得艺学硕士学位。由于神学与自然哲学在中世纪有着密切的关系，而且艺学硕士已经宣誓（1272年之后）不再讨论神学问题，将自然哲学应用于神学以及将神学应用于自然哲学的任务就落在了神学家肩上。他们在两门学科上的训练使他们能够相对容易和自信地做这件事，无论这是否涉及将科学和自然哲学运用于《圣经》诠释，将上帝的绝对权能概念运用于自然世界中假想的可能性，或者援引《圣经》文本来支持或反对科学观念和理论。神学家拥有相当的思想自由来处理这些问题，很少让神学来阻碍他们探究物理世界。如果说存在着某种"基督教科学"的诱惑，那么中世纪的神学家成功地抵制住了它。《圣经》文本没有被用来通过神的权威来"证明"科学真理。

希腊-阿拉伯科学和自然哲学在进入西欧时并未受到多大破坏，随后科学和自然哲学在西方思想中获得了崇高地位，这在很大程度上要归功于这些神学家-自然哲学家。尽管13世纪的神学家对自然哲学有些不安，但最终还是接受了它。他们对自然哲学和科学做出了重要贡献，其中大多数人都曾讲授过这些学科并写过相关论著。事实上，中世纪科学和数学方面的一些最引人注目的成就都是出自神学家，大阿尔伯特、格罗斯泰斯特、佩卡姆、弗莱贝格的特奥多里克（Theodoric of Freiberg）、布雷德沃丁、奥雷姆、朗根施坦的亨利（Henry of Langenstein）等人便是明证。神学家在其神学论著中对自然哲学的拥护是如此之热情，以至于教会有时不得不告诫他们不要轻率地用自然哲学来解决神学问题。

到了中世纪晚期，西方基督教已经有了用异教思想来为自己服务的长期传统。作为这一传统的支持者，中世纪的神学家将新的希腊-阿拉伯学术看成一种有益的补充，认为它能够增进对《圣

经》的理解。如果从西方基督教史的大背景来看，对自然哲学的偶
176
尔反抗（比如在13世纪初，亚里士多德的著作在巴黎被禁了一些年，在13世纪末，巴黎主教颁布了1277年大谴责）应当被解释成相对次要的反常情形。

刚才讨论的三个前提条件——翻译、大学和神学家-自然哲学家——为近代科学奠定了基础，因为它们营造了一种有益于科学研究的环境。如果希腊-阿拉伯科学和自然哲学的译本没有在12、13世纪出现，欧洲人不得不在没有外界帮助的情况下提升自己的思想，那么就无法设想17世纪会出现一场科学革命。如果没有中世纪大学中早已存在的科学-自然哲学课程，这样一场革命也不可能发生。16、17世纪面对和努力解决的许多重大问题都是从中世纪继承而来的。没有这些问题，没有中世纪大学中的长期传统，17世纪就没有什么东西可以讨论。没有神学家和教会的支持，中世纪大学就无法设置科学-逻辑-自然哲学课程，正是在这里，西欧开始了对科学思想和问题持续不断的长期研究。最后，为了领会神学家-自然哲学家对于近代科学兴起的重要性，有必要将中世纪欧洲联系自然哲学与宗教的经验与这两门学科在伊斯兰文明和拜占庭文明中的联系方式作一比较。

（1）中世纪伊斯兰的宗教与自然哲学

在伊斯兰世界，科学、特别是精密科学和医学的水平在许多个世纪——从9世纪到15世纪末——远远超过了西欧。然而到了15世纪末，伊斯兰科学似乎失去了动力，陷入了衰退，而此时西方科学开始崛起，在16世纪发生重大转变，并且在17世纪新的物理学、天文学和宇宙论中达到顶峰。关于为什么中世纪伊斯兰科学

此时陷入了衰退，这里无法详述。不过，由于本书的一个重要主题是西欧的中世纪自然哲学在引发科学革命的过程中扮演了重要角色，我将集中考察自然哲学这一广泛学科，而不是精密科学（天文学、光学、数学）和医学。 177

伊斯兰文明和西方基督教文明所孕育的自然哲学与神学之间的关系极为不同。在伊斯兰文明中存在着两种科学：基于《可兰经》、伊斯兰律法和传统的伊斯兰科学，以及包括古希腊科学和自然哲学的“外国科学”或前伊斯兰科学。于9、10世纪被译成阿拉伯文的外国科学被热情接受了。穆斯林们对这些知识是如此渴求，以至于著名的伊斯兰科学史家萨布拉（A. I. Sabra）指出，这一过程最好被描述成一种积极的“占有”，而非被动的“接受”。[①] 在四五百年的时间里，许多伊斯兰社会的学者（包括基督徒和犹太人）吸收了希腊科学和自然哲学，并为其增加了许多内容。然而，固守伊斯兰社会正统的神学家和宗教领袖并未热情地接受这些学科。

自然哲学被哲学家（*falāsifa*）所研究和解释。他们通达世界的方式主要是基于亚里士多德的著作和一些被归于亚里士多德的新柏拉图主义著作。在伊斯兰世界，希腊自然哲学是一种混合体，也许可以被恰当地称为新柏拉图主义的亚里士多德主义。在数百年的时间里，数得着的伊斯兰哲学家相对而言并不多，其中最著名

① A. I. Sabra，“The Appropriation and Subsequent Naturalization of Greek Science in Medieval Islam：A Preliminary Statement，” *History of Science* 25 (1987)：225—226.

的有肯迪、法拉比、阿维森纳、阿维帕塞和阿威罗伊。有些人把阿威罗伊(1198年去世)看成最后一位重要的伊斯兰亚里士多德评注家。

当希腊自然哲学与所谓的“凯拉姆”(*kalam*)科学结合在一起时,它在伊斯兰文明中就起了更为广泛的作用。萨布拉把凯拉姆定义为“对上帝的探究,对上帝创造的世界的探究,对人这个蒙上帝之恩来到这个世界的特殊造物的探究”。[①] 穆台凯里姆(*mutakallimun*,即凯拉姆的实践者)试图将启示的真理与理性调和起来。为此,他们利用了希腊哲学及其各种论证形式,从而拓宽了它的影响力。虽然在凯拉姆中的穆斯林神学包含了大量希腊哲学,但凯拉姆并不是为了它本身而研究它。希腊哲学一直是宗教的婢女,它被用来捍卫和解释《可兰经》及其教义。事实上,许多穆台凯里姆都用希腊哲学知识来攻击它。

如果我们认为穆台凯里姆是神学家,那么我们也许可以说,至少有些穆斯林神学家在使用希腊哲学,无论他们是出于何种动机。但穆台凯里姆也许仅仅代表着所谓神学家中间的一小部分。大多数伊斯兰神学家几乎没有或完全没有做过哲学研究,对希腊哲学可能也知之甚少。如果他们懂得希腊哲学,兴许会拒绝将它与《可兰经》联系起来。大多数伊斯兰神学家甚至会认为用希腊哲学来捍卫伊斯兰和《可兰经》是渎神的。他们的兴趣很大程度上囿于

178

① A. I. Sabra, "Science and Philosophy in Medieval Islamic Theology," *Zeitschrift für Geschichte der Arabisch-Islamischen Wissenschaften*, vol. 9 (Frankfurt am Main: Institut für Geschichte der Arabisch-Islamischen Wissenschaften an der Johann Wolfgang Goethe-Universität, 1994), 5.

《可兰经》、伊斯兰律法和伊斯兰传统。

大多数穆斯林神学家都确信，希腊逻辑和自然哲学，特别是亚里士多德的自然哲学，在某些关键问题上与《可兰经》是不相容的。将《可兰经》与这些学科分割开来的最大问题是创世，《可兰经》支持创世，而亚里士多德却否认这一点，在亚里士多德看来，世界的永恒性是自然哲学的重要真理。另一个重要分歧与次级原因概念有关。在伊斯兰思想中，"哲学家"一词经常留给那些和亚里士多德一样认为自然事物能够导致结果的人，比如磁能吸铁，并使之运动，或者马拉车，马被看作车子运动的直接原因。这样一来，神并不被看作所有结果的直接原因。哲学家相信亚里士多德的看法，即自然物体可以在其他自然物体中造成结果，因为事物的本性就使之能够作用于其他事物以及受其他事物的作用。而大多数穆斯林神学家却认为，根据《可兰经》的说法，上帝能够直接造就一切事物，自然事物无法直接作用于其他自然事物。尽管次级原因在科学研究中也经常被假定，但大多数穆斯林神学家都反对它，担心对希腊哲学和科学的研究会使学者们对宗教产生敌意。

由于这种不相容性，希腊自然哲学经常会引起怀疑，因此很少公开讲授。在穆斯林思想中，哲学和自然哲学往往会受到排挤。比鲁尼(al-Biruni)、阿维森纳和阿尔哈曾等许多最重要的穆斯林科学家和自然哲学家都由皇家资助，并不在学校里教学。没有强大的赞助人做后盾，以亚里士多德为向导和导师的自然哲学家就会受到当地宗教领袖的攻击和谴责，世界永恒学说或亚里士多德自然哲学对理性的特别强调或许冒犯了他们。在这方面，研究亚里士多德在伊斯兰命运的学者彼得斯(F. E. Peters)有一段描述很

179 精当："同化是存在的（整个凯拉姆的历史都表明了这一点），但在面对激进的哲学时，伊斯兰正统坚决予以抵制，甚至会激烈地反抗。"[①]研究哲学和自然哲学不是为了它们自身，因为它们可能会危及信仰（逻辑经常被认为"对神不敬"），只是为了服务于宗教才会对它们进行研究。于是，科学和自然哲学从属于宗教，通常被视为"神学的婢女"。例如，算术和天文学是可以接受的，因为它们被认为是信仰所不可或缺的，算术可以用来分遗产，天文学则对于确定五日祈祷的时间至关重要。有意思的是，科学的婢女观念在伊斯兰世界扎下了根，并且一直保持着；而在拉丁西方，在 4 世纪中叶占据统治地位的婢女观念在 12 世纪亚里士多德的自然哲学被引入之前很久即已衰落，而哲学则逐渐成为一门独立的学科，亚里士多德的自然哲学开始被独立对待。

伊斯兰历史上最伟大、最卓越的宗教和哲学学者之一加扎利（1058—1111）对自然哲学、神学（实际上是形而上学）、逻辑和数学对伊斯兰教的影响深为疑虑和担忧。在其著名的准自传著作《摆脱谬误》（*Deliverance from Error*）中，他说宗教并不要求拒斥自然哲学，但之所以存在着对自然哲学的严重反对，是因为自然完全受制于真主，自然没有任何一部分能够凭借自身起作用。这里的含义很明显：亚里士多德的自然哲学是不可接受的，因为它认为自然物体能够凭借自身的本质和本性起作用。也就是说，亚里士多

---

① F. E. Peters, *Aristotle and the Arabs*: *The Aristotelian Tradition in Islam* (New York: New York University Press; London: University of London Press, 1968), 220.

德相信次级原因,即物体可以在其他物体中造成结果。正如已经提到的,大多数伊斯兰神学家都拒斥这一学说。具有讽刺意味的是,在加扎利之前不久,自然哲学的反对者,特别是所谓的穆尔太齐赖派(Mutazilites)在10世纪用自然哲学来攻击亚里士多德的次级原因学说,同时也捍卫这样一种坚定的信念,即真主是所有"自然"作用的直接原因。在捍卫真主作为所有结果的直接原因时,穆尔太齐赖派构造了一种精致的连续再创世(re-creation)学说,即上帝在某一瞬间创造了世界,然后停止作用使之消失,在下一时刻又重新创造它,然后再让它消失,这样一直持续下去。这种异乎寻常的解释基于一种原子论,它与以德谟克利特(Democritus)和留基伯(Leucippus)为代表的希腊传统原子论几乎毫无相似之处。

180 加扎利认为数学很危险,因为它使用了清晰的证明,从而导致天真的人以为所有哲学科学都是同样明晰的。加扎利说,一个人会告诉自己:"如果宗教是真的,那么它就逃不过这些人[即数学家]的注意,因为他们在这门科学上是如此精准。"[①]加扎利又进一步解释说,数学的技巧和证明将给这个人留下深刻印象,以致"他会得出结论说,真理是对宗教的否定和拒斥"。加扎利还说:"我见过许多人都纯粹是由于高看哲学家而走上了背离真理的歧途。"[②]尽管加扎利承认,数学的主题并不直接与宗教相关,但他把数学科

① Translated in M. Montgomery Watt, *The Faith and Practice of al-Ghazali* (London:George Allen and Unwin Ltd,1953),33.

② Ibid.

学包括在了哲学科学中（它们是：数学、逻辑、自然科学、神学或形而上学、政治学、伦理学），并断言研究这些科学的学者将“受到哲学家的罪恶和堕落的侵染。致力于这种研究的人几乎都会摆脱宗教，把对神的恐惧从头脑中移除”。① 加扎利对哲学科学最强烈的谴责集中在形而上学或神学，正如他所说，“哲学家所犯的大多数错误”都集中在这里。②

在伟大的哲学著作《哲学家的语无伦次》中，加扎利抨击了古代哲学，特别是通过对法拉比和阿维森纳这两位最重要的伊斯兰评注者的思想的批判而抨击了亚里士多德的观点。在就二十个哲学问题批评了他们的观点（比如世界是永恒的；上帝只知道共相而不知道殊相；身体不能死而复生等等）之后，加扎利简短作结：

> 如果有人说：
>
> 既然你已经分析了哲学家的理论，你会下结论说，相信它们的人应当被判定不信神，从而被处死吗？
>
> 对此我们回答：
>
> 就三个问题而言，判定哲学家不信神是不可避免的，即：
>
> (1)世界的永恒性问题，他们坚持认为，一切实体都是永恒的。
>
> (2)他们断言神的认识不包含个体对象。
>
> (3)他们否认身体的死而复生。

① Translated in M. Montgomery Watt, *The Faith and Practice of al-Ghazali* (London: George Allen and Unwin Ltd, 1953), 34.

② Ibid., 37.

> 所有这三种理论都与伊斯兰教义严重冲突。相信它们就意味着指责先知们在撒谎，认为他们的教导是一种旨在吸引大众的伪善的歪曲。任何穆斯林教派都不会同意这种无耻的亵渎。[①]

在加扎利看来，神学和自然哲学会对信仰构成威胁。他对哲学家有一种根深蒂固的不信任，并称赞"单纯的民众""本能地不愿听从这种误入歧途的天才"。事实上，"纯朴的他们要比那些毫无生气的天才更容易被拯救"。[②] 作为伊斯兰历史上备受尊敬的伟大思想家，加扎利的看法不能等闲视之。 181

在著名的《历史导论》(*Introduction to History*)中，伊本·赫勒敦(Ibn Khaldun，1332—1406)将"物理的和形而上学的哲学科学"以及宗教科学归入了"本身被需要的科学"，并对哲学科学作了详细描述。但他显然确信，哲学的科学以及占星学和炼金术可能会危害宗教。他在"对哲学的反驳；哲学对学者的腐蚀"一章中表达了这种观点。[③] 在把法拉比和阿维森纳归入最著名的哲学家之后，赫勒敦谴责这些哲学家的观点是完全错误的。[④] 他告诉自己

---

① From *Al-Ghazali's Tahafut al-Falasifah* [*Incoherence of the Philosophers*], translated into English by Sabih Ahmad Kamali (Pakistan Philosophical Congress Publication, No. 3, 1963), 249.

② Ibid., 3.

③ *Ibn Khaldun*, *The Muqaddimah*, *An Introduction to History*, translated from the Arabic by Franz Rosenthal in three volumes (Princeton University Press, 1958; corrected, 1967), vol. 3, ch. 6, sec. 30, 246—258.

④ Ibid., 250.

的穆斯林同胞："在我们的宗教事务或生活中，物理学问题对我们并不重要。因此，我们一定不要去碰它。"[1]逻辑对毫无防备的信徒有潜在威胁。"任何研究它[逻辑]的人，"赫勒敦警告说，"都应当在饱学了宗教律法，研究了《可兰经》诠释和律法体系之后方能进行。不具备关于穆斯林宗教科学的知识，就不应专心于它，否则将很难抵制住其有害内容的侵扰。"[2]

我并不想暗示，加扎利和赫勒敦的态度在宗教领袖和有教养的人当中很普遍。伊斯兰文明并非铁板一块。与中世纪的西方基督教不同，伊斯兰教并没有核心的宗教权威来强制规定任何特殊的正统学说，或者如何看待自然哲学。虽然对自然哲学的讨论并未消失，但对自然哲学的一种普遍不安似乎已经传播开来。一门经常被视为与《可兰经》相左的学科不大可能被认为对信徒有什么重要的教育价值。对它的研究很难被鼓励，这也许解释了为什么自然哲学从未像西方基督教世界那样在伊斯兰世界制度化。

对待哲学和自然哲学的如此不同的态度是如何在中世纪的基督教欧洲和伊斯兰发展起来的？伊斯兰自然哲学家与宗教学者之间为何有如此显著的分歧？"哲学"(*falsafa*)和"哲学家"(*faylasuf*)为何没有什么正面涵义，特别是在受到加扎利著作影响之后？182 也许自然哲学所面对的这些困难在某种程度上都是源于这两种宗教极为不同的传播方式，以及它们所处的不同思想文化背景。

---

① *Ibn Khaldun*, *The Muqaddimah*, *An Introduction to History*, translated from the Arabic by Franz Rosenthal in three volumes (Princeton University Press, 1958; corrected, 1967), vol. 3, ch. 6, sec. 30, 251—252.

② Ibid., 257—258.

如果说基督教的传播很缓慢，需要用数个世纪来适应异教世界（基督教将在宗教上统治异教世界，但异教的哲学、科学和自然哲学却最终统治了基督教），那么伊斯兰教却以惊人的速度传播开来，在大约一百年的时间里统治了大片土地和不同民族（参见第一章）。在许多个世纪里，基督教都是罗马帝国内部的一支相对较弱的力量，因此只能依靠传教士的热情来传播它的思想（它没有军队迫使对方接受）；而伊斯兰教则不必与被征服民族展开对话。穆斯林军队在哪里获胜，伊斯兰教就在哪里确立起来。皈依伊斯兰教受到鼓励，而且很简单。在很短的时间内，许多（也许是大多数）被占领的民族都接受了这种新的宗教。的确，被征服者在相当程度上是受热情驱使来传播这种真正的信仰的。伊斯兰教从未经历过适应异教哲学和学术的时期。因此，虽然基督教诞生在罗马帝国和地中海文明中，很长时间以来一直处于从属地位，但伊斯兰教却诞生于罗马帝国之外，从未从属于其他宗教或政权。与基督教不同，伊斯兰教并不需要去适应其他文化或接受希腊学术，而是一直视其为异己，认为它对伊斯兰信仰有潜在威胁。

（2）伊斯兰自然哲学与西方基督教自然哲学的比较

在基督教的西欧和伊斯兰社会，自然哲学与神学的关系非常不同。在伊斯兰世界，除了穆台凯里姆以及加扎利等少数例外，自然哲学家通常迥异于神学家。学者们或此或彼，很少身兼两职。不仅如此，自然哲学一直处于防御地位。这门学科不能公开讲授，而只能在私下里悄悄进行。正如我们所看到的，一些最伟大的伊斯兰自然哲学家都是在皇家赞助下讲授自然哲学的，因为这样最安全。而在中世纪晚期的西方基督教社会，几乎所有职业神学家

183 都是自然哲学家。中世纪大学教育的结构也使得大多数神学家在职业生涯的早期就有可能讲授自然哲学。西方基督教的神学家和宗教权威对待自然哲学的肯定态度意味着这门学科在西方要比在伊斯兰社会中更容易持续发展。在西方，自然哲学能够吸引有天分的人，他们认为自己可以就自然哲学中的一系列基本问题自由地公开发表意见。

西方基督教对自然哲学的肯定态度不仅仅来自于基督教在数百年时间里对异教学术的适应，而且还有其他因素在起作用。虽然希腊-罗马学术被认为可疑，但它并未被当作敌人，它潜在的用途很早就被认识到了。而且，正如我们在第一章中看到的，基督教对待国家的态度或许不经意间也培养了对待自然哲学的正面态度，耶稣说的"恺撒的物当归给恺撒，神的物当归给神"(《马太福音》22:21)便是例证。尽管圣奥古斯丁等许多基督教父主张教会优先于国家，但基督教会的确承认和接受了教会与国家的分离，这使得世俗的自然哲学得以发展起来。

而在中世纪政教合一的伊斯兰世界，真正世俗的政府是没有的。国家的功能就是保证穆斯林宗教的安康，使得所有居住在这个国家的人都能是虔诚的优秀穆斯林。科学本质上是一种世俗活动。在像伊斯兰世界这样的宗教强大的地方，科学等世俗活动很可能会受到支配，除非这种活动能够独立进行，受世俗国家保护，或者被宗教权威认可。在中世纪的伊斯兰世界，这些条件均未满足，而在中世纪晚期的拉丁基督教世界，第三个条件显然在起作用。教会赞许地看待科学，世俗政府也对它采取了宽容的态度(他们没有理由反对科学和自然哲学)。事实上，他们有许多机会来支持这些学科。由于第二和第三个条件得到了满足，第一个条件在中世纪晚期也几乎得到满足。尽管神学束缚从未完全消失，但总体上倾向于缓和，很少给科学和自然哲学实践制造什么障碍。

基督教的某些方面或许也把基督徒引向了希腊哲学。圣餐问题就是一个例子，因为圣餐实体及其属性遇到了麻烦。三位一体的教义给基督教制造了无数形而上学负担。耶稣一旦被视为上帝之子，解释神性本质的问题就变得困难重重。为了帮助解决这些神学上的困难，希腊的形而上学概念和术语被认为至关重要。逻辑也被 184 认为很重要。圣奥古斯丁经常用逻辑来解决神学问题(特别参见他的《论三位一体》[*De trinitate*])，这成为后来神学家的榜样。

像伊斯兰教和犹太教这样的严格一神论的宗教不需要用这些形而上学工具来阐述上帝的本性，尽管有一些问题似乎要求作某种哲学解释。例如有人认为，《可兰经》在启示给穆罕默德之前很久就已经存在了。于是就有了这样一个问题：先在的《可兰经》是被创造的还是一直就有的。这个问题又转而与另一个问题联系了起来：《可兰经》中提到的真主的某些属性，比如“活的”和“智慧的”，是否是不依赖于其本质的永恒性质。然而，伊斯兰教比基督教更少受到追求希腊哲学的内在神学需要的驱使。事实上，伊斯兰神学家不赞成对《可兰经》进行分析，这阻碍了思辨神学的发展。

拉丁基督教为自然哲学和科学的维持和发展提供了一种支持的环境，而没有设置什么障碍。事实上，通过允许自然哲学成为中世纪大学的研究生课程，中世纪基督教表明它不仅仅是愿意容忍自然哲学的存在。它实际上以一种开放而公开的方式推进了自然哲学。

然而，即使西方基督教仅仅是容忍对自然哲学进行研究和利用,这也将是一项重要贡献。因为我们很容易设想,满怀敌意的宗教权威会试图阻碍对科学和自然哲学的追求。尽管在13世纪遇到了一些困难,但基督徒们避免了这种情况的发生。结果,基督教对待自然哲学的态度要比伊斯兰教积极得多,伊斯兰神学家大都对它充满敌意。通过把科学活动限制在那些被当作宗教和神学的婢女的领域,宗教权威们浇灭了对自然进行大胆研究的热情。

由于惧怕自然哲学对穆斯林的信仰有潜在威胁,以及其他一些可能原因,伊斯兰教从未将自然哲学制度化,自然哲学从未成为正规教育过程的一部分。于是自然哲学并没有成为对待自然的整体进路的一部分,甚至没有被用来确定自然的结构和运作以彰显真主的荣耀。伊斯兰思想家不大可能认为真主的作品是可以看透的,尽管像阿威罗伊这样的人可能偶尔会说,《可兰经》要求一个优秀的穆斯林去研究自然。阿威罗伊是在一部极富启发性的论著《论宗教与科学的关联》(*On The Connection between Religion and* 185 *Science*)中作此断言的。他解释说,这部著作旨在确定"[伊斯兰]律法对哲学和逻辑的研究是允许,禁止,还是命令——或是作为建议,或是作为义务"。[①] 值得注意的是,在大约300年之后(在此期间,科学、逻辑和自然哲学已经在伊斯兰文明中出现),阿威罗伊感到有必要为研究它们作出辩护。我不知道拉丁中世纪晚期还有其他什么类似的著作,在其中自然哲学家或神学家感到有必要确定

① Averroes, *On the Harmony of Religion and Philosophy, A translation with introduction and notes, of Ibn Rushd's Kitab fasl al-maqal, with its appendix (Damima) and an extract from Kitab al-kashf 'an manahij al-adilla* by George F. Hourani (London: Luzac, 1976), 44.

《圣经》是否允许对世俗学科进行研究。这种允许简直就是一定的。

科学和自然哲学缺乏体制基础，也许是这些学科不能永远扎根于伊斯兰社会的最重要的原因。伊斯兰神学家和宗教权威公然的敌意，或者在许多情况下完全缺少热情，至少从一个重要角度解释了为什么没能发展出一种类似西方大学那样的体制基础。然而，我们不应认为整个基督教王国对希腊科学和自然哲学都有同样的热情。具有讽刺意味的是，正如在下一节中将会讨论的，虽然拜占庭帝国继承了希腊文明的语言和文献，但它并没有使科学和自然哲学成为教育的显著特征或文化的内在部分。

而西方在中世纪建立的大学却可以用来保存和促进自然哲学。正如我们已经看到的，我们今天所知的大学是在中世纪晚期诞生的。大学是备受尊敬的强大机构，它享受着各种特权，而且随着时间的推移，这种特权会越来越多。尽管有瘟疫、战乱和革命，但大学一直坚持了下来，使自然哲学和科学能够持续发展。它们之所以能够做到这一点，是因为教会以及守护教会教义的神学家默许亚里士多德的自然哲学在教育中扮演主要角色。科学和自然哲学有了一个永久的体制基础，这在历史上还是第一次。自然哲学的保存和维持不再听天由命，不再依靠个别教师和学生的努力。

在1500年以前，伊斯兰的精密科学发展到了极高的水平，远远超过了中世纪西欧，但却缺少一种充满活力的自然哲学。与此相对照，西欧的自然哲学高度发展，但精密科学却是从希腊-阿拉伯科学文献中吸收过来的，因而维持在一种相对较低的水平。1500年以后，伊斯兰科学实际上已经不再向前发展，而西方科学却开始了一场革命，并在17世纪达到高潮。我们从中可以学到些什么呢？

我们的结论是：精密科学不大可能脱离一种成熟的自然哲学而繁荣起来，而即使没有精密科学的显著成就，自然哲学也可以在高水平维持。一些社会从未出现过高度发达的、被广泛传播的自然哲学，但有些精密科学（特别是数学）却很发达。这些社会中，能力和成就最高的莫过于伊斯兰科学家。后来科学在伊斯兰世界的衰落是否是因为自然哲学在社会中所起的作用相对较小，而且自然哲学从未在高等教育中制度化？假如自然哲学所起的作用果真如我所说那样重要，这显然是有可能的。在宗教起着决定性作用的伊斯兰社会，神学家不仅不支持自然哲学，而且往往对它充满敌意，这对自然哲学、并且最终对精密科学或许都是致命的。

186

(3)另一种基督教：拜占庭帝国的科学和自然哲学

到了这里，我已经讨论了作为统一体的基督教。事实上，我们只讨论了西欧拉丁世界的基督教。现在，我们必须简要考察一下东罗马帝国，那里发展出的基督教与西部十分不同。在罗马帝国之初，东部的拜占庭世界与西部的拉丁世界构成了一个统一体。在这个统一的帝国中，基督教本质上是一体。然而随着时间的推移，罗马帝国分成了两个截然不同的甚至相互对抗的部分（参见第一章）。到了公元800年，旧的罗马帝国实际上分成了东西两个各自为政的部分。这种分裂可以在语言上表现出来。在西部，拉丁语是通用的官方语言，而在东部则是希腊语。

帝国的分裂也影响了宗教。基督教分裂成了两个对立的教派，西部是天主教，东部（以及西部的少部分地区）则是东正教。礼拜式语言也是西部说拉丁语，东部说希腊语。东部的神职人员可以结婚，西部则不能。在圣餐礼或弥撒中，西部的神职人员使用无酵饼，东部则使用发酵饼。东部的神职人员可以被任命为牧首。在拜占庭帝国时期，在选出君士坦丁堡的122位牧首的过程中，这种在西部教会闻所未闻的特殊活动共进行了13次。然而，最重要的区别出现在6世纪初，那时天主教会改变了公元325年的尼西亚信经。尼西亚信经曾宣称，圣灵仅仅“来自圣父”，而天主教会又 187 加上了“和圣子”（*filioque*）。圣灵现在被说成来自于圣父和圣子，希腊教会对这种说法有不同看法，因为它似乎在说，圣灵来自于两个不同的上帝。早在1054年之前很久，两大基督教会实际上就已形成，当时罗马教皇的使节在前往君士坦丁堡布道时革除了牧首及其同伴的教籍，而他们又反过来谴责了教皇的使节。

西方基督教的一个主要特征是它与世俗国家的分离。教会与国家都扮演着自己的角色，尽管有时它们会试图统治对方，但通常都能认识到各自确立的管辖范围。而拜占庭本质上是一个神权国家，教会与国家之间很大程度上没有分别。皇帝被认为是上帝的总督和神圣的领袖。拜占庭帝国从未出现过西方那样的针对世俗权威与精神权威之间相对优劣和权力的激烈争论。拜占庭皇帝不仅独裁地做出一切世俗决定，而且几乎完全统治着希腊教会的日常事务。例如，他可以任命和废黜教会的牧首，有时甚至会试图改变教会的教义和圣礼，尽管从未取得成功。

与拉丁西方和伊斯兰世界相比，拜占庭帝国的居民是有优势的。由于希腊语是他们的母语，他们能够直接阅读希腊的科学和自然哲学著作，而不需要借助翻译。不仅如此，这些希腊的科学和自然哲学著作在君士坦丁堡及周边地区的图书馆和储藏室很容易得到。事实上，大多数希腊科学的手稿都来自于拜占庭帝国。在拜占庭，有教养的精英肯定都学习过希腊古典著作，读过《伊利亚特》以及赫西俄德(Hesiod)、品达(Pindar)、阿里斯托芬(Aristophanes)和希腊悲剧作家等人的著作。拜占庭对公开教育和私人教育都很看重，它主要掌握在世俗权威手中，而不是由教会掌管。1204 年，君士坦丁堡遭到洗劫，皇帝狄奥多二世从尼西亚统治这个不完整的拜占庭王国，他有一段话可以表明对教育的这种高度尊重："无论战争和防御有何要求，拿出时间来耕耘学术园地都是至关重要的。"[①]

尽管有这些思想优势，拜占庭的学者却没能充分利用他们的财富。"学术园地"似乎没有为科学史和自然哲学史培育出什么花朵。然而，对拜占庭在这些学术领域的成就的任何判断都必须考虑到，关于这些学科的大部分文献尚未出版，因此大都未被阅读。

188

在拜占庭帝国的历史上，最重要的科学成就出现较早，大约集中在 4 世纪到 6 世纪，那时在数学和工程方面出现了一些引人注目的成就，特米斯修斯、辛普里丘、菲洛波诺斯等希腊评注家写出了关于亚里士多德的评注，并最终影响了伊斯兰世界和拉丁西方。但在皇帝查士丁尼(Justinian)出于宗教考虑于 529 年下令关闭柏拉图在雅典的学园之后，拜占庭只能零星地弘扬古希腊传统。在拜占庭帝国于 1453 年陷落之前，至少出现了两次明显的学术复兴，一次是 11 世纪，另一次是在帝国的最后两个世纪。

为什么在拜占庭帝国的最后 800 年中，学者们没有为这份古

---

① From J. M. Hussey, *The Byzantine World*, 2nd edition (London: Hutchinson University Library, 1961), 148.

希腊科学和自然哲学的巨大遗产增添什么重要的东西？为什么在完全依赖于翻译、古代著作更少的情况下，伊斯兰文明和西欧文明却能大大超过拜占庭文明？

初看起来，我们也许会认为战争在减少拜占庭帝国的思想活动方面起了关键作用。尽管战争蹂躏了大多数社会和文明，但拜占庭却不同。这个维持了一千多年的不断缩小的帝国一直处于战火之中，因为它为保存自身而准备做出巨大牺牲。拜占庭在整个历史上一直受到敌人围攻，他们都是被其巨大的财富吸引来的。在东方，拜占庭人先是抗击波斯人，后来抗击阿拉伯人；在北方，他们与斯拉夫人和土耳其部落交战（特别是1071年，塞尔柱突厥人在亚美尼亚的曼齐刻尔特[Manzikert]给予他们重重一击）。对他们的屠杀是无情的。然而，即使在小亚细亚落入塞尔柱突厥人之手以后，拜占庭帝国仍然维持了近四个世纪。具有讽刺意味的是，对拜占庭人最残酷的打击，也许是最后的致命一击，却来自他们西部的基督徒同胞。1204年，在第四次十字军东征期间，西部的十字军决定对君士坦丁堡实施洗劫。一位著名的拜占庭帝国史家指出："在其漫长的历史中，拜占庭设法抵御住了一波又一波的敌人，这种反抗的力量不仅源于它高超的战术、君士坦丁堡强大的防御工事、货币的稳定，还要归功于它的国民对东正教纯洁性以及帝国神圣起源的坚定信仰。"①我们也许容易相信，在一个一直处于战争或战争边缘的文明中，思想活动很容易被忽视。尽管战争可能

① Deno J. Geanakoplos, *Medieval Western Civilization and the Byzantine and Islamic Worlds: Interactions of Three Cultures* (D. C. Heath and Co., 1979), 145.

有时中断了拜占庭的思想活动，但这样一种解释是不准确的，因为 189 拜占庭帝国正是在战争频仍、令人绝望的最后两个世纪里经历了它最伟大的思想复兴。

拜占庭的东正教会是否阻碍了科学和自然哲学的发展？它有时的确进行了干涉(比如它在 11 世纪学术复兴时曾经反对强调异教学术)，但这可能并非拜占庭在科学和自然哲学方面成就甚少的主要因素。尽管东正教会尽可能地不鼓励对异教文献进行研究，但它也深知无法完全做到这一点。如果需要，教会定会利用古希腊传统。但它与异教思想的关系从来也不轻松。我们在前面看到，西方的婢女概念逐渐被忽视，并最终被抛弃，而它在东方的命运却十分不同。在拜占庭帝国的整个历史上，教会权威坚持用"婢女"观念来对待哲学和一般的异教学术，对单纯研究或出于对知识的爱来研究这些学科的任何企图都充满了敌意。只是在偶然情况下，教会的神学家才是自然哲学家。也许帝国的频繁战乱使得东部教会不再信任可能破坏其信仰和权威的任何东西。

然而正如我们已经看到的，在拜占庭的最后两个世纪里，拜占庭的学术和学问却经历了一场复兴，甚至当帝国正在衰落时也是如此。"如果说'衰落'概念有任何意义的话，"著名拜占庭文化研究者斯蒂文·朗西曼(Steven Runciman)爵士写道，"那么历史上极少有国家组织能比最后两个世纪的东部基督教帝国(这个曾经的伟大的罗马帝国)更适合被称为衰退。"[①]然而，甚至当国家正在

① Steven Runciman, *The Last Byzantine Renaissance* (Cambridge University Press, 1970), 1.

崩溃之时,它还经历了对哲学、科学以及一般学术的兴趣高峰。科学史家和哲学史家并不知晓这次复兴中的那些在哲学和科学方面有所著述的重要人物,比如科尼亚德斯(Gregory Choniades)、克里索科克斯(George Chrysococces)、阿克罗波利特斯(George Acropolites)、皇帝狄奥多二世(the emperor Theodore II)、帕奇默(George Pachymer)和普拉努德斯(Maximus Planudes)。库姆诺斯(Nicephorus Chumnus)和梅托基特斯(Theodore Metochites)这两位学者不仅写出了哲学和科学方面的著作,而且还是其他学者的富有的赞助人。也许这些学者中最著名的人物是普莱顿(George Gemistus Plethon),他曾在佛罗伦萨讲授柏拉图,在那里他曾作为代表参加费拉拉-佛罗伦萨会议(Council of Ferrara-Florence,1439年)。事实上,普莱顿在意大利比在希腊更受尊崇,他最著名的学生红衣主教贝萨里翁(Cardinal Bessarion)也是如此,后者放弃了东正教信仰,成为罗马天主教会的一名红衣主教。

当然,拜占庭帝国注定会发生这最后一次复兴。正如一位现代学者所说:“他们[拜占庭学者]大多用一种复杂的语言为一些不久将被抹去的不同凡俗的公众写东西。”[①]随着君士坦丁堡于1453年陷落,它出乎意料地戛然而止。这一非同寻常的复兴以及此前7世纪的拜占庭学问产生了何种影响呢?就目前所知,拜占庭学问的影响并未超出过帝国本身的疆域。而且,尽管有一些重要思想也许夹杂在现存的大量文献中(其中大多没有出版),但进一步 190

① Steven Runciman, *The Last Byzantine Renaissance* (Cambridge University Press,1970),97.

的研究不大可能发现大量材料来改变关于拜占庭思想和学问的现代观点，即认为它缺乏创见，没有原创性。即使有少量重要的创新著作最终被发现，我们也有把握说，它们没有对拜占庭之外的学问和学术进程产生影响。它们根本就不为人所知。这些发现最多可以告诉世界，一些拜占庭学者曾经有能力做出重要成就，假使他们的著作得以传播，甚至可能为整个学术大厦添砖加瓦。

拜占庭学术的特征在梅托基特斯的《哲学与历史杂录》(*Miscellanea Philosophica et Historica*)的序言中得到了揭示。梅托基特斯代表拜占庭的哲学家宣称："过去的伟人们已经把一切事物说得那么完美，我们已经没有什么东西可说。"[①]我们可以把这种态度与伊斯兰和拉丁西方的学者相对比，他们也尊崇古人，但却随时准备着超越他们，并为整个知识的大树添枝加叶。拜占庭学问与西方的疑问传统尖锐对立，西方学者被迫面对一个又一个的问题，试图给出合理的回答，这些回答既可能符合、也可能不符合文本作者的看法。

在拜占庭帝国，学问——因此包括科学和自然哲学——主要由少数外行来做，他们除了有共同的教育背景外，几乎没有什么共同之处。与西方大学的学者不同，他们肯定没有对大量普通问题做过深入反思。拜占庭的学问讲求形式，学究气重，少有革新。正如拜占庭文化研究者唐纳德·尼科尔(Donald Nicol)所说：

> 晚期拜占庭所实践的学问的首要目的似乎往往是使自己满意，有时是为了让某个人的思想对手难堪……除了师生关

---

① Steven Runciman, The Last Byzantine Renaissance (Cambridge University Press, 1970), 94.

> 系的训练方式，很少看到拜占庭学者之间有别的合作方式。每个人都独自工作。他也许经常会表达对柏拉图、亚里士多德、托勒密等古代巨人的谢意，但他很少会承认在他之前不久的先辈的工作，更不要说同代人的工作了……当然，学者们会在精心制作的通信中就对方的技能恭维一番。奉承是修辞的一部分。他们有时会彼此借书，但却很少合作进行研究。[①]

191

于是，尽管拜占庭学者忙于自鸣得意的学问和恭维，却似乎不愿解决自然哲学问题。婢女观念可能也在某种程度上起着约束作用，约翰·伊塔洛斯(John Italos)在1082年的厄运便是例证。伊塔洛斯是君士坦丁堡的哲学教授，他由于过分热爱希腊学术而被定为异端。他的错误人所共知，因为“他的错误会在四旬斋的第一个星期天在每一个正教会作为永恒的提醒和警告来宣读”。[②] 加之拜占庭学问缺乏批判性，对古代文本做评注的学者大都相信古人总是正确的，因此认为自己很难补充什么东西，他们的科学和自然哲学文献缺乏独特性也就不难理解了。

更加深入、更有原创性的学问的显然阙如也归因于这样一个事实，即教会和国家(他们往往就是一回事)从未将自然哲学和科学制度化。在这方面，拜占庭与伊斯兰没有什么不同。两大文明的神学家都是要么敌视科学和自然哲学，要么对其漠不关心。然

---

① Donald M. Nicol, *Church and Society in the Last Centuries of Byzantium* (Cambridge: Cambridge University Press, 1979), 47—48.

② Ibid., 50.

而，伊斯兰对待异己的希腊科学和自然哲学要比拜占庭对待自己的希腊遗产更为热情和成功。伊斯兰世界将大量新的科学知识连同希腊古典著作传播到了西方，拜占庭则并未把自己新的科学和哲学传到西方。

虽然知道为什么拜占庭学者似乎在自然哲学和科学方面没有什么思想创造力很重要，但更为重要和必要的是认识到，他们在思想史上的真正意义在于保存和传播了希腊科学传统。正是由于这种无法估量的贡献，拜占庭人才被恰当称为欧洲中世纪的“世界图书馆员”。[1] 在这个意义上，拜占庭帝国在科学史和学术史上扮演了重要角色。

第二节　促成科学革命的实质性前提

没有前述三种背景前提的发展，很难想象17世纪如何可能发192生科学革命。这些前提是中世纪社会的永恒特征。然而，虽然它们对于近代早期科学的出现至关重要，因此称得上是奠基性要素，但单靠它们本身还不够。科学在西方社会中扎根的最终原因必须在发展起来的科学和自然哲学的本性中去寻找。因此，考察中世纪科学和自然哲学的基本特征也是至关重要的。关于它们，有哪些方面使我们可以说，中世纪对于17世纪兴起的新科学做出了贡献呢？

① N. H. Baynes, *Byzantine Studies and other Essays* (London, 1955), 72.

1. 精密科学

如果不考虑医学，那么中世纪的科学可以恰当地分为精密科学（主要是数学、天文学、静力学和光学）和自然哲学。我将集中在自然哲学上。尽管拉丁中世纪保存了精密科学的主要文本，甚至还增加了自己的东西，但我不知道有哪些源于这些著作的方法或技巧变化被证明对于科学革命是重要的。保存这些文本，研究它们，甚至撰写新的相关论著，本身就是重要的贡献。这些活动不仅使精密科学保持了活力，而且显示有一群人在中世纪有能力在这些科学上开展工作。至少，精密科学的专门知识被保存了下来，这样新科学的那些哥白尼们、伽利略们和开普勒们才有东西可以研究和改进。的确，如果没有这些东西，他们该做什么呢？然而在中世纪，自然哲学的革新要比精密科学多得多。较之精密科学，中世纪的自然哲学更能影响后来的发展。

2. 自然哲学：一切科学之母

自然哲学与精密科学在中世纪所扮演的角色截然不同。在自然哲学方面，我们关注的并不仅仅是对希腊-阿拉伯知识的保存，更关注如何将这种遗产变得最终有利于近代科学的发展。在第七章，我们描述了自然哲学的本质特征。现在我们来谈谈它与16、17世纪科学剧变之间的关联。

我还没有讨论自然哲学的一个重要特征，因为在此之前它还不甚相关。然而，在自然哲学与科学革命的关系这个更大的背景上，它极为重要。我把自然哲学称为一切科学之母。当亚里士多 193

德的自然哲学传到西欧时，天文学、数学、几何光学和医学在希腊-阿拉伯传统中早已是独立的科学。作为“中间科学”，天文学和光学介于数学与自然哲学之间，它们有时被看作自然哲学的一部分。而总是与自然哲学有着密切关系的医学，也是一门独立学科，至少从公元前 5 世纪起就是如此。中世纪大学有自己的医学院，便体现了对这种独立性的认可。

如果不考虑天文学、数学、光学和医学，那么几乎所有其他科学——物理学、化学、生物学、地质学、气象学、心理学以及它们的所有子学科和分支——都是在 16 世纪到 19 世纪作为独立学科从自然哲学这个母体中出现的，只不过出现得很缓慢，大多数学科在 19 世纪之前并不明显罢了。到了 19 世纪中叶，自然哲学仍然在美国大学中普遍讲授。宾州的狄金森学院在 1845—1846 年的授课中是这样定义自然哲学的：

> 自然哲学被认为是这样一门科学，它考察物体一般的、持久的属性，支配物体的定律，以及在物质不发生改变时物体间的相互作用（距离可大可小）。①

这一定义极大地缩小了中世纪自然哲学观念的范围，而且也有显著不同，因为“在中世纪，自然哲学可以划分为力学、流体静力学、

① Quoted in Stanley Guralnick, *Science and the Ante-Bellum American College* (Philadelphia: The American Philosophical Society, 1975), Memoirs, vol. 109, 60. 感谢我的同事 James Capshew 教授提供此引文。

流体动力学、水力学、气体力学、声学、光学、天文学、电学、流电学、磁学和色彩学”。[①] 到了1850年，也就是自然哲学成为中世纪大学课程之后的大约600年，这个一切科学之母已经子孙兴旺，许多后代显然不愿离开这个舒适的母体，到新的陌生环境中安家落户。不过我们惊奇地看到，经历了中世纪的天各一方，光学和天文学又回来与“母亲”待在了一起。

在数个世纪中孕育这些科学的自然哲学是在中世纪晚期的西欧大学里发展起来的。在人类历史上，这是独一无二的。大学艺学院的自然哲学家将亚里士多德的自然哲学变成了针对自然提出的大量疑问，它们所涉及的各个学科后来都凝结成刚才提到的那些科学。对于每一个疑问，通常都会给出两个以上的结论。当这些在中世纪的自然哲学家看来可以接受的结论在16、17世纪的学者看来不恰当时，革命性变化就发生了。到了17世纪末，新的物理学和宇宙论观念极大地改变了自然哲学。194 亚里士多德的宇宙论和物理学在很大程度上被抛弃了。但他关于自然许多其他方面（比如物质变化、动物学、心理学等等）的思想仍然受到重视。在生物学方面，亚里士多德的影响一直持续到19世纪。

尽管中世纪自然哲学发生了转变，后来催生出一系列新的独立的科学学科，但亚里士多德的自然哲学在14世纪就已发生显著转变。这种转变无疑在未来的革命中发挥了作用。但这并非是因为任何特定的科学成就，尽管它们绝非微不足道。中世纪的自然

---

① Guralnick，ibid.，61.

哲学家关注我们认识和通达自然的方式，亦即所谓的科学方法。他们试图说明我们是如何理解自然的，即使他们很少探究这些方法论洞见会引出什么结果。中世纪自然哲学家的方法论成就在第七章中已经谈过。它们是中世纪留给近代早期世纪的遗产的重要部分，这里可以简要提一下。

有些方法变化与数学有关。在对运动作新的数学描述时，布雷德沃丁意识到，自然过程必须用普遍适用的连续数学函数来表示，从而偏离了亚里士多德。经院学者经常将无穷大和无穷小引入自然，像处理有限量那样来处理无穷大和无穷小。

对质的数学处理是中世纪自然哲学的典型特征。尽管这些问题通常是假说性的和假想的，但用数学来解决这些问题却已司空见惯。到了16、17世纪，数学的思想方式（如果不是数学本身的话）已经融入自然哲学。接下来就可以将自然哲学始终如一地应用于实际的物理问题，而不是假想的质的变化了。

195 然而，对科学的大部分方法论贡献是哲学方面的。经院自然哲学提出了对因果性、必然性、偶然性等概念的恰当解释。一些学者（14世纪巴黎大学著名的艺学教师布里丹便是其中之一）主张，目的因是多余的和不必要的。在他们看来，单凭动力因已经足以确定变化的动因。布里丹还提出了另一种重要的方法论发展，他坚持说，科学真理并不像数学真理那样是绝对确定的，而是只具有一定程度的确定性。布里丹所说的确定性由一些无法证明的原理所组成，它们是自然科学的基础，例如火是热的，天在运动等。在布里丹看来，这些原理不是绝对的，而是来自于归纳概括，他说："它们之所以被接受，是因为在很多情况下都可以观察到它们为真,而没有一处为假。”①

正如我们在第七章中看到的,布里丹认为这些归纳概括出来的原理是偶然的,因为它们的真是基于“自然的日常进程”而被断言的,这一深刻假定有效消除了不可预测的神的干预对科学的影响。简而言之,在追求自然哲学的过程中不再需要担心奇迹。它还消除了可能偶尔阻碍自然原因起自然作用的偶然事件的作用。只是因为人有时生来有十一个手指,并不能否认在自然的日常进程中,我们应当期待有十个手指。基于此,布里丹宣称真理是有确定性的。利用理性、经验和归纳概括,布里丹试图通过奥卡姆的剃刀原则,即通过符合现象的最简单的解释来“拯救现象”。布里丹只是挑明了经院哲学家一直在暗示的东西。简单性原理的广泛使用是中世纪自然哲学的典型特征,也是17世纪科学所特有的,开普勒就宣称:“自然会利用尽可能少的手段,这是自然科学中的最高公理。”②

于是,中世纪自然哲学家试图研究“自然的日常进程”,而不是异常行为或奇迹。他们将这一方案称为“合乎自然地说”(*loquendo naturaliter*),即通过自然科学而非信仰或神学来言说。这种表述之所以能够在中世纪自然哲学中出现并且被广泛使用,要归功于这样一些学者,他们认为自己的首要任务就是用纯理性和世俗的

---

① From Buridan's *Questions on the Metaphysics*, bk. 2, qu. 1 as translated by Ernest A. Moody in "Buridan, Jean," *Dictionary of Scientific Biography*, edited by Charles C. Gillispie, 16 vols. (1970—1980), 2:605.

② Johannes Kepler, *New Astronomy*, translated by William H. Donahue (Cambridge: Cambridge University Press, 1992), 51. 开普勒的《新天文学》首版于1609年。

术语去解释世界的结构和运作。

196 第五章和第七章所描述的被广泛假设的"自然的不可能性"或反事实,或有时所说的"思想实验",是中世纪方法论的一个重要方面。如果一个假想事件在亚里士多德的物理学和宇宙论的现有框架下不可接受,那么就会认为它是"自然地不可能"。自然的不可能性主要源于体现在1277年大谴责中的上帝的绝对权能观念。反事实使得想象力被激发出来。在中世纪,这些思考导致亚里士多德物理学的各个方面都受到了挑战。虽然亚里士多德已经表明其他世界是不可能的,但中世纪的经院学者却表明,其他世界不仅是可能的,而且还能与我们的世界相容。反事实的物理学和宇宙论中出现的新颖回答虽然并未颠覆亚里士多德的世界观,但它的某些基本原理的确受到了挑战。人们开始意识到,事物或许与亚里士多德哲学的说法极为不同。除了影响16、17世纪的经院学者,这种典型的中世纪方法还影响了一些重要的非经院学者,他们很清楚经院学者所讨论的主题。

中世纪留给17世纪的最有成果的思想之一是,上帝可能消灭物质而留下虚空。例如洛克就基于上帝可能消灭物质任何部分的假设来证明三维虚空的存在。假如上帝果真摧毁一个物体,那么就会留下一个虚空,"因为被消灭物体的各个部分所填满的空间显然会保留下来,它将是一个没有物体的空间"。[1] 法

① John Locke, *An Essay Concerning Human Understanding*, bk. 2, chap. 13, par. 22, in J. A. St. John, ed., *The Philosophical Works of John Locke*, 2 vols. (London, 1903—1905), 1:295.

国哲学家皮埃尔·伽桑狄(Pierre Gassendi)也以一种稍为复杂的类似方式得出结论说,存在着一个无限的三维虚空。他分步证明了这一结论的有效性,即先是想象月下世界的物质超自然地消失,然后是月球之上的天界,最后是他想象中越来越大的世界。因为"如果有一个更大的世界,然后还有一个更大的世界,然后还有……以至无穷,上帝相继将它们变为乌有,那么我们可知,空间将变得越来越大,一直到无穷",所以我们可以"类似地设想,空间及其尺寸沿着各个方向向无限拓展"。[1] 同一原理也可用于世界内部。伽桑狄解释说:

> 哲学经常有必要以这种方式进行,一如他们要我们想象没有任何形式的质料,以使我们理解其本性……因此没有任 197 何东西阻碍我们认为,在月球下方或天球之间包围的整个区域是一个虚空,一旦作出这一假定,我相信任何人以我的方式看待事物都会很容易。[2]

英国大哲学家托马斯·霍布斯(1588—1679)也利用物质的消灭进行分析。尽管他没有把上帝当作消灭者,但霍布斯在作

---

① Translated from Gassendi's *Syntagma philosophicum* in his *Opera Omnia*, vol. 1 (Lyon, 1658; reprinted by Friedrich Frommann Verlag, 1964), 183, col. 1.

② Ibid. 182, col. 2, in *The Selected Works of Pierre Gassendi*, edited and translated by Craig B. Brush (New York: Johnson Reprint Corporation, 1972), 386. Also cited in Grant, *Much Ado About Nothing: Theories of Space and Vacuum from the Middle Ages to the Scientific Revolution* (Cambridge: Cambridge University Press, 1981), 390, n. 169.

如下断言时,不觉中已经感谢了他的经院前辈:"在讲授自然哲学时,我最好从缺乏开始(正如我已经表明的那样),也就是说,从假定世界被消灭开始。"这使得霍布斯能够提出他的空间和时间概念。①

1277 年大谴责中的第 49 条是一种重要的自然不可能性,1277 年之后必须承认,上帝能够直线地推动世界,尽管可能留下虚空。上帝绝对权能的这种假想的显现在 17 世纪的回想不绝于耳。伽桑狄宣称:"如果上帝从目前的位置推动世界运动,那么空间并不会相应地随之运动。"这是在用世界的超自然运动来支持他关于无限空间绝对静止的信念。② 作为牛顿的代言人,克拉克在与莱布尼茨的论战中也捍卫了绝对空间的存在性,他主张:"如果空间仅仅是共存事物的秩序[如莱布尼茨所坚持的],那么如果上帝移除整个物质世界,无论速度有多快,空间仍将在同一位置中继续存在。"③最后,反事实的力量最鲜明地体现在牛顿《自然哲学的数学原理》中作为第一运动定律而提出的惯性原理中:"每个物体都继续[或保持]其静止或匀速直线运动的状态,除非有力加于其

① From Hobbes's *De corpore* (*Concerning Body*), translated from Latin into English in *The English Works of Thomas Hobbes of Malmesbury*, edited by William Molesworth, 16 vols. (London, 1839—1845), 1: 93. Also cited in Grant, *Much Ado About Nothing*, 390, n. 169.

② From Gasssendi's *Syntagma philosophicum* as translated in *The Concepts of Space and Time, Their Structure and Their Development*, edited by Milič Čapek (Dordrecht and Boston: D. Reidel, 1976), 93.

③ See H. G. Alexander, ed., *The Leibniz-Clarke Correspondence, Together with Extracts from Newton's "Principia" and "Opticks"* (Manchester: University of Manchester Press, 1956), 32.

上迫使其改变这种状态。"[①]在中世纪的思想文化中，观察和实验不起什么作用，反事实就是一种强大的工具，因为反事实强调形而上学、逻辑和神学，而这些学科都是中世纪自然哲学家所擅长的。

这里以及第七章中所描述的科学方法即使贯彻下去也不会产生新知识。任何方法都不大可能做到这一点。但它们的确产生了新的概念以及关于自然和世界的诸种假设。伽利略等科学革命者继承了这些态度，他们大多数人对此都是赞成的。

3. 中世纪自然哲学与科学语言

198

中世纪留给近代早期科学的另一份遗产是一套广泛而复杂的术语，它们构成了科学讨论的基础，比如"潜能"、"现实"、"实体"、"属性"、"偶性"、"原因"、"类比"、"质料"、"形式"、"本质"、"属"、"种"、"关系"、"量"、"质"、"位置"、"虚空"、"无限"等等。这些亚里士多德的术语是经院自然哲学的重要组成部分。但中世纪自然哲学的语言并不只是由翻译过来的亚里士多德术语组成的。新的概念、词项和定义被加入进来，特别是在变化和运动领域。中世纪自然哲学家区分了动力学（讨论运动的原因）和运动学（讨论运动的时空结果），还区分了对质的强度的度量（质的幅度[本义为"宽度"]，*latitudo qualitatis*）和分布于整个物体（质的长度，*longitudo qualitatis*）的质的总量。例如，中世纪自然哲学家区分了热的强度（温度）和热的量，区分了总重量（广度因子）和比重（强度因子）。

---

① Quoted from I. Bernard Cohen and Richard S. Westfall, eds., *Newton: Texts, Backgrounds, Commentaries* (New York: W. W. Norton & Co., 1995), 233.

他们还提出了一系列在物理学史上很重要的新的运动学定义，包括匀速运动（*motus uniformis*）、匀加速运动（*motus uniformiter difformis*）和瞬时速度（*velocitas instantanea*）等等。在动力学方面，他们运用了被注入的力或冲力概念，一直到17世纪，它在物理学中仍然起着作用。到了17世纪下半叶，这些术语、概念和定义已经渗透在欧洲自然哲学家的语言和思维过程中。

4. 中世纪自然哲学与科学问题

中世纪自然哲学在过渡到近代早期科学的过程中还扮演了另一个关键角色。至少有一些基本问题训练了16、17世纪非经院自然哲学家的头脑。为了说明中世纪的问题如何影响了新科学的发展，我们只需提到第六章对伽利略处理运动的讨论，他关注的乃是在充满物质的空间和虚空中运动的传统中世纪问题。这些问题的解决是伽利略构建的新物理学的核心。与关于地界和天界的无数问题一样，虚空问题也是中世纪留下的遗产。物理学和宇宙论革命并非是用新问题来取代中世纪的问题，而是给旧问题寻找新答案，至少开始时是这样。这些答案有时会涉及实验，这在中世纪是罕见的。

“自然厌恶虚空”这一中世纪原理提供了很好的说明。有无数这类经验可以用这条原理来解释为什么虚空不可能存在，比如封闭容器中的一支燃烧的蜡烛；水在虹吸管中上升；血在吸杯中上升；滴漏计时器（水钟）以及两个平面的分离等等。这些现象尽管各不相同，却都可以通过自然厌恶虚空来作传统解释。为了阻止虚空形成，物质将以奇特的甚至是自然不可能的方式来行为。然

而到了16世纪，许多自然哲学家通过人造真空解释了同一现象。以前被否认的现在被肯定了。旧问题有了新答案。 199

中世纪自然哲学家提出了关于自然的数百个特定疑问，他们给出的回答包含了大量科学信息。这些疑问大都有多种回答，如何选出最好的答案并不清楚。在16、17世纪，那些不同意亚里士多德的学者又给出了新的回答。改变的大都是回答，而不是问题。虽然回答改变了，但中世纪学者和科学革命时期的学者对许多基本问题并不陌生。从1200年左右开始，大学里的中世纪自然哲学家对物理世界的本性和结构表现出极大关注。科学革命的缔造者继续了这一传统，它那时已经成为西方社会思想生活不可分割的一部分。

5. 探索的自由和理性的自治

中世纪不仅流传下来历经数个世纪的传统自然哲学(其中许多以疑问形式写成)，而且留下了一份非凡遗产，那就是相对自由的理性探索。中世纪的哲学传统是在大学艺学院中形成的。几乎从一开始，艺学教师就在尽可能地争取学术自由。他们试图保存和拓展哲学研究。艺学教师自认为是这门学科的守护者，他们力图将理性运用于物理世界的问题。艺学院的独立地位以及无数权利和特权使他们在中世纪获得了惊人的自由度。

尽管神学一直是自然哲学研究的一个潜在障碍，但神学家并不 200 怎么反对自然哲学，很大程度上是因为他们对此也有深入研究。中世纪著名神学家大阿尔伯特认为，自然哲学独立于神学。到了13世纪中叶，他认为自己在神学上已经足够专业，能够在神学领域给出可靠的观点，但他承认，在物理学领域，他更信任“逍遥学派的观点”,而不是他自己的观点。[①] 到了13世纪末,大学的艺学院实际上已经独立于神学院。1277年大谴责是神学家禁止艺学教师探索自然哲学的最后一次重要努力。神学家所谴责的一些条目不经意间揭示了许多自然哲学家对自己作用的看法。其中最有趣的有:

> 40. 没有任何状态比投身于哲学更好。
>
> 145. 任何可以通过理性去争辩的问题,哲学家都会去争辩和解决……
>
> 150. 不应满足于诉诸权威而对任何问题有确定看法。

不难看出,如果这些观点被自然哲学家广泛接受,为什么神学家会感到不安。哲学被认为高于神学,而且不论是教会的还是《圣经》的权威,都不能作为论证的最终根据。只有合乎理性的论证才是可接受的。我们可以看到,如果自然哲学家能够基于这些看法自由地建立他们自己的学科标准,那么神学将起不到什么作用。即使神学起了作用,理性也会被用于启示,导致灾难性的后果,就像17、18世纪所发生的那样。自然哲学的理念是仅仅使用合乎理性的论证。中世纪自然哲学是最为典型的理性事业。

如果说自然哲学家的崇高目标在中世纪没有完全实现,那么实现它的道路显然是在那一时期铺就的。到了13世纪末,哲学(包括其主要的分支自然哲学)已经成为大学中的一门独立学科。

---

① See Synan, “Albertus Magnus and the Sciences,” in Weisheipl, *Albertus Magnus and the Sciences*, 10.

尽管艺学教师一直受到宗教教义的限制，但出现教义问题的学科领域是有限的。在13世纪，艺学教师已经学会了如何应对亚里士多德思想中成问题的方面——他们或者假说性地处理问题，或者宣布他们只是在重复亚里士多德的观点，甚至当他们详细阐述他的论证时也是如此。在中世纪，自然哲学仍然是亚里士多德给出的样子：一门本质上世俗的理性学科。之所以如此，是因为艺学教 201 师力争保存它。在这一过程中，他们将自然哲学改造成为一门独立学科，将理性探究物理世界的一切问题作为自己的目标。14世纪30年代，奥卡姆表达了大多数艺学教师和许多神学家关于自然哲学的看法，即一门独立的理性学科：

> 与神学无关的关于自然哲学的断言不应遭到严厉谴责，或不允许任何人去研究，因为在这些事情上，任何人都应当随心所欲地自由发表意见。①

自然哲学中自由探索的精神始于中世纪的艺学院。学者们给出了在学科限度内所能给出的最好回答。在第七章中，我描述了对待亚里士多德权威的各种不同进路。然而，应当强调的是，自然哲学家认为在论证中使用理性而非信仰是他们的义务。撰写自然哲学著作的神学家通常采取这一进路。尽管他们明白亚里士多德

---

① Translated by Mary Martin McLaughlin, *Intellectual Freedom and its Limitations in the University of Paris in the Thirteenth and Fourteenth Centuries* (Ph. D diss., 1953; New York: Arno Press, 1977), 96.

的思想会给信仰带来麻烦，但他们认识到，诉诸信仰并不能构成论证。奥雷姆在用理性来驳斥亚里士多德关于世界永恒的论证时就采取了这种态度。正如他所说："我希望用自然哲学和数学来证明相反的结论。这样可以清楚地表明，亚里士多德的论证并非决定性的。"[①]撇开神学和信仰不谈，亚里士多德的解答有时被认为存在缺陷。例如，在关于《物理学》的疑问的前言中，布里丹说，几乎在任何一个疑问中，亚里士多德的回答都不能让人满意。正如在第七章中所提到的，奥雷姆暗示亚里士多德可能误解了他本人在《物理学》第七卷中所提出的运动规则。

经院哲学家也知道他们自己的局限性。布里丹在一个困难的疑问中表达了自己相当的不确定，他说，"由于每一方都可能给出多种论证，而且得到清晰证明的论证还不够"[②]，他不应当支持任何一方。在另一处，他给出了自己的解释，"除非有人找到更好的解释"。[③] 这些怀疑并不经常出现，但已经足以使我们想到，中世纪的自然哲学家至少意识到了给每一个疑问提供解答的困难。然而，尽管有些犹豫不决，他们仍然认为自由探讨各种形式的问题并给出回答是他们的义务。

16、17世纪的自然哲学学者是中世纪自然哲学家培养的自由

---

① From Oresme's *Le Livre du ciel et du monde*, bk. 1, ch. 29, in the edition and translation by Albert D. Menut and Alexander J. Denomy (Madison: University of Wisconsin Press, 1968), 197.

② Translated from Buridan's *Questions on De caelo*, bk. 2, qu. 14 in *Iohannis Buridani Quaestiones super libris quattuor De caelo et mundo*, edited by Ernest A. Moody (Cambridge, Mass: Mediaeval Academy of America, 1942), 184.

③ Translated from Buridan *Questions on De caelo*, bk. 2, qu. 17, in Moody, 208.

探索精神的受益者。但大多数人都不知道他们的遗产，甚至是拒绝它的存在，而去嘲笑亚里士多德主义的经院哲学家和经院哲学。202 他们的批评并非没有道理。自然哲学的进程是该改变了。一些经院自然哲学家试图适应哥白尼、第谷和伽利略等人建立的新的日心天文学。但适应已经不够了，中世纪自然哲学在17世纪发生了彻底转变。然而，中世纪的经院遗产仍然以自由探索的精神、强调理性、研究自然的各种方式，以及一些核心研究问题的形式被保存了下来。新科学还从中世纪继承了一种深刻的感受，即试图发现世界的运作方式是一项值得赞美的事业。

17世纪科学史家彼得·迪尔(Peter Dear)提出，在17世纪开始统治西方文明的新科学有六种关键的革新特征：[1]

1. 有意的、可记录的实验；
2. 认为数学是揭示自然的有力工具；
3. 将事物的某些感觉属性的原因由事物本身重新交给观察者的知觉来把握("第一性的质和第二性的质"的区分)；
4. 与此相关联，将世界貌似合理地看成一种机器；
5. 把自然哲学看成一项研究事业而不是一个知识体；
6. 围绕着对合作研究的正面评价而重新建立起知识的社会基础。

[1] Peter Dear, *Mersenne and the Learning of the Schools* (Ithaca, N. Y. : Cornell University Press, 1988), 1.

这的确是一种“新的世界观”,但如果没有中世纪为之奠定的基础,这些革新都将是不可能的。在学者们可能有“把自然哲学看成一项研究事业”的观念之前,他们必须先有一种值得被称为“知识体”的自然哲学。这样一个知识体是在中世纪晚期形成的。迪尔列出的其他一些“近代”偏离在中世纪并非不为人知。他们偶尔也会做一些实验,并且经常把数学运用于假想的(尽管很少是实际的)自然哲学问题中。在17世纪,新科学家将数学应用于实际的物理问题中,并为中世纪的分析和形而上学技巧补充了实验。这些发展并非凭空产生。它们虽然代表着真正深刻的科学变化,但应当被视为一个从中世纪开始的过程的发展结果。没有在本书中描述的那些在中世纪奠定的基础,17世纪的科学家就不可能挑战 203 关于物理世界的流行观点,因为否则在物理学、天文学和宇宙论中就不会有什么东西可以作为挑战的对象。

由本章中提出的三个前提可知,12世纪末和13世纪的西欧出现了两种重要而独特的东西:大学和神学家-自然哲学家群体。它们的存在使得自然哲学能够以前所未有的方式繁荣发展起来。自然哲学的发展为17世纪卓有成效的科学探索奠定了基础 。

第三节 中世纪科学与近代早期科学的关系

尽管有本书中讨论的这些成就,但西欧中世纪仍然遭到严重低估甚至是诽谤,仿佛命运选择它是为了充当历史的替罪羊一样。17世纪至少有两个重大事件要为此负责:科学革命和教会于1633

年谴责伽利略。在17世纪批判亚里士多德自然哲学的漫长斗争中，后者被认为是一个笨拙的庞大体系，不仅缺乏想象力，而且完全失当。其支持者被看作感觉迟钝的笨蛋、反对进步的“诡辩家”(logic-choppers)和“空谈家”(word-mongers)。亚里士多德主义自然哲学家和经院学者的形象就是这样一个墨守成规的老顽固。

对这一形象的形成负有最大责任莫过于伽利略。他在其著名的《关于两大世界体系的对话》(1632)中给出了一幅关于经院哲学家无能固执的生动形象。正是在这部著作中，伽利略创造了辛普里丘这个虚构的人物，它的名字来自公元6世纪那位著名的希腊亚里士多德评注家。尽管许多亚里士多德主义者都认为望远镜是一种有效的科学仪器，但辛普里丘却宣称：“在我们这些逍遥学派哲学家看来，其他人所赞叹的那些惊人成就，我认为是镜片产生的谬见和幻觉。”[1]伽利略也强调了辛普里丘对亚里士多德的盲从。在否认地球是一个旋转的行星时，辛普里丘说，亚里士多德对地球的旋转提出了认真的反对意见，尽管尚无定论。“既然他[亚里士多德]提出了这个困难而没有解决它，”辛普里丘说，“那么找到解答即使不是完全不可能，也必定十分困难。”[2]伽利略凭借其文艺天才营造了一种强大的讽刺效果，它适用于一切亚里士多德主义自然哲学家，不仅是那些17世纪的，而且还包括中世纪的。 204

伽利略颠覆性的批判从许多方面得到了加强。到了17世纪

① See *Galileo Galilei*: *Dialogue Concerning the Two Chief World Systems-Ptolemaic & Copernican*, translated by Stillman Drake, foreword by Albert Einstein (Berkeley and Los Angeles: University of California Press, 1962), 336.

② Ibid., 379.

末，曾在牛津大学讲授中世纪亚里士多德哲学的英国大哲学家洛克宣称，经院哲学只不过是一些无用的夸夸其谈。在其《人类理解论》(*Essay Concerning Human Understanding*，1690)第三卷第九章中，洛克把经院学者称为空洞术语的“造币厂厂长”。被他们看作“精妙”(subtlety)和敏锐的东西“只不过是掩盖其无知的好借口，是用莫名其妙的语词编织成的一张奇特怪异的网”。通过一些“无法理解的术语”，他们试图“捞取他人的赞美”。洛克的这番话代表了17世纪大多数非经院科学家和哲学家的看法。

通过这种持续不断的批评，亚里士多德主义自然哲学家显得愚蠢无能、不切实际。这群人怎么可能对新科学有所贡献呢？其批评者的确认为他们毫无贡献。真正的科学只有通过完全拒斥亚里士多德的自然哲学及其拥护者的著作才能出现。由于17世纪的亚里士多德主义并未与之区分，所以中世纪的经院哲学被认为仅仅是同一事物的较早版本。于是从13世纪初到17世纪末的整个经院哲学一直备受谴责。

伽利略因支持哥白尼的日心说于1633年遭到谴责，这件事大大加剧了事态的严重性，因为教会被认为是在强制性地捍卫和维护亚里士多德主义。事实上，亚里士多德自然哲学在整个历史上都被视为任教会摆布的工具，旨在消除任何它认为有潜在威胁的科学思想。

于是，一种对中世纪自然哲学的完全错误的看法被无限延续了下去，本书中描述的那些中世纪背景性和实质性的自然哲学成就便为现代历史学家所忽视，他们通过17世纪出现的态度来判断中世纪晚期的发展，那时新科学正在努力推翻亚里士多德的世界观。中世纪对 17 世纪贡献的真正本质在一种源自中世纪晚期的类比中得到了更为准确的描绘。在 13 世纪末的意大利,尸体解剖得到允许,医学史进程由此发生了重大改变。不久以后,人体解剖被引入医学院,在那里它不久就作为医科学生解剖训练的一部分而被制度化。除了在埃及,人体解剖在古代世界曾被禁止,但即使在埃及,到了公元 2 世纪也被禁止。它在伊斯兰世界从未被允许。因此,它被介绍到拉丁西方而没有受到教会的严厉抵制是一件大事。尸体解剖在 15 世纪末之前主要被用于教学,而很少被用在推进人体科学知识的研究中。人体解剖的复兴以及在中世纪进入医学培训非常有利于达·芬奇(1452—1519)、欧斯塔基(Bartolomeo Eustachi,约 1500—1574)、维萨留斯(Andreas Vesalius,1514—1564)、法罗皮奥(Gabriele Falloppio,1523—1562)和马尔比基(Marcello Malpighi,1628—1694)等充满热情的解剖学家所推动的解剖学的显著进步。 205

无论中世纪的人体解剖对于 16、17 世纪的解剖研究起了什么作用,翻译、大学、神学家-自然哲学家,以及亚里士多德自然哲学的中世纪版本共同为 17 世纪的科学革命做出了贡献。中世纪科学的这些关键特征为以后 800 年不间断的科学发展铺平了道路,这一发展开始于西欧,后传遍全世界。

第四节 中世纪早期科学与晚期科学的关系

既然中世纪晚期在自然哲学和科学方面的成就对近代早期有

如此正面的关系，那么认为在中世纪早期（即大约从500年到1150年）到中世纪晚期之间存在着一种类似的关系难道不是很合理吗？回答是：并非如此。这种关系是截然不同的。除了一些不太重要的例外，希腊科学在中世纪早期是没有的。比如欧几里得几何实际上并不存在。在12世纪进入欧洲的希腊-阿拉伯科学不止是一种欠发达的拉丁科学的丰富，而是意味着与过去的决裂和新的开端。逻辑、科学和自然哲学从此在新兴的大学中被制度化。马克罗比乌斯、马提亚努斯·卡佩拉、塞维利亚的伊西多尔等早期中世纪学者在中世纪晚期仍被阅读，但他们不再是一言九鼎的权威，他们已经被亚里士多德和一些希腊-阿拉伯学者所取代，而后者又将被中世纪晚期的本土学者所取代。

第五节　希腊-阿拉伯-拉丁科学：三种文明的胜利

虽然科学可以追溯到古埃及文明和美索不达米亚文明，但出现于17世纪西欧的近代科学却是一种始于古希腊和希腊化文明的科学传统的遗产，这种传统又进一步在遥远的伊斯兰文明中被滋养和推进，并且在12世纪末开始的西欧文明中开花结果。因此，我在本书中讨论的科学和自然哲学也许可以被恰当地称为“希腊-阿拉伯-拉丁”科学。我主要关注的一直是阐述这一非凡三部曲中的最后一部分或拉丁部分。尽管有着显著的语言、宗教和文化差别，但这三种文明的集体成就代表着有史以来多元文化融合论的最伟大例证之一。它是最佳意义上的多元文化产物。它之所以可能，只是因为一种文明的学者认为有必要向另一种文明学习。12 世纪的拉丁学者认识到，并非所有文明都平等。他们痛苦地看到，自己的文明在科学和自然哲学方面明显落后于伊斯兰。于是，他们面临抉择：要么向优越于他们的人学习，要么永远处于落后。他们选择了学习，并努力将大量阿拉伯文本尽可能地翻译为拉丁文。假如他们认为一切文化都是平等的，或者认为自己的文明更为优越，他们就不会去追求阿拉伯学术，辉煌的科学史也许就不会随之发生。

如果倒退几个世纪，我们看到同样的现象也发生在伊斯兰文明中。到了 8 世纪末，讲阿拉伯语的伊斯兰学者得知存在着大量希腊科学文献。他们意识到，缺乏阿拉伯语科学文献是严重的思想文化缺陷，便开始将希腊科学和自然哲学译成阿拉伯文。倘若穆斯林学者认为他们跟“已经作古的希腊异教徒”没有什么可学的，倘若拉丁基督教学者也认为他们跟“已经作古的穆斯林异端”没有什么可学的，那么中世纪的大翻译运动就不可能发生，科学发展就会被延误许多个世纪，历史也会因之而匮乏。幸运的是，这种情况并没有发生，我们可以把希腊-阿拉伯-拉丁科学和自然哲学看成一种朝着近代科学的连续前进。它的确是人类历史上的辉煌篇章。

参考书目

参考书目分为两部分。第一部分是一篇短论,它将著作按照主题进行了分类。第二部分则将相关的书和文章按照作者的字母顺序列出。第一部分的引用很简洁,只包含作者(偶尔是期刊名)和出版日期,并用括号括起来,如[Stahl,1962]。完整引用须在第二部分的作者名下查找。当作者名下有不止一个条目时,则按时间先后列出。

由于中世纪科学和自然哲学的许多方面都有大量文献,本参考书目主要仅限于与本书所谈的主题和议题直接相关的那些书和文章。

一 书目短论

中世纪科学史的一般著作

有两部关于中世纪史的著作将为本书提供更为宽广的视角。[Thompson and Johnson,1937]是一部老式的导论著作,包含翔实的信息和系谱表;[Cantor,1993]则对中世纪生活的方方面面做了富于想象的、令人激动的阐释。

一些百科全书著作和书目为中世纪科学技术提供了有用信息。其中最重要的是[Gillispie,1970—1980]。例如,第16卷索引显示,此书收录了1480年以前的大约四百位作者的资料。[Sarton,1927—1948]为Gillispie中忽略的

1400年之前的许多作者提供了补充。关于重要的中世纪科学家和自然哲学家的其他条目载于[Strayer,1982—1989](参见第13卷的索引)。[Kren,1985]则列出了1470篇文章和书。

关于中世纪科学技术和整个科学史的最重要的书目资料是科学史协会的刊物《爱西斯》(*Isis*)每年出版的"current bibliographies"(以前名为"critical bibliographies")。它们已经被改编和重新出版,参见[*Isis*,1971—1982,1980,1990,1989]。目前这份书目仍然每年印行。

关于中世纪科学的通论著作并不多见。迄今为止最为优秀和全面的著作是[Lindberg,1992],它对古代科学和中世纪科学做了广泛的描述和分析。在此之前,Lindberg编了一个论文集[Lindberg,1978],由该领域的顶尖学者合作写成。[Grant,1971]是一部简短著作,附有书目介绍。[Crombie,1952]和[Dijksterhuis,1961,99—219 and 248—253]是两部较早的著作,但仍然让人感兴趣,且很有助益,其中后者强调了中世纪的思潮和物理科学。[Weisheipl,1959]是一个小册子,能够使读者对中世纪经院科学有所感觉。[Thorndike,1923—1958]是一部百科全书式的著作,它几乎全部集中在魔法和伪科学方面,但也包含了一些宝贵的传记材料和书目信息。

关于中世纪科学原始文献的英译,参见[Grant,1974]。[Dales,1973]中既有原始文献,又有现代学者的评价。[Murdoch,1984]是一部非同寻常的有用著作,旨在"选编古代和中世纪科学文献中的那些图表"(p. x),它从中世纪抄本中选出了数百幅图,并为其提供了广泛而翔实的说明。

近年来,现代中世纪科学史和自然哲学史家的文集不断出版,经常是从各个期刊中选出文章进行重印,其中一些现在已经很难获得了。以下是其中一些文集,以作者字母为序:[Clagett,1979];[Courtenay,1984];[Crombie,1991];[Eastwood,1989];[Goldstein,1985];[Grant,1981];[Kibre,1984];[King,1993];[Lindberg,1983];[Moody,1975];[North,1989];[Rosenthal,1990];[Sabra,1994];and [Weisheipl,1985]。

第一章　罗马帝国与基督教的前六个世纪

关于罗马帝国的优秀通史,参见[Charlesworth,1968]和[Wells,1984];关于罗马帝国的灭亡,参见[Kagan,1992]。[Brown,1992]着眼于东罗马帝国,描述了基督徒和基督教是如何进入罗马帝国的权力结构之中的。[Clagett,1957,99—156]对罗马帝国时期的科学做了总体考察。近年来,随着研究的深入和翻译的进行,我们对古代晚期希腊的亚里士多德评注家,特别是公元6世纪的学者辛普里丘和菲洛波诺斯的理解大大增进了。[Sorabji,1987]中收入的几篇论文比较重要。翻译作品我提菲洛波诺斯的两部著作:[Wildberg,1987,1988]。

关于拉丁百科全书家的著作或科学的手册传统,参见[Kren,1985,15—21]。对该传统在中世纪早期的描述参见[Stahl,1962]。与百科全书传统相关的关于七艺的文章,参见[Wagner,1983]。这一传统中重要论著的翻译参见[Stahl,1952],[Brehaut,1912]和[Stahl,Johnson,Burge,1971,1977,vol. 2],后者还包括了对马提亚努斯·卡佩拉的《菲劳罗嘉与墨丘利的联姻》(*Marriage of Philology and Mercury*)这部关于七艺的著作的翻译。

东西方基督徒对待古代晚期和中世纪早期异教世俗学术的态度构成了西方科学整体发展的重要方面。拉丁学者的态度参见[Ellspermann,1949]。教父及其他人关于自然现象和科学问题的观点包含在关于《创世记》中创世六日的评注中。讨论见[Wallace-Hadrill,1968],[Duhem,1913—1959,vol. 2,393—504],[Robbins,1912]和[Thorndike,1923—1958,vol. 1]。圣巴西尔关于基督徒如何利用异教文献的名言参见[Wilson,1975]。

第二章 新的开端:12、13世纪的大翻译时代

到了12世纪,甚至在大翻译运动之前,欧洲就处于激进的变革之中。事实上,曾有人把它称为"文艺复兴"。持这种观点的最著名的著作是[Haskins,1957 (*Renaissance*)],其中也包含了关于12世纪科学和哲学兴起的章节。其他类似著作参见[Paré,Brunet,Tremblay,1933]和[Young,1969],它们不仅包含了关于12世纪是否可被称为文艺复兴的争论的内容,而且也把它与意大利文艺复兴做了比较。亦参见[Hollister,1969]。

尽管中世纪早期的科学还比较质朴,但11世纪已经有所改观,到了12世纪则开始突飞猛进。[Stiefel,1985]描述了对理性探索自然现象的不断强调。巴斯的阿德拉德的各种活动使得[Cochrane,1994]不无道理地称他为"第一位英格兰科学家"。他的《自然问题》(*Quaestiones Naturales*)便是12

世纪对待科学的新的批判态度的一个出色例子，这部著作同时还展示了对早先拉丁学术的轻蔑。阿德拉德著作的翻译见[Gollancz，1920]。关于孔什的威廉所起的作用，参见[Cadden，1995]。索尔兹伯里的约翰对旧方法的辩护的翻译参见[McGarry 1955]。在"Nature and Man—The Renaissance of the Twelfth Century"与"The Platonisms of the Twelfth Century"这两篇文章中，[Chenu，1968] 强调了小宇宙-大宇宙的类比、柏拉图主义以及 12 世纪日益增长的自然主义的重要性。[Thorndike，1923—1958，vol. 2，chs. 36，37，39] 描述了巴斯的阿德拉德、孔什的威廉和伯纳德·西尔维斯特的思想的神秘方面。

[Lindberg，1978 ("Transmission")]对 10 世纪至 13 世纪中世纪的翻译活动做了出色的概述。[Burnett，1992]也同样出色，它关注的是中世纪的西班牙。中世纪两位最重要的翻译家是将阿拉伯文译成拉丁文的克雷莫纳的杰拉德，以及将希腊文译成拉丁文的穆尔贝克的威廉，他们的翻译作品目录参见[Grant，1974，35—38 (Michael McVaugh's list for Gerard) 和 39—41 (for Moerbeke's translations)]。[Crombie，1959 (*Medieval*)，vol. 1，37—47] 为翻译制作了重要的表，包括作者、著作、译者、原始语言、地点和翻译时间。关于将希腊文译成拉丁文，参见[Muckle，1942，1943]。

[Gillispie，1970—1980]对重要的希腊和阿拉伯科学作者(例如亚里士多德、欧几里得、盖伦、托勒密、阿维森纳、拉齐、阿尔哈曾)以及他们的著作和思想传入中世纪拉丁西方的过程做了讨论。在这些重要的科学家和自然哲学家中，亚里士多德无疑对中世纪思想最为重要。[Dod，1982]以列表形式对译者、译本和亚里士多德著作的传播做了出色的概述。

第三章　中世纪的大学

中世纪早期的教育参见[Riché，1976]。关于大学的先驱——主教座堂学校，参见[Southern，1982]，[Gabriel，1969]和[Williams，1954，1964]。

大量现代文献讨论了大学生活的各个方面。在一般著作中，最值得注意的是 [Ridder-Symoens，1992]这部新近的著作，它从每一个重要的立场(结构、管理、资源、学生、课程和学院)考察了中世纪的大学。[Ijsewijn and Paquet，1978]是一部内容广泛的较早的文集，收录有大约三十篇文章。

[Cobban,1975]对大学做了出色的一般论述。[Piltz,1981]是一部关于中世纪大学的引人入胜的导论著作,对拉丁术语和惯用语做了迷人的旁注。[Wieruszowski,1966]是一部资料丰富的可靠的研究著作。

在较早的著作中,[Rashdall,1936]的修订版是一部经典著作,至今仍然有用。[Haskins,1957 (*Rise*)]虽然简短,但或许仍然是可读性最强的著作。[Daly,1961]也很有用。[Thorndike,1944]是一部卓越的原著翻译集,至今仍未被超越。[Kibre,1948,1962]是两部出色的专题研究(关于同乡会和学术特权)。

由于巴黎大学、牛津大学、博洛尼亚大学是所有其他欧洲大学的原型,而且是最重要的科学思想中心,所以讨论它们历史的著作和文章特别重要。关于巴黎大学,参见[Leff,1968],[Glorieux,1933—1934,1965—1966,1971],[Ferruolo,1985]和[Halphen,1949]。[McLaughlin,1977]这项重要的研究描述了巴黎大学为争取学术自由而进行的斗争(亦参见[McLaughlin,1955]和[Courtenay,1989])。[McKeon,1964],[Post,1929,1934]和[Courtenay,1988]中的文章涉及了关于巴黎大学的一些重要主题。关于牛津大学的历史或者牛津大学起了重要作用的历史,参见[Leff,1968]和[Cobban,1988]。[Emden,1957]中列出了1500年以前的教师和学者。[Callus,1943],[Lytle,1978,1984]和[Weisheipl,1964,1966]是一些文章,涉及各种有趣而重要的主题。关于博洛尼亚大学的通史,参见[Sorbelli,1940]。[Zaccagnini,1926]描述了博洛尼亚大学的思想氛围和社会气候。关于博洛尼亚大学的更多讨论,参见[Hyde,1972]。关于论辩,参见[Matsen,1977]。

对大学背景下的中世纪科学和自然哲学进行描述和分析的著作是[Grant,1984],[Beaujouan,1963],[Bullough,1966](对萨勒诺、蒙彼利埃、博洛尼亚和巴黎的医学院的早期历史做了概述,也有几处提到了帕多瓦),[Lemay,1976],[Weisheipl,1969],[Courtenay,1980],[Sylla,1985]和[Kibre and Siraisi,1978]。[Murray,1978]是一部涉及学术和大学的不寻常的著作,特别参见 Part II, Arithmetic, 141—210 以及 Part III, Reading and Writing, 213—257,它们讨论了大学生活和思想精英。

第四章 中世纪对亚里士多德的继承

亚里士多德著作的标准英译本是牛津版,最初完成于1931年,最近以

[Aristotle,1984]出版。[Aristotle,1941]是选译本,用起来很方便,包括了完整的《物理学》、《论生灭》、《形而上学》、《论灵魂》和《自然诸短篇》,《论天》的大部分,以及生物学著作的选段。[Lloyd,1968]对亚里士多德的物理学和生物学思想做了清晰的介绍,并且提供了出色的书目供进一步阅读[316—317]。[Waterlow,1982]对亚里士多德《物理学》中的困难概念做了出色的指导。[Ross,1949]也很有用。较短的论述参见[Lindberg,1992,46—68("Aristotle's Philosophy of Nature")]。

第五章 亚里士多德学术的接受和影响以及教会和神学家的回应

在本书中,我们已经看到,亚里士多德对中世纪科学和自然哲学的影响要比任何其他希腊-阿拉伯学者都更为深刻和广泛。[Lemay,1962]描述了大翻译运动之前亚里士多德思想的流入。到了13世纪20年代,亚里士多德的著作已通过拉丁译本为人知晓。但对它们的接受却是困难的,有时甚至障碍重重。[Duhem,1913—1959,vol. 5,特别是 chs. 8—13,233—580],[Steenberghen,1970]和[Callus,1943]较为详尽地描述了对亚里士多德科学论著的介绍和研究。

一些中世纪哲学史中讨论了对亚里士多德哲学的回应及其后果:[Gilson,1955],[Copleston,1957,1953]和[Knowles,1962];[Weinberg,1965]是一部简短但出色的著作,它反对 Gilson 的解释,认为14世纪唯名论者的哲学成就超出了他们13世纪的前辈。关于接受和回应的论文参见[Lohr,1982]和[Grant,1985]。

作为回应亚里士多德著作所引出的议题的高潮,1277年大谴责引起了极大的关注。1270年的第一次谴责参见[Wéber,1970]和[Wippel,1977]。教会和神学家担忧希腊-阿拉伯科学和哲学可能产生负面影响,这可见于罗马的吉莱斯于1270年到1274年在其《哲学家的谬误》[Koch,1944]中列出的哲学家的谬误清单。[Hissette,1977]列出了所有219个命题的拉丁文本,也试图追溯其来源和重要性。L. Fortin 和 Peter D. O'Neill 将所有条目译成了英文,载[Fortin and O'Neill,1963]。与中世纪科学和自然哲学相关的受谴责条目的译文参见[Grant,1974,45—50]。关于大谴责所起的作用,参见[Bianchi,1990]。关于它对自然哲学和宇宙论的影响,参见[Grant,1979]。

第六章 中世纪对亚里士多德遗产的利用

地界

对运动和变化问题的兴趣普遍存在于中世纪晚期。对中世纪运动学和动力学最出色的全面讨论是[Clagett,1959]。[Murdoch and Sylla,1978]和[Maier,1982]对中世纪的运动概念做了出色的概述。[Lindberg,1992,290—307]和[Weisheipl,1982]则是较为简短的出色描述。有两部关于比例论(以及"比的比"的概念及其在运动定律方面的运用)的基本论著已经被编译出来,即[Crosby,1955]和[Grant,1966]。这两部论著的节选参见[Grant,1974,158—159,306—312 (Oresme),292—305 (Bradwardine)]。关于比和比例论,参见[Murdoch,1963]。

牛津大学默顿学院是一个特殊的活动中心,那里对质的量化有浓厚的兴趣。关于这一主题,参见[Sylla,1971,1987]。关于默顿学院或牛津计算者的更多内容,参见[Coleman,1975]和[Sylla,1988],后者描述了牛津传统的命运。尼古拉·奥雷姆关于质的量化的论著也许是中世纪最重要的,[Clagett,1968]对它做了编译。

关于中世纪的动力学或运动的原因,有大量文献可以参考。包括布雷德沃丁的动力学运动定律、冲力理论和物体的自由下落的大量节选,参见[Clagett,1959,Part III,421—625]。关于冲力理论,参见[Maier,1982 ("Significance"),76—102],[Franklin, 1976]和[Wallace, 1981 ("Galileo")]。Ernest Moody 曾经研究过中世纪的运动概念对伽利略的可能影响。在他最重要的论文[Moody,1951]中,Moody 指出,伽利略的早期动力学(比萨时期)最终来源于对 12 世纪西班牙穆斯林阿维帕塞的讨论。在后来的帕多瓦时期,[Moody,1966]表明,伽利略接受了布里丹的持久冲力观念及其对自由落体的解释,还接受了默顿学者对加速运动的解释。关于经院冲力理论与伽利略的运动原因观念之间关系的另一种解释,参见[Maier,1982 ("Galileo"),103—123]。

关于虚空和充满物质的空间中的运动的运动学和动力学、内阻力概念和复合物概念，参见[Grant，1981（*Much Ado*）]的第一部分，亦参见 Grant 关于其他相关著作的参考书目。关于中世纪运动学、动力学、虚空概念以及虚空中运动可能性的大量原著节选，参见[Grant，1974，234—253（kinematics），253—312（dynamics），and 324—360（vacuum）]。

天界

[Pedersen，1978]对中世纪天文学做了内容翔实的概述。Pedersen 还讨论了被广泛使用的天文学教科书《行星理论》（*Theorica planetarum*），载[Pedersen，1981]；他还翻译了《行星理论》，载[Grant，1974，451—465]。与《行星理论》同样流行的是萨克罗伯斯科的约翰的《天球论》，[Thorndike，1949]对它做了编译。诺瓦拉的康帕努斯以《行星理论》为题写了一部复杂得多的托勒密论著，参见[Benjamin and Toomer，1971]。

[Duhem，1913—1959]是广泛而深入地研究中世纪宇宙论的第一位学者。[Grant，1994]最近对中世纪宇宙论作了广泛研究，并附长篇书目。关于世界的永恒性，参见[Dales，1990]，拉丁文本参见[Dales and Agerami，1991]。关于世界永恒性的其他文章参见[Wissink，1990]，[Wippel，1981]和[Kretzmann，1985；published 1988]。关于天体是否被认为是活的，参见[Dales，1980]。对天的推动者的讨论参见[Weisheipl，1961]和[Wolfson，1973]。天界对地界的影响参见[North，1986，1987]和[Grant，1994，569—617]。[Steneck，1976]和[Litt，1963]通过个别经院学者的著作考察了中世纪的宇宙论。[North，1988]中含有关于宇宙论、占星学和天文学的大量宝贵细节和讨论。[Grant，1974，494—568]就一些宇宙论主题作了讨论。

第七章 中世纪的自然哲学、亚里士多德主义者和亚里士多德主义

关于对中世纪晚期自然哲学的分析，参见[Wallace，1988]，[Maier，1982（"Achievements"）]，[Murdoch，1982]和[North，1992]。[Bazàn，Wippel，Fransen，and Jacquart，1985]，[Wippel，1982]和[Lawn，1963，1993]对自然哲学的原始材料——疑问（*questiones*）作了研究。关于中世纪亚里士多德主义的历史，参见[Steenberghen，1970]，牛津的情况见[Callus，1943]。[Lohr，

1988]引用了关于中世纪经院亚里士多德评注家的文献,以及大约从1967年至1987年的关于它们的文章和著作。

关于亚里士多德主义为何能在欧洲持续大约五个世纪,参见[Grant,1978]。[Grant,1987]考虑了亚里士多德主义的其他方面,从它的标题即可看出。不同的关注点参见[Thijssen,1991]。关于中世纪经院自然哲学在文艺复兴时期的命运,参见[Schmitt,1983],它描述了近代早期亚里士多德主义的许多侧面和复杂情况。

有少量文献讨论了自然哲学与其他学科之间的内在关联:关于它与音乐的关系,参见[Murdoch,1976],与逻辑的关系见[Murdoch,1989],与神学的关系见[Sylla,1975]和[Grant,1986],与医学的关系见[Siraisi,1990,ch. 3,特别是65—67]。

第八章　近代早期科学在中世纪的奠基

由于第八章基于前面各章,这里的书目仅限于在本章初次讨论的那些议题。

[Dunlop,1971]是一部优秀的阿拉伯通史。关于对伊斯兰科学的简要概述,参见[Arnaldez and Massignon,1963],[Sabra,1976,1982—1989]和[Kennedy,1970]。对个别科学的简要描述参见[Goldstein,1986]和[Saliba,1982,1994](天文学),[Rashed,1994]和[Berggren,1986](数学),[Meyerhof,1931]和[Dunlop,1971,204—250](医学)。[Sabra,1987]和[Huff,1993]对伊斯兰科学的本性和发展作了敏锐而不同的讨论。

[Leaman,1985]对伊斯兰哲学作了一般介绍。关于亚里士多德的著作被译成阿拉伯文,参见[Peters,1968 (*Aristoteles*)]。关于亚里士多德自然哲学在伊斯兰世界的情况,参见[Peters,1968 (*Aristotle*)]和[Lettinck,1994]。[Dunlop,1971,172—203]中有一章出色的概述。关于凯拉姆,参见[Wolfson,1976]和[Sabra,1994 ("Science")]。希腊自然哲学和伊斯兰神学、物理学和宇宙论在凯拉姆中关联在一起,[Dhanani,1994]讨论了凯拉姆的物理理论。关于宗教与自然哲学和科学的关系,参见[Watt,1953],[Kamali,1963],[Marmura,1975]和[Hourani,1976]。关于哲学与神学的关系,参见[Guillaume,1931],[Watt,1962],[Kamali,1963]和[Hourani,1976]。

关于拜占庭帝国的学术以及对学术的态度,参见[Geanakoplos,1979],

[Hussey,1961],[Runciman,1970]和[Nicol,1979]。对拜占庭科学的概述参见[Théodoridès,1963]。

中世纪晚期科学和自然哲学对17世纪科学革命的影响经常被讨论。中世纪科学和16、17世纪的新科学是连续的还是不连续的?最新的公允解释参见[Lindberg,1992,355—368 ("The Legacy of Ancient and Medieval Science")],它也包含了该问题的简要历史。Lindberg主张,如果强调17世纪科学的"整体方面"(p. 367),就存在非连续性,但如果关注的是特定学科,连续性就是显然的。

在主张非连续性的人当中,最著名的论证是[Koyré,1939,1943,1956]给出的。[Murdoch,1987]对Koyré的科学史理路作了富有启发的描述和分析。[McMullin,1965,1968]也支持非连续性论证。[Rosen,1961]认为,最近的学术成果支持了Burckhardt的判断,即近代科学始于文艺复兴,那时中世纪经院哲学的态度在很大程度上被抛弃。在中世纪科学史家中,[Murdoch,1991]反对连续性命题,它出色地阐释了迪昂在塑造现代人对中世纪晚期科学的研究理路过程中所起的作用,以此表达他的看法。Murdoch认为,"恰当而完整地看来,14世纪学者的所思所想不仅不通向伽利略等人,甚至不指向那个方向"(p. 279)。关于Murdoch对这一观点的早期表述,参见[Murdoch,1974]和[Murdoch and Sylla,1978,250]。

迪昂当然处于支持科学连续性的一方,我们目前引用的他的所有著作都确信,中世纪对17世纪科学革命的成就有直接影响。迪昂的支持者经常会施加一些重要的限定。John Herman Randall,Jr.和Alistair C. Crombie坚持说,17世纪科学从中世纪继承了一套得到良好表述的关键的方法论。关于Randall,参见[Randall,1940]。在重新这篇论文时,Randall加入了拉丁文本,通过改变标题而强调了与近代科学的关联[Randall,1961]。关于Crombie,参见[Crombie,1953,290—319]和[Crombie,1959]。Anneliese Maier的立场参见[Maier,1982 ("Achievements")]。[Moody,1966]的标题显示了作者坚信伽利略与其14世纪的先辈(特别是让·布里丹)之间存在着连续性。另外两部内容广泛的研究是[Wallace,1981 (*Prelude*)]和[Lewis,1980],它们试图(用Murdoch的话说)"填补"伽利略与其中世纪先辈在16世纪的缝隙,从而揭示真正的连续性。

二 参考书目

Aristotle. *The Basic Works of Aristotle*. Edited with an introduction by Richard McKeon. New York:Random House,1941.

——. *The Complete Works of Aristotle*, *The Revised Oxford Translation*. Edited by Jonathan Barnes. 2 vols. Princeton: Princeton University Press, 1984.

Arnaldez,R. ,and L. Massignon. "Arabic Science." In *History of Science*: *Ancient and Medieval Science from the Beginnings to 1450*. Edited with a general preface by René Taton,and translated [from French] by A. J. Pomerans. New York:Basic Books Inc. ,1963,385—421.

Bazàn,B. C. ,J. F. Wippel,G. Fransen,and D. Jacquart. *Les Questions disputée et les questions quodlibétiques dans les facultés de théologie*, *de droit et de médicine*. Typologie des sources du Moyen Age occidental, edited by L. Genicot, fasc. 44 - 45. Turnhout, 1985.

Beaujouan,Guy. "Motives and Opportunities for Science in the Medieval Universities." In A. C. Crombie, ed. , *Scientific Change*. New York: Basic Books,1963,219 - 236.

Benjamin, Francis, Jr. , and G. J. Toomer, eds. and trans. *Campanus of Novara and Medieval Planetary Theory*, "*Theorica planetarum*." Madison: University of Wisconsin Press, 1971.

Berggren,J. L. *Episodes in the Mathematics of Medieval Islam*. New York: Springer-Verlag,1986.

Bianchi, Luca. *Il vescovo e i filosofi*: *La condanna Parigina del 1277 e l'evoluzione dell'Aristotelismo scolastico*. Bergamo: Pierluigi Lubrina Editore,1990.

Brehaut,Ernest, trans. *An Encyclopedist of the Dark Ages*: *Isidore of Seville*. New York:Columbia University Press,1912.

Brown,Peter. *Power and Persuasion in Late Antiquity*: *Towards a Christian*

Empire. Madison: University of Wisconsin Press, 1992.

Bullough, Vern L. *The Development of Medicine as a Profession: The Contribution of the Medieval University to Modern Medicine*. New York: Hafner Publishing Co., 1966.

Burnett, Charles. "The Translating Activity in Medieval Spain." In Salma Khadra Jayyusi, ed., *The Legacy of Muslim Spain*. Leiden: E. J. Brill, 1992. 1036—1058.

Cadden, Joan. "Science and Rhetoric in the Middle Ages: The Natural Philosophy of William of Conches." *Journal of the History of Ideas* 56 (1) (January 1995), 1-24.

Callus, D. A. "Introduction of Aristotelian Learning to Oxford." *Proceedings of the British Academy* 29 (1943): 229-281.

Cantor, Norman. *The Civilization of the Middle Ages. A Completely Revised and Expanded Edition of "Medieval History: The Life and Death of a Civilization."* New York: HarperCollins Publishers, 1993.

Charlesworth, Martin P. *The Roman Empire*. New York: Oxford University Press, 1968.

Chenu, M. D. *Nature, Man, and Society in the Twelfth Century: Essays on New Theological Perspectives in the Latin West*. Selected, edited, and translated by Jerome Taylor and Lester K. Little. Chicago: University of Chicago Press, 1968. Originally published in 1957.

Clagett, Marshall. *Greek Science in Antiquity*. London: Abelard-Schuman, 1957.

——. *The Science of Mechanics in the Middle Ages*. Madison: University of Wisconsin Press, 1959.

——. *Studies in Medieval Physics and Mathematics*. London: Variorum Reprints, 1979.

——, ed. and trans. *Nicole Oresme and the Medieval Geometry of Qualities and Motions: A Treatise on the Uniformity and Difformity of Intensities Known as "Tractatus de configurationibus qualitatum et motuum."* Edited with an introduction, English translation, and commentary by Marshall Clagett. Madison: University of Wisconsin Press, 1968.

Cobban, Alan B. *The Medieval Universities: Their Development and Organization*. London: Methuen & Co., 1975.

——. *The Medieval English Universities, Oxford and Cambridge to c. 1500*. Berkeley and Los Angeles: University of California Press, 1988.

Cochrane, Louise. *Adelard of Bath: The First English Scientist*. London: British Museum Press, 1994.

Coleman, Janet. "Jean de Ripa O. F. M. and the Oxford Calculators." *Mediaeval Studies* 37 (1975): 130-189.

Copleston, Frederick J. *A History of Philosophy*. Vol. 2, *Augustine to Scotus*; and Vol. 3, *Ockham to Suarez*. Westminster, Md.: Newman Press, 1957 (first published 1950), 1953.

Courtenay, William J. "The Effect of the Black Death on English Higher Education." *Speculum* 55 (1980), 696-714.

——. *Covenant and Causality in Medieval Thought: Studies in Philosophy, Theology, and Economic Practice*. London: Variorum Reprints, 1984.

——. "Teaching Careers at the University of Paris in the Thirteenth and Fourteenth Centuries." In A. L. Gabriel and P. E. Beichner, eds., *Texts and Studies in the History of Mediaeval Education*. No. 18. U. S. Subcommission for the History of Universities. Notre Dame, Ind.: University of Notre Dame, 1988. (38 pp.).

——. "Inquiry and Inquisition: Academic Freedom in Medieval Universities." *Church History* 58 (1989): 168-181.

Crombie, A. C. *Robert Grosseteste and the Origins of Experimental Science, 1100—1700*. Oxford: Clarendon Press, 1953.

——. *Medieval and Early Modern Science*. 2 vols. New York: Doubleday, 1959. First printed as *Augustine to Galileo*. London, 1952.

——. "The Significance of Medieval Discussions of Scientific Method for the Scientific Revolution." In Marshall Clagett, ed., *Critical Problems in the*

History of Science. Madison: University of Wisconsin Press, 1959. 79 - 101. (see also the comments on Crombie's paper by I. E. Drabkin, 142 - 147, and Ernest Nagel, 153 - 154.)

——. *Science, Optics, and Music in Medieval and Early Modern Thought*. London: Hambledon Press, 1991.

Crosby, H. Lamar, Jr., ed. and trans. *Thomas of Bradwardine: His Tractatus de proportionibus, Its Significance for the Development of Mathematical Physics*. Madison: University of Wisconsin Press, 1955.

Dales, Richard C. *The Scientific Achievement of the Middle Ages*. Philadelphia: University of Pennsylvania Press, 1973.

——. "The De-animation of the Heavens in the Middle Ages." *Journal of the History of Ideas* 41 (1980): 531 - 550.

——. *Medieval Discussions of the Eternity of the World*. Leiden: Brill, 1990.

Dales, Richard C., and Omar Agerami, eds. *Medieval Latin Texts on the Eternity of the World*. Leiden: Brill, 1991.

Daly, Lowrie J. *The Medieval University, 1200—1400*. New York: Sheed and Ward, 1961.

Dhanani, Alnoor. *The Physical Theory of Kalam: Atoms, Space, and Void in Basrian Mu'tazili Cosmology*. Islamic Philosophy, Theology, and Science: Texts and Studies, 14. Leiden: Brill, 1994.

Dijksterhuis. E. J. *The Mechanization of the World Picture*. Translated by C. Dikshoorn. Oxford: Clarendon Press, 1961. First published in Dutch in 1950.

Dod, Bernard G. "Aristoteles Latinus." In Norman Kretzmann, Anthony Kenny, and Jan Pinborg, eds., *The Cambridge History of Later Medieval Philosophy*. Cambridge: Cambridge University Press, 1982. 45 - 79.

Duhem, Pierre. *Le Système du monde, histoire des doctrines cosmologiques de Platon à Copernic*. 10 vols. Paris: Hermann, 1913 - 1959.

Dunlop, D. M. *Arab Civilization to A. D. 1500*. London: Longman, 1971.

Eastwood, Bruce. *Astronomy and Optics from Pliny to Descartes: Texts, Dia-*

grams, and Conceptual Structures. London: Variorum Reprints, 1989.

Ellspermann, Gerard L. *The Attitude of the Early Christian Latin Writer toward Pagan Literature and Learning*. Catholic University of America, Patristic Studies, 82. Washington, D. C., 1949.

Emden, A. B. *A Biographical Register of the University of Oxford to A. D. 1500*. 3 vols. Oxford: Clarendon Press, 1957.

Ferruolo, Stephen C. *The Origins of the University: The Schools of Paris and their Critics, 1100–1215*. Stanford, Calif.: Stanford University Press, 1985.

Fortin, L., and Peter D. O'Neill. "Condemnation of 219 Propositions." In Ralph Lerner and Muhsin Mahdi, eds., *Medieval Political Philosophy: A Sourcebook*. New York: Free Press of Glencoe, 1963. 337–354. Reprinted in Arthur Hyman and James J. Walsh, *Philosophy in the Middle Ages*. Indianapolis: Hackett Publishing Co., 1973. 540–549.

Franklin, Allan. *The Principle of Inertia in the Middle Ages*. Boulder, Colo.: Associated University Press, 1976.

Gabriel, Astrik L. "The Cathedral Schools of Notre-Dame and the Beginning of the University of Paris." In Astrik L. Gabriel, *Garlandia; Studies in the History of the Mediaeval University*. Notre Dame, Ind.: Mediaeval Institute, University of Notre Dame; and Frankfurt: J. Knecht, 1969. 39–64.

Geanakoplos, Deno J. *Medieval Western Civilization and the Byzantine and Islamic Worlds: Interactions of Three Cultures*. Lexington, Mass.: D. C. Heath and Co., 1979.

Gillispie, Charles C., ed. *Dictionary of Scientific Biography*. 16 vols. New York: Charles Scribner's Sons, 1970–1980.

Gilson, Etienne. *History of Christian Philosophy in the Middle Ages*. London, 1955.

Glorieux, Palémon. *Répertoire des maîtres en théologie de Paris au XIIIe siècle*. 2 vols. Paris: J. Vrin, 1933–1934.

——. *Aux origines de la Sorbonne*. 2 vols. Paris: J. Vrin, 1965–1966.

——. *La Faculté des arts et ses maîtres au xiiie siècle*. Paris: J. Vrin, 1971.

Goldstein, Bernard R. *Theory and Observation in Ancient and Medieval Astronomy*. London: Variorum Reprints, 1985.

——. "The Making of Astronomy in Early Islam." *Nuncius* 1 (1986), 79 - 92.

Gollancz, Hermann. *Dodi Venechdi (Uncle and Nephew), the Work of Berachya Hanakdan, now edited from the MSS. at Munich and Oxford, an English Translation, Introduction, etc., to Which is Added the First English Translation from the Latin of Adelard of Bath's Quaestiones Naturales*. London, 1920.

Grant, Edward. *Physical Science in the Middle Ages*. New York: John Wiley & Sons, 1971. Reprinted by Cambridge University Press, 1977.

——. *A Source Book in Medieval Science*. Cambridge, Mass.: Harvard University Press, 1974.

——. "Aristotelianism and the Longevity of the Medieval World View." *History of Science* 16 (1978): 93 - 106.

——. "The Condemnation of 1277, God's Absolute Power, and Physical Thought in the Late Middle Ages." *Viator* 10 (1979): 211 - 244.

——. *Much Ado About Nothing: Theories of Space and Vacuum from the Middle Ages to the Scientific Revolution*. Cambridge: Cambridge University Press, 1981.

——. *Studies in Medieval Science and Natural Philosophy*. London: Variorum Reprints, 1981.

——. "Science and the Medieval University." In James M. Kittelson and Pamela J. Transue, eds., *Rebirth, Reform and Resilience: Universities in Transition, 1300—1700*. Columbus: Ohio State University, 1984. 68—102.

——. "Issues in Natural Philosophy at Paris in the Late Thirteenth Century." *Medievalia et Humanistica*, new series, no. 13 (1985): 75—94.

——. "Science and Theology in the Middle Ages." In David C. Lindberg and Ronald L. Numbers, *God and Nature: Historical Essays on the Encounter between Christianity and Science*. Berkeley and Los Angeles: University of California Press, 1986. 49—75.

——. "Ways to Interpret the Terms 'Aristotelian' and 'Aristotelianism' in Medieval and Renaissance Natural Philosophy." *History of Science* 25 (1987):335 - 358.

——. *Planets, Stars, & Orbs: The Medieval Cosmos, 1200 - 1687*. Cambridge:Cambridge University Press,1994.

——,ed. and trans. *Nicole Oresme,"De proportionibus proportionum" and "Ad pauca respicientes."* Madison:University of Wisconsin Press,1966.

Guillaume,Alfred. "Philosophy and Theology." In*The Legacy of Islam*. Edited by the late Sir Thomas Arnold and Alfred Guillaume. Oxford:Oxford University Press,1931. 239 - 283.

Halphen,Louis,et al. *Aspects de l'Université de Paris*. Paris,1949.

Haskins,Charles H. "The Life of Mediaeval Students as Illustrated by Their Letters." In Charles H. Haskins,*Studies in Mediaeval Culture*. Oxford: Clarendon Press,1929. 1 - 35.

——. *The Rise of Universities*. Ithaca,N. Y. :Great Seal Books,Cornell University Press,1957. First published by Brown University,1923.

——. *The Renaissance of the 12th Century*. Cleveland:World Publishing Co. [Meridian Books],1957. First published in 1927.

Hissette,Roland. *Enquête sur les articles condamnés à Paris le 7 Mars 1277*. Louvain:Publications Universitaires;and Paris:Vander-Oyez,S. A. ,1977.

Hollister,Warren C. ,ed. *The Twelfth Century Renaissance*. New York,1969.

Hourani,George F. ,trans. *On the Harmony of Religion and Philosophy. A Translation with introduction and notes,of Ibn Rushd's Kitab fasl al-maqal,with its appendix (Damima) and an extract from Kitab al-kashf 'an manahij al-adilla*. London:Luzac,1976.

Huff,Toby E. *The Rise of Early Modern Science: Islam,China,and the West*. Cambridge:Cambridge University Press,1993.

Hussey,J. M. *The Byzantine World*. 2nd ed. London:Hutchinson University Library,1961.

Hyde,J. K. "Commune,University,and Society in Early Medieval Bologna."

In John W. Baldwin and Richard A. Goldthwaite, eds. , *Universities in Politics: Case Studies from the Late Middle Ages and Early Modern Period*. Baltimore: Johns Hopkins University Press, 1972. 17 - 46.

Ijsewijn, Josef, and Jacques Paquet, eds. *The Universities in the Late Middle Ages*. *Mediaevalia Lovaniensia*. Series 1, studia 6. Leuven: Leuven University Press, 1978.

Iorio, Dominick A. *The Aristotelians of Renaissance Italy: A Philosophical Exposition*. Lewiston, N. Y. : Edwin Mellen Press, 1991.

Isis. *Cumulative Bibliography, 1913 - 1965*. 5 vols. Edited by Magda Whitrow. London: Mansell, 1971 - 1982.

——. *Cumulative Bibliography, 1966 - 1975*. Edited by John Neu. London: Mansell, 1980.

——. *Cumulative Bibliography, 1976 - 1985*. Edited by John Neu. Vol. 1. London: Mansell, 1990. Vol. 2. Boston: G. K. Hall & Co., 1989.

Kagan, Donald, ed. *The End of the Roman Empire: Decline or Transformation?* Third edition. Lexington, Mass. : D. C. Heath and Company, 1992.

Kamali, Sabih Ahmad. *Al-Ghazali's Tahafut al-Falasifah* [*Incoherence of the Philosophers*]. Translated into English by Sabih Ahmad Kamali. Pakistan Philosophical Congress, Publication, no. 3, 1963.

Kennedy, E. S. "The Arabic Heritage in the Exact Sciences." *Al-Abhath* 23 (1970), 327 - 344.

Kibre, Pearl. *The Nations in the Medieval Universities*. Cambridge, Mass. : Mediaeval Academy of America, 1948.

——. *Scholarly Privileges in the Middle Ages*. Cambridge, Mass. : Mediaeval Academy of America, 1962.

——. *Studies in Medieval Science: Alchemy, Astrology, Mathematics, and Medicine*. London: Hambledon Press, 1984.

Kibre, Pearl, and Nancy G. Siraisi. "The Institutional Setting: The Universities." In Lindberg, *Science in the Middle Ages*, 1978. 120 - 144.

King, David A. *Astronomy in the Service of Islam*. Variorum Collected Studies Series, 416. Aldershot, Eng.: Variorum Reprints, 1993.

Knowles, David. *The Evolution of Medieval Thought*. Baltimore: Helicon Press, 1962.

Koch, Josef, ed. *Giles of Rome, Errores philosophorum*. Translated by John O. Riedl. Milwaukee: Marquette University Press, 1944.

Koyré, Alexandre. *Études Galiléennes*. 3 fascicules. Paris: Hermann, 1939.

——. "Galileo and Plato." *Journal of the History of Ideas* 4 (1943): 400–428. Reprinted in Philip P. Wiener and Aaron Noland, eds., *Roots of Scientific Thought*. New York: Basic Books, 1957. 147–175.

——. "Les origines de la science moderne." *Diogène* 26 (1956): 14–42.

Kren, Claudia. *Medieval Science and Technology: A Selected, Annotated Bibliography*. New York: Garland Publishing, 1985.

Kretzmann, Norman. "Ockham and the Creation of the Beginningless World." *Franciscan Studies* 45 (1985; published 1988): 1–31.

Kretzmann, Norman, Anthony Kenny, and Jan Pinborg, eds. *The Cambridge History of Later Medieval Philosophy. From the Rediscovery of Aristotle to the Disintegration of Scholasticism, 1100–1600*. Cambridge: Cambridge University Press, 1982.

Lawn, Brian. *The Salernitan Questions: An Introduction to the History of Medieval and Renaissance Problem Literature*. Oxford: Clarendon Press, 1963.

——. *The Rise and Decline of the Scholastic "quaestio disputata," with special emphasis on its use in the teaching of medicine and science*. Education and Society in the Middle Ages and Renaissance, 2. Leiden: Brill, 1993.

Leaman, Oliver. *An Introduction to Islamic Philosophy*. Cambridge: Cambridge University Press, 1985.

Leff, Gordon. *Paris and Oxford Universities in the Thirteenth and Fourteenth Centuries: An Institutional and Intellectual History*. New York: John Wiley & Sons, 1968.

Lemay, Richard. *Abu Ma'shar and Latin Aristotelianism in the Twelfth Century: The Recovery of Aristotle's Natural Philosophy through Arabic Astrology*. Oriental Series, no. 38. Beirut: American University of Beirut, 1962.

——. "The Teaching of Astronomy in Medieval Universities, Principally at Paris in the 14th Century." *Manuscripta* 20 (1976): 197 - 217.

Lettinck, P. *Aristotle's "Physics" and Its Reception in the Arabic World. With an Edition of the Unpublished Parts of Ibn Bajja's "Commentary on the Physics."* Aristoteles Semitico - Latinus, 7. Leiden: Brill, 1994.

Lewis, Christopher. *The Merton Tradition and Kinematics in Late Sixteenth and Early Seventeenth Century Italy*. Padua: Antenore, 1980.

Lindberg, David C. "The Transmission of Greek and Arabic Learning to the West." In Lindberg, *Science in the Middle Ages*, 1978. 52 - 90.

——. *Studies in the History of Medieval Optics*. London: Variorum Reprints, 1983.

——. *The Beginnings of Western Science: The European Scientific Tradition in Philosophical, Religious, and Institutional Context, 600 B. C. to A. D. 1450*. Chicago: University of Chicago Press, 1992.

——, ed. *Science in the Middle Ages*. Chicago: University of Chicago Press, 1978.

Litt, Thomas. *Les corps célestes dans l'univers de Saint Thomas d'Aquin. Philosophes médiévaux*, Vol. 7. Louvain: Nauwelaerts, 1963.

Lloyd, G. E. R. *Aristotle: The Growth and Structure of His Thought*. Cambridge: Cambridge University Press, 1968.

Lohr, Charles H. "The Medieval Interpretation of Aristotle." In Kretzmann, Kenny, and Pinborg, *The Cambridge History of Later Medieval Philosophy*, 1982. 80 - 98

——. *Commentateurs d'Aristote au moyen-âge Latin, Bibliographie de la littérature secondaire récente; Medieval Latin Commentators, A Bibliography of Recent Secondary Literature*. Fribourg: Éditions Universitaires; Paris: Éditions du Cerf, 1988.

Lytle, Guy F. "The Social Origins of Oxford Students in the Late Middle Ages: New College c. 1380-c. 1510." In Ijsewijn and Paquet, *The Universities in the Late Middle Ages*, 1978. 426 - 454.

——. "The Careers of Oxford Students in the Later Middle Ages." In J. M. Kittelson and P. J. Transue, eds., *Rebirth, Reform and Resilience: Universities in Transition, 1300 - 1700*. Columbus: Ohio State University Press, 1984. 213 - 253.

McGarry, Daniel D. *The Metalogicon of John of Salisbury: a Twelfth-Century Defense of the Verbal and Logical Arts of the Trivium*. Translated with an introduction and notes by Daniel D. McGarry. Berkeley: University of California Press, 1962.

McKeon, P. R. "The Status of the University of Paris as *Parens scientiarum*." *Speculum* 39 (1964): 651 - 675.

McLaughlin, Mary Martin. "Paris Masters of the 13th and 14th Centuries and Ideas of Intellectual Freedom." *Church History* 24 (1955): 195 - 211.

——. *Intellectual Freedom and Its Limitations in the University of Paris in the Thirteenth and Fourteenth Centuries*. New York: Arno Press, 1977. (Ph. D. diss., Columbia University, 1952.)

McMullin, Ernan. "Medieval and Modern Science: Continuity or Discontinuity?" *International Philosophical Quarterly* 5 (1965): 103 - 129.

——. "Empiricism and the Scientific Revolution." In Charles S. Singleton, ed., *Art, Science, and History in the Renaissance*. Baltimore: Johns Hopkins University Press, 1968. 331 - 369.

Maier, Anneliese. "The Achievements of Late Scholastic Philosophy," 143 - 170; "Causes, Forces, and Resistance," 40 - 60; "Galileo and the Scholastic Theory of Impetus," 103 - 123; "The Nature of Motion," 21 - 39; and "The Significance of the Theory of Impetus for Scholastic Natural Philosophy," 76 - 102. In *On the Threshold of Exact Science, Selected Writings of Anneliese Maier on Late Medieval Natural Philosophy*. Edited and translated with an introduction by Steven D. Sargent. Philadelphia: University of Pennsylvania Press, 1982.

Marmura, Michael E. "Ghazali's Attitude to the Secular Sciences and Logic."

In George F. Hourani, ed. , *Essays on Islamic Philosophy and Science*. Albany: State University of New York Press, 1975. 100 – 111.

Matsen, Herbert S. "Students 'Arts' Disputations at Bologna Around 1500, Illustrated from the Career of Alessandro Achillini (1463 – 1512)." *History of Education* 6, pt. 3 (1977): 169 – 181

Meyerhof, Max. "Science and Medicine." In *The Legacy of Islam*. Edited by the late Sir Thomas Arnold and Alfred Guillaume. Oxford: Oxford University Press, 1931. 311 – 355.

Moody, Ernest A. "Galileo and Avempace: The Dynamics of the Leaning Tower Experiment." *Journal of the History of Ideas* 12 (1951): 163 – 193, 375 – 422.

——. "Galileo and His Precursors." In Carlo L. Golino, ed. , *Galileo Reappraised*. Berkeley: University of California Press, 1966. 23 – 43.

——. *Studies in Medieval Philosophy, Science, and Logic: Collected papers, 1933 – 1969*. Berkeley: University of California Press, 1975.

Muckle, J. T. "Greek Works Translated Directly into Latin before 1350." *Mediaeval Studies* 4 (1942): 33 – 42, and 5 (1943): 102 – 114.

Murdoch, John E. "The Medieval Language of Proportions: Elements of the Interaction with Greek Foundations and the Development of New Mathematical Techniques." In A. C. Crombie, ed. , *Scientific Change*. New York: Basic Books, 1963. 237 – 271.

——. "Philosophy and the Enterprise of Science in the Later Middle Ages." In Y. Elkana, ed. , *The Interaction Between Science and Philosophy*. Atlantic Heights, N. J. : Humanities Press, 1974. 55 – 57 (and the discussion on 104 – 105).

——. "Music and Natural Philosophy: Hitherto Unnoticed Questiones by Blasius of Parma(?)." In *Science, Medicine and the University: 1200 – 1500. Essays in Honor of Pearl Kibre, Part I*. Special editors Nancy G. Siraisi and Luke Demaitre. *Manuscripta* 20 (1976): 119 – 136.

——. "The Analytic Character of Late Medieval Learning: Natural Philosophy

Without Nature." In L. D. Roberts, ed., *Approaches to Nature in the Middle Ages*. Binghamton, N. Y., 1982. 171 - 213. See also "Comment" by Norman Kretzmann, 214 - 220.

——. *Album of Science: Antiquity and the Middle Ages*. New York: Charles Scribner's Sons, 1984.

——. "Alexandre Koyré and the History of Science in America: Some Doctrinal and Personal Reflections." *History and Technology* 4 (1987): 71 - 79.

——. "The Involvement of Logic in Late Medieval Natural Philosophy." In Stefano Caroti, ed., *Studies in Medieval Natural Philosophy*. Firenze: Olschki, 1989. 3 - 28.

——. "Pierre Duhem and the History of Late Medieval Science and Philosophy in the Latin West." *Gli Studi di Filosofia Medievale fra Otto e Novecento*. Rome: Edizioni di Storia e Letteratura, 1991. 253 - 302.

Murdoch, John E., and Edith D. Sylla. "The Science of Motion." In Lindberg, *Science in the Middle Ages*, 1978. 206—264.

Murray, Alexander. *Reason and Society in the Middle Ages*. Oxford: Clarendon Press, 1978.

Nicol, Donald M. *Church and Society in the Last Centuries of Byzantium*. Cambridge: Cambridge University Press, 1979.

North, John D. "Celestial Influence—The Major Premiss of Astrology." In Paola Zambelli, ed., "*Astrologi hallucinati*" *Stars and the End of the World in Luther's Time*. Berlin and New York: Walter de Gruyter, 1986. 45 - 100.

——. "Medieval Concepts of Celestial Influence, A Survey." In Patrick Curry, ed., *Astrology, Science and Society: Historical Essays*. Woodbridge, Suffolk: Boydell Press, 1987. 5 - 17.

——. *Chaucer's Universe*. Oxford: Clarendon Press, 1988.

——. *The Universal Frame: Historical Essays in Astronomy, Natural Philosophy, and Scientific Method*. London: Ronceverte, 1989.

——. "Natural Philosophy in Late Medieval Oxford." In J. I. Catto and Ralph

Evans, eds., *The History of the University of Oxford*. Vol. 2. Oxford: Clarendon Press, 1992. Ch. 3, 65 - 102.

Paré, G., A. Brunet, and P. Tremblay. *La Renaissance du xiie siècle: les écoles et l'enseignement*. Paris: J. Vrin; and Ottawa: Inst. d'études médiévales, 1933.

Pedersen, Olaf. "Astronomy." In Lindberg, *Science in the Middle Ages*, 1978. 303 - 337.

——. "The Origins of the Theorica planetarum." *Journal of the History of Astronomy* 12 (1981): 113 - 123.

Peters, F. E. *Aristoteles Arabus: The Oriental Translations and Commentaries on the Aristotelian "corpus."* Leiden: Brill, 1969.

——. *Aristotle and the Arabs: The Aristotelian Tradition in Islam*. New York: New York University Press, 1968.

Piltz, Anders. *The World of Medieval Learning*. Translated into English by David Jones. Totowa, N. J.: Barnes & Noble Books, 1981. First published in Sweden, 1978.

Post, Gaines. "Alexander III, the 'licentia docendi,' and the Rise of the Universities." In *C. H. Haskins Anniversary Essays*. Boston, 1929. 255 - 277.

——. "Parisian Masters as a Corporation, 1220 - 1246." *Speculum* 9 (1934): 421 - 445.

Randall, John Herman, Jr. "The Development of Scientific Method in the School of Padua." *Journal of the History of Ideas* 1 (1940): 177 - 206.

——. *The School of Padua and the Emergence of Modern Science*. Padua: Editrice Antenore, 1961.

Rashdall, Hastings. *The Universities of Europe in the Middle Ages*. Edited by F. M. Powicke and A. B. Emden. 3 vols. Oxford: Oxford University Press, 1936. Reprint, Oxford, 1988.

Rashed, Roshdi. *The Development of Arabic Mathematics: Between Arithmetic and Algebra*. Translated by A. F. W. Armstrong. Boston Studies in the Philosophy of Science, 156. Dordrecht: Kluwer Academic, 1994.

Riché, Pierre. *Education and Culture in the Barbarian West, Sixth Through Eighth Centuries*. Translated by J. Contreni and foreword by Richard E. Sullivan. Columbia: South Carolina University Press, 1976.

Ridder-Symoens, Hilde de. *A History of the University in Europe*. Vol. 1: *Universities in the Middle Ages*. Cambridge: Cambridge University Press, 1992.

Robbins, F. E. *The Hexameral Literature: A Study of the Greek and Latin Commentaries on Genesis*. Chicago, 1912.

Rosen, Edward. "Renaissance Science as Seen by Burckhardt and His Successors." In Tinsley Helton, ed., *The Renaissance: A Reconstruction of the Theories and Interpretations of the Age*. Madison: University of Wisconsin Press, 1961. 77 - 103.

Rosenthal, Franz. *Science and Medicine in Islam: A Collection of Essays*. Aldershot, Eng.: Variorum Reprints, 1990.

Ross, W. D. *Aristotle*. 5th ed. rev. London: Methuen & Co., 1949.

Runciman, Steven. *The Last Byzantine Renaissance*. Cambridge: Cambridge University Press, 1970.

Sabra, A. I. "The Scientific Enterprise." In Bernard Lewis, ed., *Islam and the Arab World*. New York: Knopf, 1976. 181 - 192.

——. "Islamic Science." In Strayer, ed., *Dictionary of the Middle Ages*. 13 vols. 1982 - 1989. Vol. 11, 81 - 89.

——. "The Appropriation and Subsequent Naturalization of Greek Science in Medieval Islam: A Preliminary Statement." *History of Science* 25, pt. 3 (1987): 223 - 243.

——. *Optics, Astronomy, and Logic: Studies in Arabic Science and Philosophy*. Aldershot, Hants and Brookfield, Vt.: Variorum, 1994.

——. "Science and Philosophy in Medieval Islamic Theology." *Zeitschrift für Geschichte der Arabisch-Islamischen Wissenschaften*, vol. 9. Frankfurt: Institut für Geschichte der Arabisch-Islamischen Wissenschaften an der Johann Wolfgang Goethe-Universität (1994): 1 - 42.

Saliba, George. "The Development of Astronomy in Medieval Islamic Society." *Arabic Studies Quarterly* 4 (1982): 211 – 225.

——. *A History of Arabic Astronomy: Planetary Theories During the Golden Age of Islam*. New York University Studies in Near Eastern Civilization. New York: New York University Press, 1994.

Sarton, George. *Introduction to the History of Science*. 3 vols. in 5 pts. Baltimore: Published for the Carnegie Institution of Washington by Williams & Wilkins Co., 1927 – 1948.

Schmitt, Charles B. *Aristotle and the Renaissance*. Cambridge, Mass: Published for Oberlin College by Harvard University Press, 1983.

Siraisi, Nancy. *Medieval and Early Renaissance Medicine: An Introduction to Knowledge and Practice*. Chicago: University of Chicago Press, 1990.

Sorabji, Richard, ed. *Philoponus and the Rejection of Aristotelian Science*. Ithaca, N. Y.: Cornell University Press, 1987.

Sorbelli, A. *Storia della universita di Bologna*. Vol. 1: *Il medio evo, saec. XI-XV*. Bologna, 1940.

Southern, R. W. "The Schools of Paris and the School of Chartres." In R. L. Benson and G. Constable, with C. D. Lanham, eds., *Renaissance and Renewal in the Twelfth Century*. Oxford: Oxford University Press, 1982. 113 – 137.

Stahl, William. *Roman Science: Origins, Development, and Influence to the Later Middle Ages*. Madison: University of Wisconsin Press, 1962.

——, trans. *Macrobius, Commentary on the Dream of Scipio*. New York: Columbia University Press, 1952.

Stahl, William, Richard Johnson, and E. L. Burge. *Martianus Capella and the Seven Liberal Arts*. 2 vols. New York: Columbia University Press, 1971, 1977.

Steenberghen, Fernand Van. *Aristotle in the West: The Origins of Latin Aristotelianism*. 2nd ed. Louvain: Nauwelaerts, 1970.

Steneck, Nicholas H. *Science and Creation in the Middle Ages: Henry of Langenstein (d. 1397) on Genesis*. Notre Dame, Ind.: University of Notre

Dame Press,1976.

Stiefel, Tina. *The Intellectual Revolution inTwelfth-Century Europe*. New York: St. Martin's Press, 1985.

Strayer, Joseph, ed. *Dictionary of the Middle Ages*. 13 vols. New York: Charles Scribner's Sons, 1982 - 1989.

Sylla, Edith D. "Medieval Quantifications of Qualities: The 'Merton School.'" *Archive for History of Exact Sciences* 8 (1971): 9 - 39.

——. "Autonomous and Handmaiden Science: St. Thomas Aquinas and William of Ockham on the Physics of the Eucharist." In John Emery Murdoch and Edith Dudley Sylla, eds., *The Cultural Context of Medieval Learning*. Dordrecht and Boston: D. Reidel Publishing Co., 1975. 349 - 396.

——. "Science for Undergraduates in Medieval Universities." In Pamela O. Long, ed., *Science and Technology in Medieval Society*. New York: New York Academy of Sciences, 1985. 171 - 186.

——. "Mathematical Physics and Imagination in the Work of the Oxford Calculators: Roger Swineshead's On Natural Motions." In Edward Grant and John E. Murdoch, eds., *Mathematics and Its Applications to Science and Natural Philosophy in the Middle Ages: Essays in Honor of Marshall Clagett*. Cambridge: Cambridge University Press, 1987. 69 - 101.

——. "The Fate of the Oxford Calculatory Tradition." In Christian Wenin, ed., *L'homme et son univers au Moyen Age: Actes du 7e Congrès International de Philosophie Médiévale*. Louvain-La-Neuve: Institut Supérieur de Philosophie, 1988. 692 - 698.

Théodoridès, J. "Byzantine Science." In René Taton, ed., *History of Science: Ancient and Medieval Science from the beginnings to 1450*. Translated by A. J. Pomerans. New York: Basic Books, 1963. 440 - 452.

Thompson, James Westfall and Edgar Nathaniel Johnson. *An Introduction to Medieval Europe, 300 - 1500*. New York: W. W. Norton & Co., 1937.

Thorndike, Lynn. *A History of Magic and Experimental Science*. 8 vols. New York: Columbia University Press, 1923 - 1958.

——. *University Records and Life in the Middle Ages*. New York: Columbia University Press, 1944.

——, ed. and trans. *The Sphere of Sacrobosco and Its Commentators*. Chicago: University of Chicago Press, 1949.

Thijssen, J. M. M. Hans. "Some Reflections on Continuity and Transformation of Aristotelianism in Medieval (and Renaissance) Natural Philosophy." In*Documenti e Studi sulla tradizione filosofica medievale. Centro Italiano di studi sull'alto medievo*, Spoleto, II, 2 (1991): 503 - 528.

Wagner, David L., ed. *The Seven Liberal Arts in the Middle Ages*. Bloomington: Indiana University Press, 1983.

Wallace, William A. "Galileo and Scholastic Theories of Impetus." In A. Maierù and A. Paravicini Bagliani, eds., *Studi sul XIV secolo in memoria di Anneliese Maier*. Rome: Edizioni di Storia e Letteratura, 1981. 275 - 297.

——. *Prelude to Galileo: Essays on Medieval and Sixteenth-Century Sources of Galileo's Thought*. Dordrecht, Holland and Boston, 1981.

——. "Traditional Natural Philosophy." In Charles B. Schmitt and Quentin Skinner, eds., *The Cambridge History of Renaissance Philosophy*. Cambridge: Cambridge University Press, 1988. 201 - 235.

Wallace-Hadrill, D. S. *The Greek Patristic View of Nature*. Manchester: Manchester University Press, 1968.

Waterlow, Sarah. *Nature, Change, and Agency in Aristotle's "Physics": A Philosophical Study*. Oxford: Clarendon Press, 1982.

Watt, M. Montgomery. *The Faith and Practice of al-Ghazali*. Translated by M. Mongomery Watt. London: George Allen and Unwin, 1953.

——. *Islamic Philosophy and Theology*. Edinburgh: Edinburgh University Press, 1962.

Wéber, Edouard H. *La controverse de 1270 à l'Université de Paris et son retentissement sur la pensée de S. Thomas d'Aquin*. Bibliothèque thomiste, 40. Paris: Vrin, 1970.

Weinberg, Julius. *A Short History of Medieval Philosophy*. Princeton: Princeton University Press, 1965.

Weisheipl, James A., *The Development of Physical Theory in the Middle Ages*. London: Sheed and Ward, 1959.

——. "The Celestial Movers in Medieval Physics." *The Thomist* 24 (1961): 286 - 326.

——. "Curriculum of the Faculty of Arts at Oxford in the Early Fourteenth Century." *Mediaeval Studies* 26 (1964): 143 - 185.

——. "Developments in the Arts Curriculum at Oxford in the Early Fourteenth Century." *Mediaeval Studies* 28 (1966): 151 - 175.

——. "The Place of the Liberal Arts in the University Curriculum during the XIVth and XVth Centuries." In *Arts libéraux et philosophie au moyen âge. Actes du quatrième Congrès internationale de philosophie médiévale*. Montreal and Paris, 1969. 209 - 213.

——. "The Interpretation of Aristotle's Physics and the Science of Motion." In Kretzmann, Kenny, and Pinborg, *The Cambridge History of Later Medieval Philosophy*. 1982. 521 - 536.

——. *Nature and Motion in the Middle Ages*. William E. Carroll, ed. Studies in Philosophy and the History of Philosophy, 11. Washington, D. C.: Catholic University of America, 1985.

Wells, Colin M. *The Roman Empire*. Stanford, Calif.: Stanford University Press, 1984.

Wieruszowski, H. *The Medieval University: Masters, Students, Learning*. Princeton: Princeton University Press, 1966.

Wildberg, Christian. *Philoponus Against Aristotle on the Eternity of the World*. Ithaca, N. Y.: Cornell University Press, 1987.

——. *John Philoponus' Criticism of Aristotle's Theory of Aether*. Berlin: Walter de Gruyter, 1988.

Williams, John R. "The Cathedral Schools of Rheims in the 11th Century." *Speculum* 29 (1954): 661 - 677.

——. "The Cathedral School of Reims in the Time of Master Alberic, 1118 - 1136." *Traditio* 20 (1964): 93 - 114.

Wilson, G. N., ed. *Saint Basil on the Value of Greek Literature*. London: Duckworth, 1975.

Wippel, John F. "The Condemnation of 1270 and 1277 at Paris." *Journal of Medieval and Renaissance Studies* 7 (1977): 169 - 201.

——. "Did Thomas Aquinas Defend the Possibility of an Eternally Created World?" *Journal of the History of Philosophy* 19 (1981): 21 - 37.

——. "The Quodlibetal Question as a Distinctive Literary Genre." *Les Genres littéraires dans les sources théologiques et philosophiques médiévales. Définition, critique et exploitation. Actes du Colloque international de Louvain-la-Neuve 25 - 27 mai 1981*. Université Catholique de Louvain. Publications de l'institut d'études médiévales, 2e serie: textes, études, congrès. Louvain-la-Neuve, 1982. Vol. 5, 67 - 84.

Wissink, J. B. M, ed. *The Eternity of the World in the Thought of Thomas Aquinas and His Contemporaries*. Leiden: Brill, 1990.

Wolfson, Harry A. "The Problem of the Souls of the Spheres from the Byzantine Commentaries on Aristotle Through the Arabs and St. Thomas to Kepler." In Isadore Twersky and George H. Williams, eds., *Studies in the History of Philosophy and Religion*. Cambridge, Mass.: Harvard University Press, 1973. 22 - 59.

——. *The Philosophy of the Kalam*. Cambridge, Mass.: Harvard University Press, 1976.

Young, Charles R., ed. *The Twelfth-Century Renaissance*. New York, 1969.

Zaccagnini, G. "La vite dei maestri e degli scolari nello studio di Bologna nei secoli XIII e XIV." *Biblioteca dell' Archivum Romanicum*, ser. I, V. Geneva, 1926.

索　　引

（所标页码为原书页码，即本书边码）

图书在版编目(CIP)数据

近代科学在中世纪的基础:其宗教、体制和思想背景/(美)爱德华·格兰特著;张卜天译.—北京:商务印书馆,2020(2024.4重印)
(科学史译丛)
ISBN 978-7-100-17776-4

Ⅰ.①近…　Ⅱ.①爱…　②张…　Ⅲ.①自然科学史—研究—世界—中世纪　Ⅳ.①N091

中国版本图书馆CIP数据核字(2019)第188693号

科学史译丛
近代科学在中世纪的基础
其宗教、体制和思想背景
〔美〕爱德华·格兰特　著
张卜天　译

商　务　印　书　馆　出　版
(北京王府井大街36号　邮政编码100710)
商　务　印　书　馆　发　行
北京中科印刷有限公司印刷
ISBN 978-7-100-17776-4

2020年6月第1版　　开本 880×1230 1/32
2024年4月北京第2次印刷　　印张 11⅛
定价:72.00元

《科学史译丛》书目

第一辑(已出)

文明的滴定:东西方的科学与社会	〔英〕李约瑟
科学与宗教的领地	〔澳〕彼得·哈里森
新物理学的诞生	〔美〕I. 伯纳德·科恩
从封闭世界到无限宇宙	〔法〕亚历山大·柯瓦雷
牛顿研究	〔法〕亚历山大·柯瓦雷
自然科学与社会科学的互动	〔美〕I. 伯纳德·科恩

第二辑(已出)

西方神秘学指津	〔荷〕乌特·哈内赫拉夫
炼金术的秘密	〔美〕劳伦斯·普林西比
近代物理科学的形而上学基础	〔美〕埃德温·阿瑟·伯特
世界图景的机械化	〔荷〕爱德华·扬·戴克斯特豪斯
西方科学的起源(第二版)	〔美〕戴维·林德伯格
圣经、新教与自然科学的兴起	〔澳〕彼得·哈里森

第三辑(已出)

重构世界	〔美〕玛格丽特·J.奥斯勒
世界的重新创造:现代科学是如何产生的	〔荷〕H.弗洛里斯·科恩
无限与视角	〔美〕卡斯滕·哈里斯
人的堕落与科学的基础	〔澳〕彼得·哈里森
近代科学在中世纪的基础	〔美〕爱德华·格兰特
近代科学的建构	〔美〕理查德·韦斯特福尔

第四辑

希腊科学(已出)	〔英〕杰弗里·劳埃德
科学革命的编史学研究(已出)	〔荷〕H.弗洛里斯·科恩
现代科学的诞生(已出)	〔意〕保罗·罗西
雅各布·克莱因思想史文集	〔美〕雅各布·克莱因
力与场:物理学史中的超距作用概念	〔英〕玛丽·赫西
时间的发现	〔英〕斯蒂芬·图尔敏 〔英〕琼·古德菲尔德